楊 蓉 著

多視角下的
中國繪畫藝術品
價格問題研究

崧燁文化

前　言

　　改革開放使得中國經濟發展取得了舉世矚目的成就，而隨著市場化、商品化改革的逐步深入，中國經濟發展方式開始經歷從粗放式向集約式轉型，經濟增長方式開始從投資和出口拉動向消費拉動轉型。人們經濟收入水平的提高增加了人們對精神文化的需求，越來越多的人迴歸傳統文化的研究和學習，越來越多的藝術家開始研究文化的批判和繼承，越來越多的人開始瞭解並愛上藝術品。這些都對中國藝術品的快速發展和繁榮起到了根本性的推動作用，使中國藝術品的商品性得到了充分體現，藝術品市場價格水漲船高。許多熱愛藝術、熱愛文化的藝術品收藏者，特別是一些終生從事藝術品收藏的中國藝術品收藏家，已隨著中國藝術品市場的發展而身價暴漲，成了千萬富翁甚至億萬富翁，成為人們熱議的話題和爭相模仿的對象。藝術品的商品化過程是中國藝術品市場的發展歷程中的重要階段，而藝術品的財富效應和造星運動更是吸引了更多的人、更多的資金進入藝術品市場，進一步強化了藝術品作為投資品的保值增值的誘人屬性，進而吸引更多來自資本市場的熱錢形成投資需求，這又促使藝術品的商品化發展到了新的高度。藝術品價格在2000年前後進入一個循環上升通道，在2007年前後更是進入了加速上漲階段。然而，隨著實體經濟走下坡路，國內外熱錢的撤出，藝術品市場的一路高歌到2011年下半年戛然而止，藝術品市場與很多二線城市的房地產市場一樣，進入了「有價無市」的尷尬境地。天價藝術品仍然吸引著大眾眼球，但收藏者、投資者等市場參與者和作為看客的普通百姓的心境卻可能截然不同。

　　在藝術品價格高漲低迷變化莫測的現象後，在藝術品市場繁榮蕭條週期更替的趨勢下，到底是否有支撐藝術品繁榮的內部真實價值體系及促使其低迷的價值規律在起作用？有哪些因素會促成藝術品市場價格的形成並影響價格變化？是否可以通過建立相對客觀的、科學的價值評估及價格評估體系和制度來對藝術品價格的真實合理性進行判斷？這些都成了關注藝術品市場的每一個參

與者和研究者心中亟待得到答案的疑問。對於繪畫藝術品特別是名家繪畫藝術品而言，其物質載體的成本價值相對於其市場價格來說幾乎可以忽略不計，而每一幅繪畫藝術品都因其獨特性而較難實現相互比較，再加上收藏購買名家繪畫藝術品在中國具有悠久的歷史，同時古往今來的名家繪畫藝術品市場交易量也是藝術品總類中最大的，故本書力圖以政治經濟學的思維和視角，通過研究名家繪畫藝術品這類藝術品的典型代表來研究有關藝術品的上述問題。

對於第一個問題，筆者認為繪畫藝術品的價格仍然是由其價值決定的，是其價值的貨幣表現。所以，其價值決定成為了核心問題。由此，涉及對繪畫藝術品的內涵外延及繪畫藝術品價值、使用價值的深入研究。所以，文章首先對藝術、藝術品以及本書所研究的繪畫藝術品等相關概念進行了釐定，並對繪畫藝術品作為商品的特殊性進行了分類研究。文章認為，西方現代經濟學偏重對價格的現象問題、外在影響因素分析研究的比較，只有運用馬克思的勞動價值理論，才能夠對藝術品使用價值和價值進行全面系統科學的分析，才能從本質層面幫助我們理解藝術品價格的形成。馬克思在勞動價值理論中雖然並未對藝術品這種特殊商品的價值決定進行專門的研究，但其勞動價值理論仍然為我們研究繪畫藝術品價值決定和理論價格形成提供了豐富的理論資源和指導思想，是本書展開分析所利用的核心和基礎性理論。文章對馬克思關於勞動價值論基本觀點進行了梳理和總結，指出繪畫藝術品創作者通過作畫這一具體勞動創作出的藝術作品，一旦進入流通領域，被購藏者所購買並最終脫離最初的藝術作品創作者而獨立存在，就是本書所研究的繪畫藝術品，即繪畫藝術品首先是商品。繪畫藝術品既具有一般商品的特徵，也有自己的特殊之處，而繪畫藝術品的價格仍然是由其價值決定的，它是一種特殊商品。鑒於此，李嘉圖將罕見的雕塑和繪畫等稀缺商品排除在政治經濟學的研究範圍之外；穆勒將古代雕刻、古代圖畫等這類數量絕對有限、供給不能任意增加的商品與一般工業化生產的商品區分開，稱之為特殊的「小類商品」；馬克思也把那些價格昂貴的古董、藝術品即筆者所說的高端藝術品作為一種特殊商品對待。這類商品的價格在遵循勞動價值論規律的基礎上，「可以由一系列非常偶然的情況來決定」。但馬克思並未就他所說「非常偶然的情況」做進一步的說明。因此，如果簡單地將馬克思關於一般商品的價值決定照抄照搬到繪畫藝術品的價值決定上，典型繪畫藝術品的異質性、個性化和不可再生性勢必導致其研究的線索就此阻斷。為了找到繪畫藝術品的價值決定的必然規律，筆者力圖利用馬克思勞動價值理論和精神生產理論相關論述對繪畫藝術品這種特殊商品的價值決定進行深入的分析和探討。通過分析發現，繪畫藝術品作為一種特殊商品，其價值仍是該幅繪畫藝術品作者抽象勞動的凝結，其價值量仍然是社會必要

勞動時間。只是對於具有「難以複製性」「異質性」「獨創性」特徵的典型、稀缺的藝術品而言，社會上沒有其他生產同樣藝術品的人，所以其社會必要勞動時間往往就是個別勞動時間。而由於個別勞動時間是千差萬別的，我們難以研究其共性和規律，故考慮到藝術家藝術創作勞動是典型的複雜勞動，本書利用馬克思提到的複雜勞動折算為簡單勞動這個邏輯來展開對價值量決定中諸多複雜因素的分析。

第二個問題，實際就是價格發現和形成的問題。繪畫藝術品市場價格作為其的價值的貨幣表現，影響其的供求關係中涉及的參數更多、更複雜，且對於同一件作品來說其交易還存在低頻性，所以偏離其價值的幅度比一般商品大，有時還存在有價無市現象，屬於馬克思所說的「非常偶然的情況」。筆者主要從影響繪畫藝術品市場價格形成的外部因素進行分析。本部分的研究主要借助西方現代經濟學的微觀經濟學的均衡分析方法、博弈分析法、壟斷價格法及行為經濟學理論。因為，這些理論相較於馬克思科學理論雖然有深層缺陷，但對瞬息萬變的繪畫藝術品市場供求現象的分析應更加形象化而具有參考意義，其精髓可以成為馬克思勞動價值論在價格發現和形成上的有益補充。西方經濟學中的微觀經濟學，研究目的是揭示市場機制在其所處經濟社會中的運行規律及其在整個社會經濟資源配置中的作用，研究對象主要是經濟社會中各個參與市場的經濟主體的經濟行為，以及各項經濟變量數值分別相互如何決定。微觀經濟學分析個體經濟單位的經濟行為，關注點在個人和各組織作為市場參與者在市場中相互間的交換過程，其基本理論觀點是供求決定市場價格，核心理論是供求決定市場價格理論，故其又被稱為市場經濟學或市場價格理論。與微觀經濟學更偏向於對影響市場價格變動的供應方、需求方等微觀因素的現象規律分析不同，馬克思的勞動價值價格理論中對商品價值內涵和對社會關係進行深挖，而微觀經濟學看重的這些微觀影響因素是馬克思所說的「非常偶然的情況」的重要組成部分。所以，在對外部影響因素及影響繪畫藝術品個別勞動時間換算成為社會必要勞動時間參數的分析中，筆者首先分析了影響藝術品價格的外部主要微觀因素。具體從微觀經濟學的假設及藝術品交易特殊性，成本、價格預期、創作週期、存世量、週轉速度等供給方面因素，以及消費偏好、可替代性、外部性、可支配收入、價格預期等需求方面因素進行分析，並用均衡分析的方式對藝術品的供給消費彈性、收入效應和替代效應進行了初步的可視化分析。其次，隨著藝術品商品化縱深發展的深入，影響其價格的外部因素中除了微觀因素外，宏觀因素的影響作用也越來越大。文章通過分析中國宏觀經濟指標中的人均國民生產總值、貨幣價值、利率水平、匯率水平等的歷

史變動數據與藝術品拍賣數據的對比關係，對藝術品價格與宏觀經濟的相關性進行了粗略討論。

最後一個問題，是對於中國繪畫藝術品理論價格的評估問題，這是繪畫藝術品市場上估價的方法及路徑問題。文章在對國內外學者研究成果的分析、總結和借鑑的基礎之上，結合本書的研究成果，對常用的簡單、定性的評估方法進行了分層次、多維度的梳理和歸納；同時，針對繪畫藝術品這樣的異質商品的具象問題，本書採用形象化、操作性強的西方計量方法特徵價格法和Hedonic模型對市場交易量最大的近現代和當代國畫以及油畫定價進行實證研究，以對馬克思理論在藝術品價格研究方面進行有益補充和印證。首先，本書在理論層面上比較了Hedonic模型中幾類亞模型的優劣，確定了將半對數模型作為本書實證研究的模型；其次，根據相關章節對繪畫藝術品價格決定或影響因素的定性討論，本書確定了模型的十個自變量；然後，筆者通過運用網路數據爬蟲技術在雅昌藝術網站上選取了中國主流的全國性知名畫家30人自2000年春拍到2016年春拍的27,949組有著錄或展覽記錄的拍賣成交數據，並根據研究需要從中篩選出11,226組有效數據。接著，筆者將數據以各位畫家、近現代國畫家、當代國畫家、油畫家以及所有畫家這幾種分類方式分別帶入迴歸方程，對方程中各變量的系數進行估計，並通過殘差、R2、t檢驗及F檢驗等計量方式對變量、方程的顯著性、模型方程的解釋力等方面進行評估。最後，在逐項分析了迴歸結果後，筆者認為，總的來說，迴歸模型的假設基本滿足，模型是合適的，而且該定量分析結果可以從一定程度上驗證本書在理論性定性分析部分得出的結論；同時，從不同分類下迴歸結果的一些細節和差別中，筆者還發現了一些和通常認知有出入的現象，從而對繪畫藝術品市場參與主體提出一些合理化建議。

包括繪畫藝術品在內的商品及其交易制度必須建立在商品本身的使用價值的真實性基礎上，即「貨真價實」。基於繪畫藝術品所具有的「難以複製性」「異質性」和「獨創性」，使得市場上出現「假冒偽劣」商品，及「贗品」的可能性更大。繪畫藝術品市場上最大的問題也就出在「貨真」與「價實」這兩個環節。要解決這個問題，不外乎還要從繪畫藝術品市場規制建設入手，其中，藝術品價格的評估與確定就是一個大的課題。其重要性在業界具有較高的共識，但是一是由於問題複雜、系統性難度大，二是這項研究需要多學科的知識與方法協同，三是對中國藝術品市場這一新興的市場形態的規律分析與認識需有一個累積過程。所以，目前對藝術品內在價值體系和外在價格評估的系統性研究較少，筆者力圖在這一方面做出積極的探索和努力。

目　錄

第一章　緒論 / 1

　第一節　研究背景及意義 / 1

　　一、研究背景 / 1

　　二、研究目的和意義 / 3

　第二節　國外學者關於藝術品價格的研究 / 4

　　一、有關藝術品經濟學的研究 / 4

　　二、有關藝術品經濟屬性的研究 / 6

　　三、有關藝術品價格指數編制的研究 / 7

　　四、有關繪畫類藝術品價格影響因素量化研究 / 9

　第三節　國內學者關於藝術品價格的研究綜述 / 10

　　一、有關藝術品特徵功能的研究 / 11

　　二、有關藝術品價格理論的研究 / 12

　　三、有關藝術品定價方法的研究 / 16

　　四、綜合評述 / 19

　第四節　研究的問題及對象 / 20

　　一、研究問題 / 20

　　二、研究對象 / 20

　第五節　本書組織安排 / 21

　　一、結構安排 / 21

二、理論框架 / 25

　　三、研究方法 / 26

第二章　中國繪畫藝術品的概念、特徵及使用價值 / 28

第一節　概念界定 / 28

　　一、藝術的概念 / 28

　　二、藝術品的概念及分類 / 29

　　三、繪畫藝術品的概念及分類 / 31

　　四、本書對繪畫藝術品的特別界定 / 33

第二節　中國繪畫藝術品的本體特徵 / 33

　　一、作為文化產品的特徵 / 34

　　二、作為藝術品的特徵 / 37

　　三、中國繪畫類藝術品的特徵 / 39

第三節　中國繪畫藝術品的使用價值 / 40

　　一、繪畫藝術品是特殊商品 / 40

　　二、核心使用價值：審美使用價值 / 41

　　三、衍生使用價值：裝飾使用價值和教化使用價值 / 41

　　四、或有使用價值：文物研究使用價值與紀念使用價值 / 42

　　五、附隨的使用價值：符號使用價值 / 43

　　六、藝術品使用價值與藝術品收藏與投資的關係 / 44

第三章　中國繪畫藝術品的價格決定研究
　　　　——基於馬克思勞動價值論視角 / 45

第一節　理論基礎及適用性分析 / 45

　　一、價值內涵的歷史演變 / 45

　　二、馬克思勞動價值理論 / 46

　　三、馬克思精神生產理論 / 49

四、價值理論的評述及適用性分析 / 50

第二節　中國繪畫藝術品價值的實體構成 / 54

　　一、繪畫藝術品是一種特殊的商品 / 54

　　二、繪畫藝術品價值是抽象勞動的凝結 / 54

　　三、抽象勞動的特點 / 55

第三節　中國繪畫藝術品價值的量的決定 / 56

　　一、衡量單位 / 56

　　二、折算公式 / 58

　　三、複雜程度倍加系數的確定 / 59

第四節　中國繪畫藝術品價值轉化形式 / 63

　　一、藝術家生產方式不屬於資本主義生產方式 / 64

　　二、繪畫藝術品的價值轉化形式與一般商品的異同 / 65

　　三、繪畫藝術品價值持續增加與純粹流通費用的固定加價 / 66

第五節　中國繪畫藝術品的商品二因素與其價格決定的關係 / 68

　　一、繪畫藝術品商品二因素之間的關係 / 68

　　二、繪畫藝術品使用價值與其價格決定的關係 / 68

　　三、繪畫藝術品價值與其價格決定的關係 / 69

第四章　中國繪畫藝術品市場及拍賣的價格發現功能
　　　　——基於博弈論視角 / 71

第一節　基於馬克思唯物史觀的研究：中國繪畫藝術品市場的形成 / 71

　　一、藝術品生產和商品化屬於歷史範疇 / 71

　　二、中國繪畫藝術品市場發展 / 74

第二節　中國繪畫藝術品市場分類 / 80

　　一、按交易目的分類 / 80

　　二、按交易形式或場地分類 / 81

三、按繪畫藝術品是否初次交易分類 / 83

第三節　拍賣是藝術品交易最重要的方式 / 84

　　一、拍賣行業歷史簡述 / 84

　　二、拍賣的特點及功能 / 85

　　三、拍賣是藝術品價格發現的最重要交易方式 / 86

第四節　博弈分析：中國繪畫藝術品拍賣市場價格發現功能 / 87

　　一、博弈論與拍賣 / 87

　　二、繪畫藝術品拍賣中的博弈主體及博弈層次 / 88

　　三、保留價的確定：賣方與拍賣公司的博弈分析 / 90

　　四、成交價的確定：競買人之間的博弈分析 / 91

第五章　中國繪畫藝術品的價格形成研究
——基於壟斷及非理性條件下的均衡分析視角 / 93

第一節　理論基礎 / 93

　　一、均衡價格理論 / 93

　　二、壟斷價格理論 / 95

　　三、行為經濟學理論 / 96

第二節　繪畫藝術品的供給及其影響因素 / 97

　　一、繪畫藝術品的供給的含義 / 97

　　二、繪畫藝術品成本對供給的影響 / 98

　　三、繪畫藝術品價格預期對供給的影響 / 99

　　四、其他因素對繪畫藝術品供給的影響 / 99

第三節　繪畫藝術品的需求及其影響因素 / 101

　　一、繪畫藝術品的需求及其特點 / 101

　　二、消費者可支配收入對繪畫藝術品需求的影響 / 102

　　三、消費者偏好對繪畫藝術品需求的影響 / 103

四、其他人需求對繪畫藝術品需求的影響 / 104

　　五、其他因素對繪畫藝術品需求的影響 / 104

第五節　中國繪畫藝術品價格的均衡分析 / 105

　　一、普通商品均衡分析假設條件 / 105

　　二、繪畫藝術品市場供求分析的特殊假設條件 / 107

　　三、繪畫藝術品的供給彈性 / 109

　　四、繪畫藝術品的需求彈性 / 111

　　五、繪畫藝術品市場均衡價格形成 / 114

第五節　外部宏觀因素對繪畫藝術品價格的影響 / 118

　　一、國內生產總值對中國藝術品市場價格影響 / 118

　　二、貨幣價值對中國藝術品價格的影響 / 120

　　三、利率對中國藝術品價格的影響 / 122

　　四、匯率對中國藝術品價格的影響 / 123

　　五、稅收對中國藝術品價格的影響 / 125

第六章　中國繪畫藝術品定價方法及驗證估價模型研究 / 127

第一節　常用藝術品定價方法及其分類 / 127

　　一、賣方策略定價法 / 128

　　二、簡單估算法 / 129

　　三、專家估價法 / 130

　　四、重複出售定價法 / 131

　　五、特徵價格模型法 / 131

　　六、其他藝術品估價法 / 133

第二節　中國繪畫藝術品價格評估指標體系 / 134

　　一、建立指標體系的原則 / 134

　　二、現有學者的研究成果 / 135

三、建立適合中國繪畫藝術品價格評估的指標體系 / 137

　第三節　**定量分析與驗證：Hedonic 模型分析** / 138

　　一、模型理論基礎 / 138

　　二、模型選取 / 139

　　三、特徵指標變量選取 / 141

　　四、數據來源和分析工具 / 145

　　五、樣本的選擇 / 146

　　六、迴歸結果 / 147

　　七、結果分析 / 190

第七章　研究結論及建議 / 194

　第一節　**主要結論** / 194

　第二節　**進一步完善中國繪畫藝術品市場制度** / 200

　　一、將藝術品交易情況納入全國信用系統 / 200

　　二、建立繪畫藝術品鑒定專家及評估公司專業庫 / 201

　　三、創新繪畫藝術品網路交易機制 / 201

　第三節　**對繪畫藝術品市場交易主體的建議** / 202

　　一、對購藏者的建議 / 202

　　二、對畫家的建議 / 203

　　三、對仲介機構的建議 / 203

參考文獻 / 205

第一章 緒論

第一節 研究背景及意義

一、研究背景

當今的中國，依靠改革開放 30 年迅速發展所累積起來的物質財富，已逐漸躋身世界大國之列。但是，一方面這些物質財富的累積是以資源消耗、環境污染為代價，另一方面大國並不等於強國，更不等於發達國家。一個強國、一個發達國家不僅指其在軍事、經濟、能源及科技方面擁有過硬的實力，更暗指其在精神文化領域的導向、經濟行業標準制定推廣和價值觀輸出等方面具有很強的軟實力。中國經濟發展面臨岔路口，要麼在高耗能、高污染的粗放式發展道路上繼續走下去，為獲取眼前的蠅頭小利而犧牲子孫后代的健康和幸福，要麼改變經濟發展方式、主動淘汰落后產能並進行產業升級；要麼被同化，淪為跟班，要麼同化別國，成為標準制定者。這既是選擇也不是選擇，因為生路和真正的發展之路就只有一條。中華民族有著悠久而燦爛的傳統歷史文化，如何讓我們的文化寶藏在新的歷史時期煥發新的光彩，如在迫在眉睫的產業升級的同時利用悠久文化傳承在世界文化傳播角力的競爭中佔有重要一席地位，成為了中國強國路上必須要思考和解決的問題。而中國藝術品交易市場的發展除了能為中國物質生產的升級換代和精神生產的快速發展提供良好的市場氛圍，更能為民族文化、民族精神的發揚光大以及提升中國文化對世界的影響力提供平臺和路徑。

當今的世界，經濟的全球化趨勢日趨明顯，中國的藝術品市場也在經濟全球化浪潮中發生著巨大變化。2000 年以來，中國、印度、俄羅斯等國的藝術品市場日趨表現活躍，逐漸成為了繼紐約、倫敦歐美等傳統發達藝術品市場之後的新興的熱點市場。從目前中國藝術品市場發展現狀來看，必須經歷也正在

經歷藝術品的商品化、資產化和金融化過程。在整個過程中，商品化是基礎，資產化是關鍵，金融化是戰略方向①。古今中外的經濟學的研究以及生活常識都告訴我們，一切市場的核心問題都會牽扯到價格問題，幾乎所有的市場運行也都圍繞價格展開。所以不管是在繪畫藝術品的商品化階段還是資產和金融化的階段②，價格在市場發展過程中有著重要地位，藝術品價格評估都是核心問題。藝術品的商品化過程是中國藝術品市場的發展歷程中的重要階段，而藝術品的財富效應和造富運動更是吸引了更多的人、更多的資金進入藝術品市場，進一步強化了藝術品作為投資品的保值增值的誘人屬性，進而吸引更多來自資本市場熱錢形成的投資需求，這又促使藝術品的商品化發展到了新的高度，藝術品市場的一切變化都體現在其價格的變化之上。藝術品價格在 2000 年前後進入一個循環上升通道，特別是作為中國收藏歷史最為悠久、收藏者群體最大的一類藝術品——繪畫藝術品，其價格在 2007 年前後更是進入了加速上漲階段，成為熱錢的追逐對象，繪畫藝術品市場儼然已成為熱錢和投機資本的蓄水池。然而，所謂成也蕭何敗也蕭何。隨著實體經濟走下坡路，國內外熱錢的撤出，藝術品市場的一路高歌到 2011 年下半年戛然而止，藝術品市場與很多二線城市的房地產市場一樣，進入了「有價無市」的尷尬境地。天價藝術品仍然吸引著大眾眼球，但收藏者、投資者和隔岸觀火者的心境卻都是冰火兩重天。可見，由於中國市場經濟還不夠發達，藝術品走向市場的時間較晚，這使得近年來的國內藝術品市場雖然表面上呈現出蒸蒸日上，暗地裡卻是亂象叢生。其中的關鍵問題之一，就是有效、科學的藝術價格評估體系的缺乏、價格標準的混亂以及價格評估方法的單一。

反觀學術領域，關於藝術品價格的研究遠遠不能適應飛速發展和變化中的市場的需要，遠遠滯后於市場實踐的需求。到目前為止，中國有關藝術品市場現象評述的雜誌、期刊類文章有一些，但系統而深入地研究藝術品價格的學術文章仍較為少見，關於藝術品價格理論的專門的論著更是屈指可數。尤其是在 2000 年後，中國藝術品市場價格與國內外經濟波動聯動性增大，在快速發展和震盪中暴露出自身的不完善和各種問題。藝術品作為特殊的商品，其精神和觀念屬性、文化和審美內涵、異質和獨創特徵、價值與使用價值對其價格形成

---

① 劉曉丹. 藝術品價格原理：破解藝術品市場的價格之謎 [M]. 北京：中國金融出版社，2013：7.

② 西沐. 應重視藝術品市場交易平臺建設 [N]. 中國文化報，2013-01-07（2）.

的作用，消費者、收藏者和投資者對藝術品的瞭解和價值判斷[①]，市場供需雙方、宏觀經濟環境、投資替代品價格變化對藝術品市場的影響等，都需要從理論與實踐的結合上對藝術品價值價格理論及藝術品定價評估方法進行研究和探索。

二、研究目的和意義

從本書的寫作初衷和現實意義來看，主要有以下幾點：首先，有利於幫助藝術品特別是繪畫藝術品的鑒賞者、收藏者以及投資者加深對藝術品內涵、概念、特點的理解，並啓發其對繪畫藝術品價值、使用價值與其價格關係的思考。作為本書研究的首要問題，中國繪畫藝術品的內在屬性、特點及其價值、使用價值和其外在的價格表現到底有怎樣的聯繫，這是每一位購藏者和市場參與者都力圖弄明白的問題，因為問題的答案是直接影響到繪畫藝術品市場參與者做出買或賣、藏或棄等市場決策的關鍵，是促成繪畫藝術品消費行為、投資行為理性化發展的動因。其次，有利於幫助繪畫藝術品市場參與者變被動為主動地全面考慮各種因素對藝術品價格的影響。本書力圖從繪畫藝術品的本體特徵、外部微觀和外部宏觀等多個方面尋找決定或影響藝術品價格的各類主要因素，給藝術品購藏者及其他市場參與者提供一個由內而外的決定或影響因素參考系統，以便其對藝術品價格可能的變化進行全面而客觀的考量。再次，有利於幫助市場參與者尋找適合自己的估價模型對繪畫藝術品價格進行評估。找到相關的影響因素後，每種因素對藝術品價格的影響方式、影響程度和影響時間，以及現有的評估價格的準確程度是多少，也是本書力圖通過對可行的藝術品估價模型的研究而得到的答案。這可以給藝術品市場參與者以具體的指導。最後，可以為探索中國藝術品市場的健康發展和理性繁榮之路奉獻一份力量。本書力圖從經濟學視角研究影響藝術品價格形成及運行的內部微觀、外部微觀、外部宏觀因素，從具體到抽象地分析現象背後的經濟規律，並借用經濟學原理對各種因素對藝術品價格的影響進行分析，最終依據分析結果從抽象到具體地選擇藝術品價格評估模型，以期指導藝術品的生產者、投資者、收藏者以及其他市場參與者站在各自角度對藝術品進行估值，並對中國政府對藝術品交易制度及藝術品交易市場管理制度的建立和完善提供可行的建議，以建立一個良性循環，即制度推進合理價格的產生和運行、制度抑制藝術品市場不良現象

[①] 李亞青，西沐. 中國藝術品市場信息化建設的初步探索 [J]. 電子政務，2008，(12)：96-98.

的出現，使市場參與各方均受益，而多贏的結果又反過來繁榮藝術品交易市場，使中國的文化藝術產業走上健康發展道路。

從理論研究意義角度來講，首先，本書對馬克思勞動價值理論在藝術品這類特殊商品上的應用做了有益補充。通過整理、歸納馬克思的勞動價值理論及其精神生產理論思想，本書對於馬克思在勞動價值理論中迴避不談的藝術品、古董類特殊商品的商品屬性、價值決定和使用價值進行了探討，力圖在馬克思的經濟理論思想框架內完善其對藝術品商品價格的研究。其次，本書對藝術品價格的決定和影響因素進行了分類探討，為構建藝術品價格影響因素體系做出了有益探索。筆者認為由內而外地分析各種相關因素對於繪畫藝術品價格的影響是研究繪畫藝術品價格理論的核心內容，也是進一步提出藝術品價格定價模型的前提條件。最後，本書採用理論與實踐相結合的方式對現有的藝術品定價模型進行了比較和分析，用模型得到的實證數據對基本理論觀點進行了論證驗證和量化，為中國繪畫藝術品市場價格理論的經驗與實證研究的結合做出了有益的嘗試，以期進一步深入中國藝術品價格理論研究，進一步引發對該問題研究的關注與深入，從而更好地推動中國繪畫藝術品市場科學化、規範化、有序化發展。

第二節　國外學者關於藝術品價格的研究

國外有關藝術品和經濟之間聯繫的研究，最早可以追溯到19世紀，從那時起，開始不斷有哲學家、社會經濟學家、歷史學家從其各自不同的視域來對藝術與社會、藝術品與經濟之間的相互關係進行考察。西方藝術品市場隨著各國經濟發展而日趨繁盛，市場化開始時間早，發展歷史長。所以從藝術品剛進入市場進行流通的早期商品市場階段，到藝術品作為金融領域投資標的的金融投資市場的形成，國外藝術品市場交易數據較為豐富，便於國外研究者對藝術品的定價與投資做廣泛的研究，包括早期以理論分析為主的研究，以及后期更加側重定量分析的研究。

一、有關藝術品經濟學的研究

國外研究者對藝術及藝術品與社會和經濟生活的關係的探索始於19世紀，最初和藝術品價值定義和概念相關的理論，源於英國倫敦劍橋大學修訂的教材，該教材在對古代藝術品範圍進行研究時，將「古董珠寶」納入其中，並

研究了其特殊的使用價值和價值①。后來，在《資本論》（1865）、《政治經濟學批判》手稿（1857—1859）等經濟學著作中，馬克思涉及藝術品生產的社會經濟屬性的初步論證，他多次提出藝術作品也是屬於商品的範疇，並且是一類特殊的商品。但由於受到當時社會經濟環境發展階段的局限，馬克思研究的只是一種抽象化了的「藝術產品」，他僅僅將藝術品作為物質商品生產的經濟附屬品來研究，並未對藝術品這類商品特別是其創作生產的勞動過程和價值運動規律做進一步的研究和分析②。普列漢諾夫（Plekhanov）作為俄國著名的馬克思主義者，在其成名作《沒有地址的信》（1899—1900）中，首先分析了社會經濟結構對藝術本質和文化淵源的影響及相互聯繫，是馬克思主義美學及其文化經濟學的基礎性理論源泉。美國學者路易斯·哈拉普（Louis Harap）在其著作《藝術的社會根源》（1949）中，將藝術創作的產品與其對應的生產方式聯繫起來進行分析③。克羅齊（Benedetto Croce，1866—1952）作為義大利當時知名哲學家，對藝術品價值論的貢獻主要是找到了價值論本體觀念與藝術品審美價值與審美功能之間的理論聯繫④。這些理論及觀點僅散見於上述學者各自研究成果的各個角落，還未被拔高到自成體系的藝術品經濟學或藝術品價值理論層面，但在當時就已引起了學術界較為普遍的注意。還有美國學者莫迪亞斯（J. M. Motias）等研究者在其相關文章中雖未明確地對藝術品的經濟價值進行研究，但他們提出的相關問題以及對系統研究方法的探討仍為后續的研究提供了線索和資料。

　　從 20 世紀 60 年代開始，國外開始有學者將藝術學同經濟學的概念進行融合，研究藝術品的生產到消費整個過程中的規律，藝術經濟學體系得以建立和初步發展。20 世紀七八十年代，國外學者開始從探討藝術本質轉向把審美作為一種價值範疇進行分析，並開始將人類的活動如生產、生活、交易等諸多實踐領域結合藝術學、美學進行研究。英國牛津大學柏拉威爾教授（Prof. Bolaweier）的代表作《馬克思和世界文學》（1976）中做出明確概括，把藝術放在物質生產關係和生產手段的框架體系裡來觀察⑤。作為一名西方馬克思主義文化理論家和文學批評家，英國的特里·伊格爾頓（Terry Eagleton，1943—）在

---

① 姜通. 馬克思理論視域下的藝術品價值研究 [D]. 長春：吉林大學，2010.
② 董振華. 勞動價值理論新視野——兼評「創新勞動價值論」[J]. 理論觀察，2002（3）：23-26.
③ 哈拉普. 藝術的社會根源 [M]. 朱光潛，譯. 上海：新文藝出版社，1951.
④ 克羅齊. 美學原理 [M]. 朱光潛，譯. 上海：上海人民出版社，2007.
⑤ 柏拉威爾. 馬克思和世界文學 [M]. 北京：生活·讀書·新知三聯書店，1980.

其20世紀60年代所著的《馬克思主義與文學批評》等著作中，提出了一種新的批評方法，即對一般生產方式、文學的精神的生產方式進行融合、兼顧，並融合多種意識形態之成分的文學批評方式①。此外，德國著名的馬克思主義文化論者兼批評家本雅明（Walter Benjamin，1892—1940）在其著作《機械複製時代的藝術》中，也重點在生產所需要的工具和科學技術等切合時代發展潮流的新視角下，研究了影響藝術這種特殊生產力內涵和外延的主要因素②。

二、有關藝術品經濟屬性的研究

隨著計算機的發明及性能的不斷提升，西方現代經濟學中的重要分支——計量經濟學在20世紀70年代開始得到經濟學界的普遍認可並得到廣泛應用。從20世紀70年代末80年代初起，國外開始有學者利用量化的數據分析方式對藝術品定價問題進行分析。羅伯特·C. 安德森（Robert C. Anderson，1974）首先將量化的數據分析方法引入繪畫藝術品的價格分析，他通過計算繪畫藝術品投資回報率以衡量其在投資市場中的表現。羅伯特的研究所用的數據為跨度約200年間（從18世紀80年代至20世紀70年代末）的美國的油畫藝術品公開交易數據，他用量化分析工具研究了油畫內容及尺寸等屬性與其自身價格的關聯性，同時利用最小二乘法建立了重複交易的迴歸模型計算出樣本油畫的平均收益率。他還將藝術品市場的投資收益與股票市場的投資收益進行比對分析，發現了如按時間長度劃分，油畫藝術品的投資收益率與金融股票在不同的時間點上的收益率基本處於持平狀態，只是其中的低價油畫作品的收益率遠超人們的合理預期。

威廉·J. 鮑莫爾（Willian J. Baumol，1986）將美國1950—1959年十年間的近七百個出現了兩次以上重複交易的藝術品交易數據作為分析樣本進行了統計分析計算，得出了這些重複交易藝術品的投資回報率，再與同期的金融產品特別是債券的平均收益率進行對比，得出了與羅伯特基本一致的結論，即藝術品回報率與金融資產的回報率基本持平，而不是人們預期的藝術品收益率遠高於金融產品。此外，威廉認為長期均衡價格在藝術品的投資市場中是不存在的，藝術品的投資收益率長期來看是低於金融資產的，這主要是因為藝術品能夠給購買方提供除了物質刺激以外的精神層面的享受作為一種額外的審美補償。

---

① 伊格爾頓. 馬克思主義與文學批評 [M]. 文寶, 譯. 北京: 人民出版社, 1980.
② 瓦爾特·本雅明. 機械複製時代的藝術 [M]. 重慶: 重慶出版社, 2006.

三、有關藝術品價格指數編制的研究

計算機編程技術的逐步普及為研究學者提供了不再將研究局限於用重複銷售法計算藝術品收益之上的可能性，所以在20世紀90年代以後，國外研究者的視線轉向於藝術品價格或綜合指數的編制。吉姆斯·E. 佩桑多（James E. Pesando，1993）和威廉姆·N. 戈茨曼（William N. Goetzmann，1993）仍然是採用重複交易法，只是數據選取的週期更長、數量更豐厚，從而對18世紀初一直到20世紀90年代的近三百年間的繪畫藝術品風險收益率與同時期的債權和股票收益率進行比較分析[1]。在此基礎上，他們將這三類資產的年回報率當做參考指標，通過對部分冗餘數據的過濾，得到了藝術品回報率優於債券和股票並且具有更好的延續性的結論。最後，他們還將時間序列引入研究當中進行分析，得到了藝術品價格的初級指數[2]。從吉姆斯和威廉姆兩人的上述研究開始，學術界逐步展開了針對藝術品價格指數如何編制的研究，其研究成果得到了較為廣泛的運用。布倫斯·N與金斯伯格·V（Buelens. N, Ginsburg. V, 1993）運用上述的指數編制方法研究英國、義大利以及荷蘭的繪畫作品數據，得出了相應的價格指數[3]。香奈兒·O，杰拉-瓦雷特·A. L和金斯伯格·V（Chanel. O, Gerard Varet. A. L, Ginsburg. V, 1996）一同研究計算了美國的多位藝術家的作品價格變動指數[4]。

1988年，梅建平在美國紐約大學金融學任副教授時，與其同事摩西（Michael Moses）教授一起創建了梅摩藝術品指數（Memo Art Index）。由於其構建方式的科學性以及數據的豐富和客觀性，逐漸被公眾所認可，並在業界形成了廣泛的影響。兩位教授的研究成果在美國經濟學界的頂級學術期刊《美國經濟評論》上發表，梅摩指數龐大的數據庫、系統的定量分析、科學的金融模型奠定了其在學術上的重要地位。目前，安聯保險、美林、UBS、花旗銀行、摩根士丹利等全球性金融機構，世界最大的藝術保險公司之一的AXA公司，都在使用梅摩指數。梅摩指數的使用者還包括紐約時報、時代周刊、福布斯雜

---

[1] JAMES E PESANDO. Art as an Investment: The Market for Modern Prints [J]. The American Economic Review, 1993, 83: 1,075-1,089.

[2] WILLIAM N GOETZMANN. Accounting for Taste: Art and the Financial Markets Over Three Centuries [J]. The American Economic Review, 1993, 83: 1,370-1,376.

[3] BUELENS N, GINSBURGV, BAUMOL. Art as Floating Crap [J]. European Economic Review, 1993, 37 (7): 1351-2371.

[4] CHANEL O, GERARD VARET A L, GINSBURG V. The Relevance of Hedonic Price Indexes [J]. Journal of Cultural Economics, 1996 (20): 1-24.

誌、華爾街日報、金融時報以及中國的中國證券報等全球數百家主流媒體①。此外，以美國為首的多國畫廊界也將梅摩指數用作藝術品評估、市場分析以及銷售市場的風向標。梅摩指數還是第一個在歐洲交易市場上進行期貨交易的指數。梅摩指數採用的仍是重複拍賣法，根據交易價差計算投資回報，其編制的數據基礎主要為 1810 年至今的在世界最知名的拍賣行蘇富比和佳士得的拍賣會上銷售的八大門類藝術品的全球交易紀錄，其中，採用的中國藝術品交易數據主要包括中國內地與香港的中國當代藝術拍賣紀錄②。梅摩指數與傳統的平均價格指數相比，因其指數編制的目的是為藝術品投資及資產配置提供參考，故反映的是價格增值。此外，梅摩指數建模數據基礎龐大，選取數據樣本時不作主觀判斷，同時其計算方法採用了計量經濟學領域最新最先進的研究成果，這些都算是梅摩指數的優勢。

還有一些學者通過構建藝術品價格指數來對藝術品的價格進行定位研究。斯泰因（John P. Stein, 1977）通過計算每個時間區間內藝術家作品單位面積的算術平均價格來繪製藝術家創作的藝術品平均價格的走勢圖，以此來判斷藝術品所處的價格區間③。義大利的研究者坎德拉等（G Candela, A E Seoreu, 1997）將本國著名藝術家的代表畫作的價格作為研究的主要對象，採用 20 世紀 80~90 年代期間的公開交易數據構建了畫家不同的代表性繪畫藝術品價格變動指數④。此外，還有學者里奧替利（M. Loeatelli Biey）(1999) 在 20 世紀的西方經濟危機作為分界點，對美國數千份藝術品交易數據進行了實證分析和對比分析，把藝術品的投資收益率與股票債券進行比較，發現在使用重複交易法計算收到經濟波動較大影響時的藝術品市場價格，與實際藝術品交易情況更加契合⑤。

---

① 百度百科「梅摩藝術品指數」 ［EB/OL］. http：//baike. baidu. com/link？ url = iPx - DuTzg1FDTRYI025ZeoYRytw4mctsgxjLwnRNqeLbgnPyRo0vaVls1yFspJLdxoeqUgeW5v3zCXGtSM0BAK.

② JIANPING MEI, MICHAEL MOSES. Art as an Investment and the Underperformance of Masterpieces ［J］. The American Economic Review, 2002 (92)：1,656-1,668.

③ JOHN P STEIN. Monetary Apparition of Paintings ［J］. Journal of Political Economy, 1977 (5)：1,021-1,036.

④ G CANDELA, A E SEOREU. A Price Index for Art Market Auctions：An Application to The Italian Market of Modern and Contemporary Paintings ［J］. Journal of Cultural Economics, 1997 (21)：175-196.

⑤ M LOEATELLI BIEY, ROBERTO ZANOLA. Investment in Paintings：A Short-Run Price Index ［J］. Journal of Cultural Economics, 1999 (23)：211-222.

四、有關繪畫類藝術品價格影響因素量化研究

在研究藝術品投資屬性以及藝術品價格指數編制的同時，也有國外學者力圖通過計量化方式對影響藝術品定價的各種因素進行研究。上文提到過的學者羅伯特·C. 安德森（Robert C. Anderson，1974）就不僅研究藝術品的收益測算，同時也關注到藝術的內在屬性以及買賣方式的選擇等各類因素對價格波動的影響。另有學者科琳娜（Coringna，1997）專門針對世界知名繪畫藝術家畢加索的畫作進行了研究，她採集了畫家在 20 世紀 60~90 年代的公開市場上畫作的交易數據，並利用當時先進的 Hedonic 多因素迴歸模型對畫作價格受作品本身不同特徵因素的影響進行了計量分析[①]。這一模型使用並不以重複銷售數據為基礎，故而適用的範圍更加廣泛，並在 21 世紀後逐步成為學界的一種主流研究方式。

凱斯沃森和雷斯勒（J. Keithwatson，R. Ressler，2000）在研究影響藝術品價格波動因素的時候重點關注的是創作藝術品的藝術家的生存生活狀態。他借助抽樣統計數據，用量化的方式發現並表述了藝術品價格波動的一個顯著現象，就是藝術品價格與創作它們的藝術家生死呈現負相關的態勢，即藝術品價格隨著畫家的真實的死亡或預期的死亡而大幅度增加，但負向影響的持續性不強，在藝術家死亡事件后一段不長的時間內，其作品的價格會逐步迴歸到理性的價格區間之內。

卡琳·維森（Calin Valsan，2002）運用 Hedonic 模型對加拿大與美國的自 20 世紀 50 年代起的藝術品交易數據進行了統計分析，發現不同地域購藏者和藝術品投資者的審美觀念有著較大差異，這直接導致了不同國籍的藝術家的作品在其家鄉和在其他地區會受到不同的價格對待。米歇爾·貝克曼（Michael Beckman，2004）利用多因素的迴歸模型，將藝術品在拍賣中出現的雙方或多方合謀作為研究的影響因素，力圖探究拍賣參與方的合謀拉抬價格以誘使真實的競買人在更高的價位上成交。還有國外學者（Finn R. Forsund，2006）將包絡分析法引入藝術品交易數據的分析中來，發現了交易地點的選擇這一因素通過投資者的預期效應最終對藝術品的成交價格產生了不可忽視的較大影響。

另有學者（Susanne Schonfeld，Andreas Reinsta11，2007）也對藝術品交易地點和其價格的關係進行了研究，其主要利用的是虛擬變量的數學計量方法進

---

① CORINGNAS CZUJACK. Picasso Paintings at Auction, 1963—1994 [J]. Journal of Cultural Economics, 1997 (21): 229-247.

行迴歸分析，其研究結果表明藝術品交易地點的好壞反而與藝術品成交價格成反向關係，這不太合常理的研究結果引發了業界的廣泛討論和爭議。學者（Alan Collins，Antonello Scorcu，Roberto zanola，2009）通過應用多次差分法對Hedonic方法中存在的異方差以及採樣公允性問題進行了改良，並通過調整、改進後的Hedonic模型來重新進行了藝術品指數編制。近年來，國外的學者更加關注的影響藝術品價格的因素還有藝術品自身的尺寸以及藝術家創作藝術的時間。比如有韓國學者（Joonwoo Nahm，2010）就搜集了本國藝術品市場交易數據進行半參數的線性迴歸分析，研究了藝術品的尺寸大小和成交價格之間的內在聯繫。還有加拿大學者（Douglas J. Hodgson，2011）以本國繪畫類藝術品的拍賣市場交易數據作為計算基礎對藝術家創作藝術品的時間影響因素進行了研究。隨著動漫類繪畫藝術品的興起，還有學者（John Wyburn，Paul Alun Roach，2012）將Hedonic模型應用到該領域中，以對不同的內外影響因素在動漫類繪畫作品的價格形成與波動中的影響程度進行量化研究。從最近的相關研究來看，有波蘭學者（Witkowska，Dorota，2014）應用了Hedonic迴歸法對波蘭本地的2007—2010年的油畫拍賣數據進行了研究，最終建立了波蘭的藝術品價格指數體系。[1]

第三節 國內學者關於藝術品價格的研究綜述

由於中國在中華人民共和國成立初期一直實行的是計劃經濟，市場經濟處於被抑制的狀態，所以直至改革開放以后商品經濟變得活躍，市場經濟得以發展，所以20世紀80年代起中國市面上開始有越來越多的投資理財類書籍中提到了藝術品投資。從20世紀90年代才開始有國內學者著手對藝術與經濟這一交叉學科領域進行有關的探索與研究，才開始有學者對藝術品的價格及其市場狀況進行研究。如呂春成（1993）對價值規律在其所謂的包括藝術品在內的「知性」產品價格運動規律的適用問題做出了初步探討[2]。仇永波（1994）通過對鄰國日本藝術市場的經營狀態的觀察來對比思考中國藝術品市場的發

---

[1] WITKOWSKA, DOROTA. An Application of Hedonic Regression to Evaluate Prices of Polish Paintings [J]. International Advances in Economic Research, 2014 (8)：281-293.

[2] 呂春成.「知性價值」論初探 [J]. 經濟問題, 1993 (5)：9-14.

展①。李向民（1995）從經濟學的角度研究了中國藝術品市場的發展史②。進入21世紀以來，中國的藝術品市場開始隨著經濟的騰飛而迅速發展，與此同時，有關藝術品市場的報導日益增多，而學術界也有更多的學者、研究者開始關注有關藝術品的經濟問題③。總的說來，中國的研究者對藝術品價值的研究還主要是從社會和文化的角度來進行，大家對藝術品的審美價值和文物藝術品的歷史價值的研究已有不少共識，但由於中國相關研究比西方發達國家起步晚，對於藝術品的經濟價值的研究還缺乏系統性和歷史延續性。

一、有關藝術品特徵功能的研究

由於從藝術品所反映的實際內容的角度來看，藝術家所創作的藝術品是文化的載體，是通過符號、繪畫形式來傳播文化信息的一種媒介，所以藝術品的重要價值是由其所蘊含的文化觀念所體現出來的。所以，對於藝術品的特徵功能的研究，目前中國學者多把藝術品作為一種文化產品進行研究，而直接研究較少。

孫安民（2005）研究了文化產品的一種特殊的自我擴張機制，即其在滿足購藏者的精神需要的過程中通過消費過程而進行連續不斷的自我擴散、強化以及增值。這個特點使得藝術品的滿足精神消費的功能明確區別於簡單的普通的物質消費而且超越了一般的物質消費，進而對整個社會產生更加複雜的綜合的影響。孫安民將文化產品劃分為藝術品、工藝品和工業品三類，認為藝術品是僅憑單人勞動就可以完成的個性化產品，作為文化產品的重要組成部分，其也具有這樣的特殊功能④。

陳慶德（2006）從研究文化的產品的角度研究藝術品，認為藝術品的首要特點是具有社會公共性質的私人產品。首先，藝術品是私人產品，因為即使是在社會群體中獲得的習慣性的認可和普遍性的藝術品也不可能有全體成員同時提供。其次，藝術品與一般產品的區別在於一般的產品即便沒有獲得社會的認可，但只要被生產出來，不管好壞和有用無用都能以產品的形式獨立存在。而藝術品不論以物質還是觀念的形式被藝術家創作出來，如果不能得到社會的認可，它就不能獲得以產品或商品的名義獨立存在的資格。他認為藝術品實際

---

① 仇永波. 談目前日本藝術市場的經營狀態 [J]. 美術大觀，1994（12）：42-43.
② 李向民. 中國藝術經濟史 [M]. 南京：江蘇教育出版社，1995.
③ 王曉梅. 論中國藝術品市場階段性發展及其價值價格形成機制 [J]. 現代財經：天津財經大學學報，2007（9）：72-77.
④ 孫安民. 文化產業理論與實踐 [M]. 北京：北京出版社，2005：146-156.

是一種社會共同力量推動下的產物，有很強的社會公共性。最後，他認為藝術品的特殊之處還在於，其自身的意義和價值並非由創作者的意圖和權威來決定，而取決於消費者對藝術品進行鑒賞後的理解和感受。故藝術品的基本特徵還在於它進入流通領域後就完全脫離創作者的原有意圖而存在了，而被它的一個個不同持有者或購藏者賦予新的意義，從而受制於社會中主導文化價值體系的集體選擇[1]。

顧江（2009）從文化遺產的角度，研究了文物藝術品的經濟學特性。他認為文物藝術品作為物質文化遺產的組成部分，是宗教、歷史、文化、社會以及美學價值的綜合體，且因稀缺性而具有經濟性、因公共性而具有外部性、因維護成本高而具有自然壟斷性[2]。相曉冬（2010）研究了藝術品的體驗性和注意力產品特性，認為信息時代的買方市場中，藝術品購藏者的注意力是否能被足夠地吸引已經成為藝術品最終價格的重要影響因素[3]。鄭洪濤（2012）認為以藝術品為代表的文化產品，是典型的輕資產、輕實物投入，而重內容、重符號象徵的一種半公共性、系列性的能夠反映創作者人生觀、價值觀、世界觀以及意識形態的特殊產品。此外，他還指出藝術產品的創作、構思、開發成本往往較高，而複製成本卻非常低廉。這種特殊性使得藝術品的創作者在進行定價時必須採取平均成本定價方法，從而使得藝術產品的生產會將預期市場規模成為藝術產品價格的重要影響因素[4]。沈萍、周岩（2013）基於新時代對傳統藝術的筆墨藝術關注的持續升溫之背景，從分析中華傳統筆墨內在的文化與精神入手，分別從語言轉化、觀念演變、審美雅化的多個維度，對傳統筆墨藝術的意象性特徵與產品文化內涵進行了融合性的分析[5]。

二、有關藝術品價格理論的研究

由於與國外從 20 世紀 70 年代就開始興盛的藝術品投資市場相比，中國藝術品市場的起步晚了二十至三十年，故中國國內理論界對藝術品概念、市場及定價的研究也相應落後。20 世紀末開始有零星的學者研究相關問題，而在本世紀開始，隨著中國藝術品投資與藝術品金融實踐活動的進一步深化，藝術品

---

[1] 陳慶德. 文化產品的性質初探 [J]. 雲南大學學報（社會科學版），2006（1）：56-58.
[2] 顧江. 文化遺產經濟學 [M]. 南京：南京大學出版社，2009.
[3] 相曉冬. 智本論：精神生產方式批判 [M]. 北京：團結出版社，2010.
[4] 鄭洪濤. 文章化產品的特徵、範圍與價值 [J]. 商業時代，2012（29）：128-130.
[5] 沈萍，周岩. 傳統筆墨的意象性特徵與產品文化理念 [J]. 現代裝飾（理論），2013（4）：194.

定價成為迫在眉睫需要解決的問題，故而有關如何對藝術品進行估值和定價的研究才逐步豐富起來。對於藝術品定價遵循的價格理論，中國的研究者主要有以下幾類主張：

第一類，主張運用效用價格論對藝術品價格進行研究。持此類主張的效用價格論者占多數，他們認為藝術品價格並非由價值論者所說的社會必要勞動時間決定，而是由藝術品帶給購藏者的主觀有用性即效用也即馬克思勞動價值論中所說的使用價值的大小來決定的。這種主張更符合大家的直觀認知與大眾的情感傾向。馬建（2007）就通過分析藝術品消費中的所謂「凡勃侖」效應從而肯定了凡勃侖的觀點，即藝術品給其消費者所帶來的主觀感受即效用與藝術品價格的高低有密切的關係。他進一步指出，人們對優美的藝術品的重視首先來自該藝術品給人們帶來的榮譽感，其次才是美感，因為審美能力的培養是一件需要耗費很長時間和大量的精力的事情而且還需要一定的天賦。所以，任何貴重的藝術品要得到人們對其藝術感、美感的認可，就必須同時具備美感和高價的特徵。進一步地，高價的標準逐漸融入並成為我們對藝術品美感的感受和偏好中，最終將高價和美感兩個因素的融合結果認定為「藝術品欣賞」[1]。耕蘊潔、趙鵬（2010）認為藝術品價格普遍被高估的原因也在於藝術品價值是由人們的主觀評價決定的，但其具體價值卻無法用邊際效用價值論來進行量化計算[2]。

第二類，主張運用勞動價值論對藝術品價格進行研究。持這類觀點的研究者認為，藝術品如果以交換為目的被生產或創作出來，就應該具有價值和使用價值。陳敏（2006）認為藝術品有著特殊價值和商品價值，但其社會價值難以在市場中得以真實全面的反映，甚至發生扭曲[3]。劉正剛，劉玉潔（2007）認為由於藝術品創作的獨立化和個性化，只有特定的個人或集體參與，因此藝術品的價值應該由生產該產品的必要勞動時間決定。他們認為藝術品成為商品以後，其商業價值的內涵為凝結在其中的抽象勞動，藝術商品的創作和生產過程是一種特殊的複雜勞動過程，其創作勞動的複雜性由創作者的知名度以及創作技法的複雜程度等因素決定。因此從一般意義上講，一件藝術商品的價值會隨著創作者投入的勞動時間增長而變高，藝術品進行市場交換時表現出來的價

---

[1] 馬健. 藝術品消費的「凡勃倫效應」[J]. 中外文化交流，2007（12）：38-42.
[2] 耿蘊潔，趙鵬. 中國藝術品保險簡論[J]. 上海保險，2010（9）：21-24.
[3] 陳敏. 藝術品的藝術價值與經濟價值[J]. 企業經濟，2006（12）：76-78.

格水平就越高①。王曉梅（2007）則在對藝術品價值的質和量的分析中運用了等價規律②。姜通（2010）也從馬克思勞動價值論的視域下對藝術商品的價值理論和市場價值實現理論進行了研究和探討。他歸納分析了馬克思商品價值理論中有關商品的概念、二因素及相互關係，指出藝術家創作出的藝術品一旦進入流通領域被消費者、收藏者或投資者所購買，並最終脫離創作它的藝術家而存在，就成為了藝術商品，從而具有一般商品的共性③。高凱山（2014）認為由於效用價值論更加直觀並貼近百姓對生活的理解程度，所以大多數學者更偏向於用效用論的觀點來解釋藝術品價格價值問題。但其通過分析認為，運用效用價值論忽視了文化藝術品的歷史性，對主觀感受的個體差異性與社會交換標準的客觀同一性之間的背離也難以解決，而勞動價值論能更好地解決這一矛盾，並提出了藝術品存在「價值黑洞」，理解它有助於歷史地研讀文化藝術品的價值④。楊帆（2015）依據馬克思在《資本論》中有關抽象價值的理論對以藝術品為代表的文化品進行價值分析，以期為藝術品投資提供方向⑤。

　　第三類，主張運用成本價格論對藝術品價格進行研究。成本價格論者認為，藝術品的價格取決於創作該藝術品所耗費的物質資料成本、勞動力成本以及交易成本的多少（顧江，2007）。但持這一價格理論的學者往往同時也強調了除了創作藝術品的物質載體和勞動力的貨幣成本外，也應適當考慮創作者的創造性大小和藝術品需求者在定價中的用中。葉國強（2010）認為市場上一直就存在著「重材輕藝」的現象，特別是對於很多工藝類藝術品來說，人們對原材料的重視遠遠大於對工藝的品評。然而，他認為藝術家的思想是不可複製的並且是無價的，所以在衡量一件藝術品的價值的時候，在考慮藝術品的材料成本、工藝成本和市場交易成本的同時還應該綜合考慮創意和審美情趣等，客觀理性地做出價值和價格的分析⑥。何懷文（2014）從追續權保護的角度對

---

① 劉正剛，劉玉潔. 藝術商品價值形成原理探索［J］. 四川教育學院學報，2007（10）：16-19.

② 王曉梅. 論中國藝術品市場階段性發展及其價值價格形成機制［J］. 現代財經（天津財經大學學報），2007（9）：72-77.

③ 姜通. 馬克思理論視域下的藝術品價值研究［D］. 長春：吉林大學，2010.

④ 高凱山. 文章化藝術品中的「價值黑洞」［J］. 特區經濟，2014（12）：218-220.

⑤ 楊帆. 藝術品投資中的藝術品與具有文化屬性的物質消費品的價值分析［J］. 商場現代化，2015（16）：261.

⑥ 葉國強. 論現今市場以材料的珍惜性決定價格忽略工藝美的價值［J］. 天工，2015（4）：14-16.

影響藝術品價格的制度成本進行了分析①。

第四類，主張運用供求價格論對藝術品價格進行研究。持該理論者認為，藝術品的價格不是藝術品的持有人即供給方單方可以確定的，也不是藝術品的購藏者即需求方可以單方面確定的，而是在藝術品的市場中由供需雙方的相互作用和力量制衡來共同決定的。供求價格理論研究的是市場經濟條件下商品價格形成的一般規律，所以基本所有的研究藝術品價格的學者都不否認市場供求關係對藝術品市場價格的最終形成構成巨大影響，只是主張僅用供求關係來解釋藝術品價格現象的學者認為藝術品價格就是由此供需關係決定的。其中，李向民（1993）認為，藝術品屬於具有獨創性和唯一性特徵的精神創造產物，對這種特殊商品的定價應當應用市場屬於壟斷情況下的壟斷價格定價法②。王藝（2010）將藝術品市場分為高端、中端和低端三類市場分別對其供需情況進行了均衡分析③。

第五類，主張用綜合價格論對藝術品價格進行研究。持此觀點的研究者認為，由於藝術品的創作過程、流通過程以及消費過程均有其特殊性和複雜性，故其價格相應地不可能僅由某一項因素單獨決定，而是由藝術品的創作或持有成本、藝術品能夠帶給消費者的效用、藝術品投資者的預期收益、壟斷程度的高低以及購藏者的經濟實力和購買能力等複雜的因素共同綜合決定，該價格應該以創作或持有成本為下限，以藝術品滿足購藏者消費或預期收益的最小值為上限。王庚蘭，張瑋（2011）從綜合各因素的角度研究了繪畫藝術品市場價格的形成。他們認為通過與類似的作品相比較可以獲得繪畫藝術品價格形成的一個基礎價格水平，宏觀經濟環境變化、投資者非理性的購買行為以及利益相關者之間的博弈等因素都會通過對購藏者的信心、對未來價格空間的透支等的影響而影響藝術品未來的交易④。常華兵（2013）從資產評估的角度研究了影響藝術品價格的因素，並將這些因素分為外部環境因素以及內部藝術品自身因素。前者包括經濟環境、文化情趣、供求狀況、社會熱點、資金炒作，後者包括藝術品質、稀有程度、交易時機、辨偽難度和偶然因素等。程大利（2015）認為在評價一件藝術品的商業價值時，其最終的價格量化並不完全單方面取決

---

① 何懷文. 實證經濟分析視角下的藝術品追續權保護制度 [J]. 中國版權, 2014 (3): 77-81.
② 李向民. 現代藝術市場的幾個理論問題 [J]. 復旦學報（社會科學版），1993 (3): 29-34.
③ 王藝. 繪畫藝術品定價機制研究 [D]. 北京：中國藝術研究院，2010.
④ 王庚蘭，張瑋. 中國繪畫藝術品價格的影響因素分析 [J]. 價格理論與實踐，2011 (7): 81-82.

於藝術家知名度的高低、作品的尺寸、藝術家作畫時間長短，而是結合藝術家在構圖如何處理疏密、繁簡、色彩等因素進行綜合考慮①。

三、有關藝術品定價方法的研究

從具體的藝術品定價方法和模型上來看，與上一節提到的藝術品價格理論基礎部分相對應，目前中國學者的研究主要包括專家經驗定價法、影響因素定價法、供求均衡定價法、金融市場定價法、策略定價法以及基於未確知測度模型的定價方式等幾種方法。

專家經驗定價法，主要指依賴藝術品市場專家憑藉自身的市場經驗以及專業鑒賞技能對藝術品的價格進行評估，具體包含市場比較法和尺寸定價法。市場比較法就是通過橫向尋找，搜集市場中同類型、同風格但不同作者的藝術品的交易價格數據作為相關待估藝術品價格的參考。而尺寸定價法是基於待估藝術品的創作者全面的市場公開交易數據並以其作為計算基礎得出單位面積的平均價格，進而推導和預測出藝術品的可能成交價格。龔繼遂（2012）通過對拍賣行專家定價的實際情況研究，發現雖然專家對藝術品拍品的估價應該被認為是專家的實踐經驗認定的成交價格出現的估價區間，但在實際情況中，拍賣行為了吸引更多的競買人參與競買，往往對拍品進行低估。所以拍賣行的專家估計的價格標價常常傾向於低於市場成交預期值，這屬於專家定價法中的策略式估價②。

影響因素定價法，又稱要素定價法，是近幾年來比較流行的受到大部分學者追捧的藝術品價格估算法，指通過估計各個可能對藝術品價格產生影響的相關要素來預測藝術品的價格。在要素定價法的定性研究上，湯傳杰（1997）③、羅邦泰（2001）④認為有多重因素共同決定藝術品價格，這些因素既包括創作藝術品的藝術家自身，也包括藝術作品的內容、含義和表現方式各方面。舒豔紅（1999）認為藝術商品與一般商品不同，不應從物質功能上而應該從精神和文化因素入手來對其價格進行評估⑤。馬健（2008）將影響藝術品價格的因素分為吸引力、炫耀性和投機性三類進行定價⑥。胡靜，笪勝鋒（2008）從藝

---

① 程大利.收藏：走出藝術品價格誤區[J].老年教育（書畫藝術），2015（1）：62-63.
② 龔繼遂.關於藝術品的估價理論與實踐[J].市場瞭望，2012（18）：32-37.
③ 湯傳杰.藝術品的價格問題[J].美術觀察，1997（9）：72-81.
④ 羅邦泰.書畫、藝術品的價格因素和升值可能[J].美術觀察，2001（11）：67-68.
⑤ 舒豔紅.淺淡影響藝術品價格的非價值性因素[J].美術觀察，1999（8）：69-70.
⑥ 馬健.藝術品市場的經濟學[M].北京：中國時代經濟出版社，2008：21-28.

術品價值表現形式入手分析了藝術品價值的精神和物質屬性，探討了藝術品自身因素、供求、投機性、炫耀性及社會文化水平等對藝術品價格形成的影響[①]。範正紅（2008）通過對古今書畫價格倒掛，以及二級市場中存世量小的即更稀缺的書畫家作品價格反而常常高於存世量大的書畫家作品的價格等書畫市場異象的分析，對影響藝術品價格的內外部因素如何影響定價進行了總結和歸納[②]。欒布（2004）認為學術地位和歷史價值是衡量藝術品價值的決定性因素，宏觀因素和微觀因素共同決定藝術品投資走向[③]。倪進（2007）認為確定書畫藝術品的市場價格要考慮藝術家名氣、本身質量和數量、內容及題材、年代及時尚、收藏者數量和購買能力等因素[④]。樊瑞莉（2010）認為賣方的購買力和賣家的保留價等供求因素只是影響藝術品拍賣價格的表面因素，而深層次因素如藝術品的炫耀性、吸引力和仲介招商能力等因素的作用更大。景乃權、宋慧文和賀雷（2010）從藝術品投資市場價格形成的角度分析了 GDP 對中國藝術品拍賣市場價格走勢的預測[⑤]。

在要素定價法的定價模型應用上，特徵價格模型分析法是對藝術品價格影響因素的量化分析法，是中國近年來比較熱門的藝術品價格分析法。作為較早將特徵價格模型分析法引入中國藝術品量化估值研究中來的學者，陸霄虹（2009）結合中國繪畫藝術品拍賣市場情況，利用普通特徵價格模型確定了中國當代繪畫藝術品的特徵價格變量，並建立了相應的特徵價格模型。朱姝婷（2012）以徐悲鴻國畫作品為例運用 Hedonic 模型進行了繪畫藝術品定價研究[⑥]。吳海英（2014）在對中國繪畫藝術品的價格形成機制及風險的研究和分析中，在 Hedonic 特徵價格模型中加入了兩個新特徵變量，即描述經濟環境的「作品拍賣半年前的 GDP 數值」以及描述繪畫藝術品的歷史久遠程度的「畫齡」，接著採用元素分析法尋找和確定影響中國繪畫藝術品價格的特徵因素，最后對比擇優選擇參數估計模型，進而通過分析特徵價格與實際成交價的差異

[①] 胡静，答勝鋒. 論藝術品價格形成機制與投資策略 [J]. 現代經濟探討，2008（2）：61-66.

[②] 範正紅. 當今書畫藝術品市場價值的「異常」現象探析 [J]. 山東財政學院學報，2008（6）：80-82.

[③] 欒布. 藝術品市場投資探析 [J]. 企業經濟（南昌），2004（8）：50-51.

[④] 倪進. 論書畫藝術品的價格定位 [J]. 東南大學學報（哲學社會科學版），2007（6）：77-81.

[⑤] 景乃權，宋慧文，賀雷. 2010 年中國藝術品投資市場發展趨勢分析 [J]. 新美術，2009（6）：92-94.

[⑥] 朱姝婷. 基於 Hedonic 模型的繪畫藝術品定價研究：以徐悲鴻國畫作品為例的分析 [J]. 時代經貿，2012（26）：32.

來判斷實際拍賣行為中是否存在投機①。陸霄虹和鄭奇（2015）繼續將特徵價格法應用於中國繪畫藝術品的價格定量計算，建立繪畫藝術品特徵價格方程，並以吳冠中的繪畫作品拍賣數據做了實證檢驗。李帥來，周思達，楊勝剛（2014）運用未確知測度模型對藝術品進行綜合等級評價，再將其結果轉化為藝術品價格。三位學者基於2011年齊白石的畫作拍賣數據應用上述藝術品定價方法對齊白石的繪畫藝術品做了定價分析，力圖降低主觀評價的隨意性②。廖彬（2015）也對未確知測度定價模型在藝術品定價中的應用進行了研究，認為該方法為兼顧專家認知和藝術品自身價值要素的定價方法③。此外，王昭言（2014）在定性分析了中國藝術品的價格影響因素的基礎之上，將灰色關聯度分析和GM（1，N）模型引入對藝術品價格的實證分析中，在灰色系統理論基礎之上尋求中國藝術品定價方法，並力圖證明該定價模型在數據有限的情況下比特徵價格模型更有優勢④。

供求均衡定價法，是指通過對藝術品市場中供應與需求雙方的影響因素進行分析從而對藝術品價格和趨勢進行判斷和預測的方法。黃亮（2008）認為供求因素是對藝術品定價影響最大、最基礎的因素，故從藝術品各個不同的價格實現途徑下供給和需求對藝術品價格的影響進行了分析⑤。芮順淦（2008）通過研究發現藝術品市場的均衡呈現出一種高置發展、高端分岔和低端分岔的岔路模型態勢，具有明顯的特殊形態⑥。李婭娜（2008）將影響藝術品市場價格的供需因素進一步分解為微觀因素與宏觀因素，並通過繪製供求曲線來推導藝術品市場的價格均衡點，最終據此給國家財稅政策合理的調控建議⑦。王藝（2010）也重點使用了均衡分析方式對藝術品定價進行了研究。雷原、馬玉娟（2011）結合天津市文化藝術品交易所案例對引起藝術品份額交易價格波動的供求、藝術品標的物價值進行了理論分析並提出若干建議⑧。

---

① 吳海英. 中國繪畫藝術品的價格形成機制實證研究及風險分析［D］. 北京：北京大學，2014.

② 李帥來，周思達，楊勝剛. 未確知測度模型在藝術品定價中的應用［J］. 系統工程理論與實踐，2014（7）：1,671-1,677.

③ 廖彬. 基於未確知理論的藝術品定價模型構建與測度［J］. 統計與決策，2015（2）：77-79.

④ 王昭言. 基於灰色系統理論的中國藝術品定價［J］. 系統工程，2014（12）：145-149.

⑤ 黃亮. 藝術品定價及價格實現途徑［J］. 閩江學院學報，2008（4）：77-81.

⑥ 芮順淦. 論中國藝術品市場的價格均衡［J］. 價格月刊，2008（7）：6-8.

⑦ 李婭娜. 市場經濟中藝術品供求特徵研究［J］. 經濟研究導刊，2008（2）：123-125.

⑧ 雷原，馬玉娟. 藝術品份額價格波動的市場因素分析：基於天津市文化藝術品交易所案例［J］. 經濟問題探索，2011（10）：128-133.

金融市場定價法，主要指將金融市場中用於對金融資產進行定價的方式運用到藝術品定價中。此類定價法的研究和討論隨著文化產權交易所在中國多地陸續成立而興起，是中國在藝術品定價理論研究發展過程中的一個特色領域。西沐（2009）等學者率先開始了對中國藝術品金融化的思考與探討①。隨著中國藝術品金融實踐的深化，馬建（2010）等學者通過借鑑國外的經驗，開始對中國藝術銀行的建立及投資運作模式進行了設想，並從此角度分析了藝術品的定價問題②。胡淑月（2012）從藝術品的定價方式入手對藝術品的份額化交易機制中的關鍵內容即價格機制進行的研究和探討③。簡燕寬（2014）對藝術與資本的博弈中所出現的藝術品信託、藝術品基金的資本投機性以及畫廊在藝術品產業鏈中的商業模式變化對藝術品價格的影響作出了分析④。趙倩，楊秀雲，雷原（2014）進一步探索了將藝術品與金融結合后藝術品份額化的實現途徑藝術品投資基金、權益拆分、質押融資和證券化方式，以及相應的價值評估方式⑤。西沐（2015）認為在藝術金融興起的今天，藝術品購藏者應該從資產角度來考察藝術品的價格才符合藝術品投資這一潮流⑥。

四、綜合評述

從對藝術品經濟屬性及價格的研究內容來看，國外藝術品市場成熟、現代化有交易記錄的時間長，同時得益於西方現代數學及計量經濟學的迅速發展，學者的相關研究主要集中在對藝術品作為投資品的投資回報率的測算、價格指數編制以及對影響藝術品價格的多重因素的量化研究上。雖然學者們對於具體的量化技術指標的選擇還存在的較大的爭議，但在藝術品價格指數的構建上已經取得了豐碩成果。

反觀國內，對於藝術品價格的研究是與中國藝術品市場的建立和發展同步的。剛改革開放的20世紀80年代末，研究集中於對待藝術品商品化的正確態度上；后來從90年代開始國內對待藝術品市場的態度全面趨於承認，學者們爭論焦點集中在研究藝術品價格和價值之間的關係以及市場的發展方向上；

---

① 西沐. 中國藝術品市場金融化進程分析 [J]. 藝術市場，2009（6）：77.
② 馬健. 藝術銀行的運作模式 [J]. 浙江經濟雜誌，2010（5）：57-58.
③ 胡淑月. 中國藝術品份額化交易價格分析 [J]. 企業導報，2012（3）.
④ 簡燕寬. 藝術與資本的商業模式博弈 [J]. 商周刊，2014（9）：71.
⑤ 趙倩，楊秀雲，雷原. 關於文化金融體系建設幾個問題的思考 [J]. 經濟問題探索，2014（10）：168-174.
⑥ 西沐. 重視藝術品資產屬性，關注收藏投資方式方法 [J]. 全球商業經典，2015（1）：132-135.

2000年之后隨著中國藝術品市場的崛起以及藝術品投資價值被挖掘放大，國內的相關研究開始超越文字上的總結，而發展到了對藝術品價格形成的理論解釋和價格評估方式的標準化、量化研究。

國外研究者在追求數理模型的完美的過程中往往將藝術品作為單純的普通的商品來看待，而忽略了藝術品的異質性、精神消費性等特殊點，從而缺乏對藝術品定性評估理論的深入研究。對比國外的研究，與藝術品價格相關的研究在中國總體起步都比較晚，市場交易數據少，特別是有公開的拍賣市場數據的時間歷程短，故而研究還較多停留在理論層面，定量分析的數據基礎薄弱、模型研究落後。故中國的研究又偏向於問題的另一端，即對藝術品價格的評估更依賴專家的主觀評價，缺乏客觀量化評價系統，所以主觀隨意性較強，也難以持續地、準確地反映藝術品市場價格。綜上，國內外學者的研究各有千秋，在藝術品的定價機制以及對於個體藝術品微觀定價模型的研究領域還有很大的空間可供學者研究探索和發展。

第四節　研究的問題及對象

一、研究問題

在藝術品價格高漲低迷變化莫測的現象后，在藝術品市場繁榮蕭條週期更替的趨勢下，到底是否有支撐藝術品繁榮的真實的價值體系，以及促使其低迷的價值規律在起作用？什麼是繪畫藝術品價格的決定因素？有哪些因素會對藝術品價格造成影響？是否可以通過建立相對客觀的、科學的價值評估及價格評估體系和制度來對藝術品價格的真實合理性進行判斷？這些問題是關注藝術品市場的每一個參與者和研究者心中亟待得到答案的疑問。筆者力圖通過對中國繪畫藝術品價格的定性分析和定量研究，揭示繪畫藝術品所代表的藝術品的價值及價格的形成規律，並力圖在厘清繪畫藝術品的價值、理論價格與市場價格之間的關係後，找到相對科學的藝術品估值方法，並對中國藝術品市場的規範化發展提出建議。

二、研究對象

針對上述研究問題，本書的研究對象總體來說為中國繪畫藝術品價格的決定、發現、形成和評估方法，具體來說包括如下內容：①中國繪畫藝術品的價值構成和衡量；②中國繪畫藝術品理論價格的決定與形成；③供求關係對中國繪畫藝術品市場價格形成的影響；④中國繪畫藝術品定價指標體系及模型研究。

之所以選擇繪畫藝術品的價格而非藝術品的價格的決定、形成、發現和評估方法作為研究對象，原因主要有三點。首先，藝術品包含的門類太過繁雜、邊界模糊，難以逐一對每一類藝術品的價格形成、構成和現象規律進行研究；其次，從存世量、交易量和購藏群體來講，繪畫藝術品在藝術品中均屬於最大的一類，且其異質性、輕物質性、重文化性、精神性等特點具有藝術品的典型代表性；最後，中國對繪畫藝術品的收藏、交易歷史悠久，研究繪畫藝術品市場的發展和價格形成對研究藝術品的價格形成也具有典型意義。有關繪畫藝術品的概念邊界和類型範圍在下一章節中進行具體界定。

第五節　本書組織安排

一、結構安排

第一章是緒論。主要內容是本書的選題的背景、研究的目的和意義，研究的問題和對象，以及對有關藝術品經濟理論研究、藝術品及繪畫藝術品價格的數量化研究、繪畫藝術品屬性研究以及藝術品定價方法四方面國內外相關文獻進行了綜述。此外，第一章中還對研究的結構安排做了說明，對本書採用的研究方法和理論分析框架進行了歸納。

第二章為中國繪畫藝術品的概念、特徵及使用價值。在此章，筆者首先對有關藝術、藝術品、繪畫藝術品等幾個重要概念進行了界定和分類；其次，從所屬的從大到小的範疇和類別分析，繪畫藝術品在文化產品類、藝術品類，及其本身的繪畫類藝術品三個層次上分別具有不同的本體特徵；最後，對繪畫藝術品獨特的使用價值內涵和外延進行了多層次、多維度的分析。

第三章是中國繪畫藝術品的價格決定研究。主要涉及對馬克思勞動價值論、精神生產理論在繪畫藝術品價格研究上的理解、分析、應用與擴展。本章中，首先對馬克思勞動價值論、精神生產理論在繪畫藝術品價格研究的適用性作了分析；其次，借助馬克思勞動價值理論分析了繪畫藝術品的價值實體，並按照馬克思勞動價值理論的思路，擴展了理論在繪畫藝術品價值量決定公式上的研究，同時區別了繪畫藝術品與一般工業產品價值量衡量單位；再次，文章對繪畫藝術品特殊的價值轉化形式進行了研究；最後，研究了中國的繪畫藝術品的商品二因素與其價格形成決定的關係。

第四章是中國繪畫藝術品的市場形成及拍賣的價格發現功能研究。本章是基於馬克思唯物史觀與博弈論的綜述視角進行的研究。首先，借助馬克思唯物

史觀研究繪畫藝術品在中國作為商品進行交易和流通的歷史，梳理了中國傳統繪畫藝術品和現當代繪畫藝術品的市場形成與發展情況。其次，根據不同的交易目的、交易形式、交易場地及是否是初次交易，本章對中國繪畫藝術品市場進行了分類分析。最后，本章特別研究了拍賣這種市場交易方式與藝術品的特殊關係，並利用博弈論的理論，簡要分析了繪畫藝術品拍賣市場中，藝術品作為拍品，其保留價、起拍價和成交價的確定中的博弈現象，從而論述了拍賣中藝術品價格發現的功能及原理。

第五章是中國繪畫藝術品的價格形成及運動研究。主要是基於行為經濟學視角下的特殊供求關係的局部均衡分析。這章一是西方現代經濟學的價格理論和分析方法在中國藝術品價格上的應用研究，主要是考察供求關係因素對繪畫藝術品的價格形成的影響。筆者首先分別從供給方和需求方兩方面對影響藝術品價格的因素進行分析，然後再同時考慮供需雙方對藝術品價格的形成進行均衡分析，最后對供求變化對繪畫藝術品的價格運動影響進行了分析。二是對包括人均國民生產總值、消費價格指數貨幣因素、利率和匯率等宏觀經濟因素通過影響繪畫藝術品的供求，從而間接對其價格構成的影響進行相關性研究。

第六章是對藝術品定價方法及相應模型的研究。首先筆者歸納總結了常用的藝術品定價方法，如簡單估算法、代表作定價法、重複出售定價法等；其次筆者對適合中國繪畫藝術品價格評估的指標體系進行了定性分析和探索；最後具體應用 Hedonic 模型分析法建模分析，以期尋找出一個適合中國的繪畫藝術品定量估價模型。

第七章是本書的最后一章，是基於正文分析的結論，以及在此基礎上對完善中國繪畫藝術品交易市場措施的思考和對市場參與主體的建議。

本書的章節結構如圖 1.1 所示：

```
┌─────────────────────────────────────────────────────┐
│            第一章  緒論                              │
│      研究背景及意義 │ 文獻綜述 │ 研究問題及對象        │
└─────────────────────────────────────────────────────┘

┌─────────────────────────────────────────────────────┐
│         第二章  概念情況界定及特徵分析               │
│  概念界定    藝術    藝術品    繪畫藝術品            │
│  特徵分析    文化產品  藝術品  我國繪畫藝術品        │
│  商品性分析   我國繪畫藝術品的使用價值               │
└─────────────────────────────────────────────────────┘

┌─────────────────────────────────────────────────────┐
│        第三章  中國繪畫藝術品價格的決定              │
│  馬克思勞動價值理論              馬克思精神生產理論  │
│       價值內涵的演變   適用性分析                    │
│                         ↓                            │
│   理論應用        理論擴展         理論擴展          │
│ 繪畫藝術品價值實體 繪畫藝術品價值量 繪畫藝術品價值轉化形式│
│                         ↓                            │
│   中國繪畫藝術品的商品二因素與其價格決定的關係       │
└─────────────────────────────────────────────────────┘
```

圖 1.1 章節結構圖

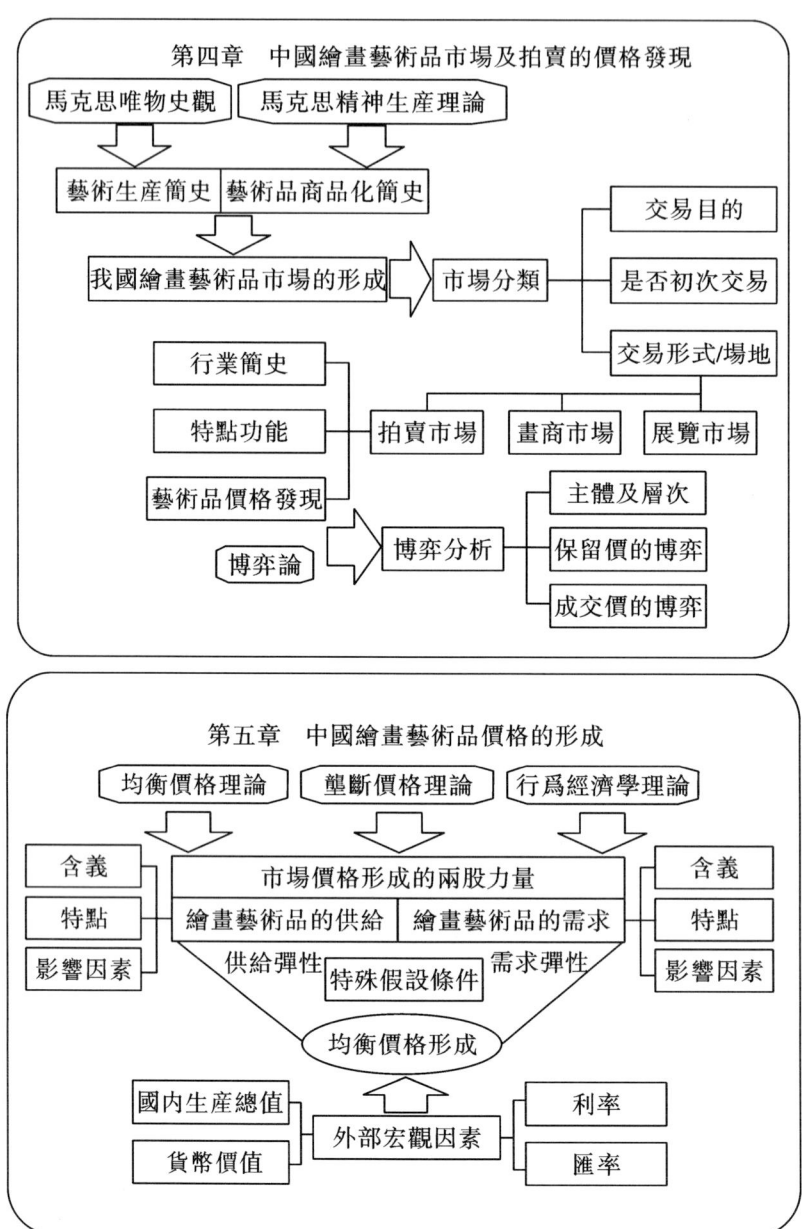

圖1.1　章節結構圖——續圖1

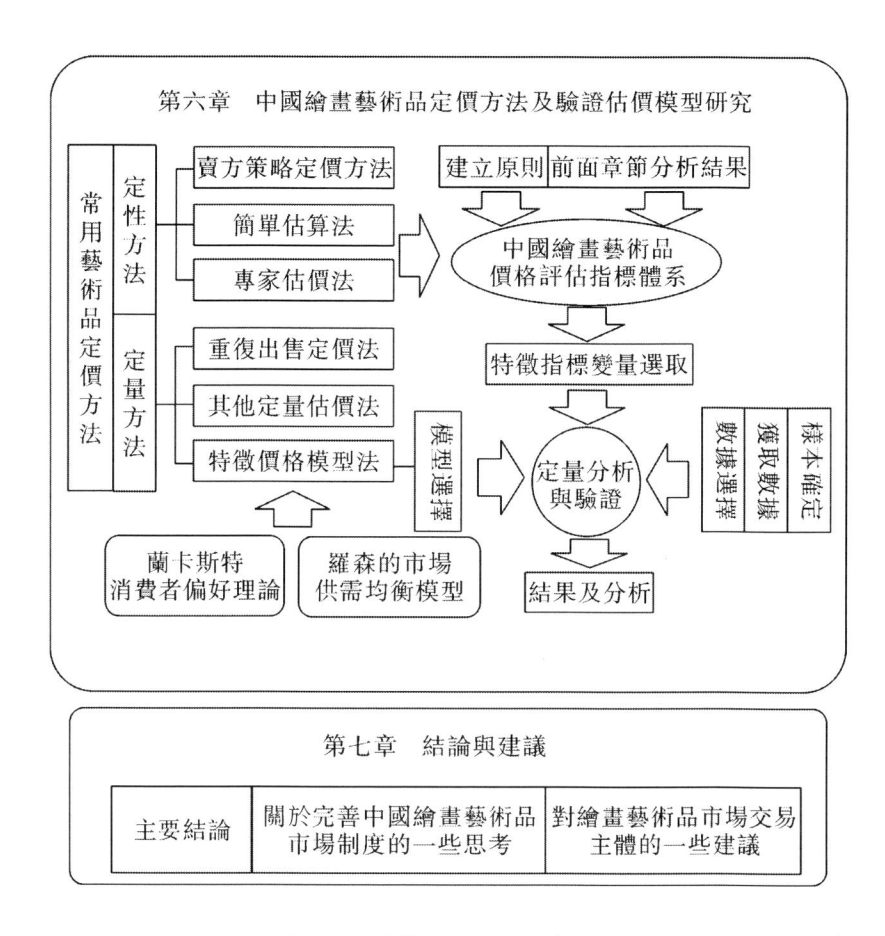

```
┌─────────────────────────────────────────────────────────────┐
│       第六章  中國繪畫藝術品定價方法及驗證估價模型研究          │
│                                                             │
│  ┌──┬──┬─賣方策略定價方法─┐  建立原則 前面章節分析結果        │
│  │常│定│                 │      ↓         ↓                │
│  │用│性│─簡單估算法─────┐│   中國繪畫藝術品                  │
│  │藝│方│                ├→  價格評估指標體系                │
│  │術│法│─專家估價法─────┘│         ↓                       │
│  │品│  │                 │    特徵指標變量選取  ┌─┬─┐        │
│  │定├──┤─重復出售定價法─┐│         ↓        │樣│獲│         │
│  │價│定│                ││                   │本│取│         │
│  │方│量│─其他定量估價法─┤│      定量分析    ←│確│數│         │
│  │法│方│                │├→    與驗證       │定│據│         │
│  │  │法│─特徵價格模型法─┘│         ↓        │ │數│         │
│  └──┴──┘       ↑  模型選擇 │    結果及分析   └─┴─┘        │
│        ┌─────────┬─────────┐                              │
│        │蘭卡斯特  │羅森的市場│                              │
│        │消費者偏好│供需均衡  │                              │
│        │理論      │模型      │                              │
│        └─────────┴─────────┘                              │
└─────────────────────────────────────────────────────────────┘

┌─────────────────────────────────────────────────────────────┐
│              第七章  結論與建議                              │
│  ┌────────┬──────────────────┬──────────────────┐          │
│  │主要結論│關於完善中國繪畫藝術品│對繪畫藝術品市場交易│          │
│  │        │市場制度的一些思考  │主體的一些建議    │          │
│  └────────┴──────────────────┴──────────────────┘          │
└─────────────────────────────────────────────────────────────┘
```

圖 1.1　章節結構圖——續圖 2

二、理論框架

本書對繪畫藝術品價格問題的研究主要通過對繪畫藝術品的商品屬性、內在價值及價格決定、供求及市場價格形成、定價模型選用及修正等問題的研究來完成的。繪畫藝術品價值價格部分的研究主要涉及馬克思勞動價值價格論、馬克思精神生產理論的應用和擴展；關於市場形成及商品化發展部分的研究主要基於馬克思唯物史觀；關於拍賣方式的價格發現機制研究主要基於博弈論思想；關於市場價格形成部分的研究主要涉及均衡價格理論、壟斷價格理論與行為經濟學等理論等；有關特徵價格模型的理論基礎為蘭卡斯特消費者偏好理論以及羅森的市場供需均衡理論。如上圖中展示。

總體來說，本書是以馬克思勞動價值理論為基礎對藝術品價值和價格的本

質問題進行研究，同時在研究具體現象時輔以西方經濟學分析方法以提供有益補充。對於不同理論的銜接問題，筆者主要有以下兩點考慮：一是出於盡量全面研究中國繪畫藝術品價格本質和價格現象問題考慮，需要轉換不同的角度進行考察；二是出於理論之間本來就存在的內在邏輯聯繫，馬克思勞動價值論隱含的供需一致的假設和西方經濟學將供求外化為市場價格決定因素的前提並不矛盾，只是研究的層面不同、角度不同，馬克思勞動價值論更偏重於研究本質和共性，西方均衡價格理論更偏重於研究現象和個性。繪畫藝術品，特別是稀有的文物類繪畫藝術品，其價格會隨著時間的流逝而增長且增長幅度往往高於通貨膨脹率，這從世界範圍來看也是不爭的事實，這種長期的單向的偏離從現象層面表明，同一副或同一類繪畫藝術品的反覆交易的價格單向增長的背後是有一個共性的規律在主宰，而馬克思的勞動價值理論給我們研究此現象背後的本質問題提供了有力支撐。價值規律的表現形式為價格圍繞價值上下波動，而藝術品的特別之處在於，其自身所具有的異質類商品、供給壟斷、交易量較小等特徵使得其價格受偶然因素影響的可能性更大，故繪畫藝術品的市場價格與和其價值發生較大偏離的可能性也就越大，所以使用西方經濟學的研究手段可以作為馬克思勞動價值理論本質分析的有益補充。所以，從某種意義上講，對於中國繪畫藝術品的價格的研究必須同時從馬克思的勞動價值理論和西方供求均衡理論出發，才能更全面地，多層次、由內而外地充分分析繪畫藝術品的價格問題。

而對於最后的計量模型分析部分，筆者選擇特徵價格模型進行定量研究，並根據前面對價格本質及價格現象的分析結果進行了變量的選擇和設置，這一方面是為了驗證之前的分析結果，另一方面也是為了擬合出統計模型，以探索適合中國某個畫家或某類繪畫藝術品的估價模型。

三、研究方法

從整體來看，本書主要應用了經驗研究與理論研究、規範研究與實證研究、定性研究與定量研究相結合的方法，以及跨學科研究法和模型研究法等研究方法。

具體來說，在第一章中主要採用歸納分析和比較分析法，對從經濟學角度考察繪畫藝術品以及其價格相關的國內外研究進行了綜述；在第二、三、四章中本書主要採用的是定性分析方法、經驗總結方法、歸納分析法及比較分析法，並借鑑馬克思的唯物史觀對中國繪畫藝術品的發展歷史進行了梳理，通過歷史研究法對中國繪畫藝術品市場古今運作方式及內在市場規律進行探究。此

外，第四章中筆者還用馬克思勞動價值論中對商品價值最為基本的理論對繪畫藝術品價值的實體與量的決定進行了定性探討，並由此確定了繪畫藝術品價值對其價格的決定作用。本文的五、六章主要用到了定量分析法、定性分析法、比較分析、調查研究法和計量分析法等，同時借鑑馬克思經濟學分析中的科技哲學及西方經濟學方法論，從個體到一般，從具體到抽象地分別對影響藝術品價格的供求因素和宏觀經濟因素進行了研究，並對其中一些重要因素進行建模和計量分析。其中，第五章中將行為經濟理論作為分析供求決定中國繪畫藝術品市場價格的重要理論，採用社會心理研究法對繪畫藝術品交易中虛榮和攀比效應進行了研究。第六章在對繪畫藝術品影響因素檢驗模型和定價模型的研究中，綜合採用了包括定量分析法、模型化分析法、計量經濟學方法、實證分析及調查研究法等分析方法進行研究。第七章主要運用的是歸納分析法、比較分析法，並基於分析結果做了規範研究。

第二章　中國繪畫藝術品的概念、特徵及使用價值

要研究繪畫藝術品的價格問題特別是區別於一般商品的價格現象和特點，除了需要搞清楚繪畫藝術品的內涵、外延，還應該先對繪畫藝術品的作為文化產品、作為藝術品以及作為以繪畫這種藝術表現形式存在的藝術品的特點。並且只有將這些特點結合到對其商品二因素的討論之中，才能真正探求到繪畫藝術品的價格與價值的內在聯繫。本章就相關內容進行探討，以期依照馬克思的勞動價值理論的脈絡找到決定繪畫藝術品價格的內在因素。

第一節　概念界定

一、藝術的概念

現代漢語辭典中，「藝術」二字被解釋為「①用形象來反映現實但比現實有典型性的社會意識形態，包括文學、繪畫、雕塑、建築、音樂、舞蹈、戲劇、電影、曲藝等。②指富有創造性的方式、方法。③形狀獨特而美觀的。」由此可見，「藝術」本身是一個複雜的概念，具有豐富的內涵和廣闊的外延。中國藝術研究院李心峰研究員在其《中國藝術學大系——藝術類型學》一書中指出藝術就是體現了人類的神話、宗教、科學、哲學、語言、技術等文化形態的表現①。他將藝術的整個大體系劃分為四大類十四小類：分別是文學、美術、演出藝術、影像藝術；其中美術包括繪畫、雕塑、書法、建築、實用—裝飾工藝，演出藝術包括音樂、舞蹈、戲劇、曲藝、雜技，影響藝術包括攝影、

---

① 李心峰. 中國藝術學大系：藝術類型學 [M]. 北京：生活·讀書·新知：三聯書店，2013.

電影、電視。而在國務院學位委員會、教育部於 2011 年 3 月 8 日公布的《學位授予和人才培養學科目錄設置與管理辦法（2011）》（學位〔2011〕11 號文）中，「藝術學」下設的專業有藝術學理論、音樂與舞蹈學、戲劇與影視學、美術學、設計學共五個。

二、藝術品的概念及分類

與含義豐富而寬泛的「藝術」概念比起來，「藝術品」所涵蓋的範圍要小得多。現代漢語辭典對「藝術品」的解釋為：「藝術作品，一般指造型藝術的作品。」劍橋英語辭典對「work of art」（藝術品）的解釋為：「an object made by an artist or great skill, especially a painting, drawing or statue」（藝術家創作的作品，尤指繪畫、雕塑等）。可見，我們平時所說的藝術品市場中的藝術品，僅相當於藝術大家庭中的美術作品。有三條被不同程度地認可的判定藝術品的標準是：①標的物品或某個事件是由藝術家親手創作或親手做成的；②作者製造它的目的是為了將它塑造成一件藝術品；③相關行業內的公認的專家或學者對於它是一件藝術品持認可態度[1]。但由於不可能總是單靠觀察就能確認這些標準，因而還需要輔助對形式、內容、主題以及觀者介入性的感知來進行判斷[2]。

首先，藝術品的概念雖然比較狹窄，但根據藝術品的物質表現形式、存世數量、創作年代、作者名氣、鑒賞形式、購買目的等又可分為若干類別，藝術品門類表現出龐雜而廣泛性。根據藝術品表現出來的形態的不同，可分為不同品種。在由文化部制定於 2004 年 7 月 1 日起施行的《美術品經營管理辦法》中，該辦法所指的美術品即是通稱的藝術品，該辦法目前已被 2016 年 3 月 15 日開始施行的《藝術品經營管理辦法》所替代，后者澄清了原辦法中所說「美術品」即是「藝術品」，指「繪畫作品、書法篆刻作品、雕塑雕刻作品、藝術攝影作品、裝置術作品、工藝美術作品等及上述作品的有限複製品」[3]。文化部於 2006 年成立的原文化部文化市場發展中心藝術品評估委員會[4]，下

---

[1] 張小進.如何正確看待藝術品的價值 [J].大眾文藝，2014 (9)：89-90.
[2] F.大衛·馬丁，(美) 李·A.雅各布斯.藝術和人文（藝術導論）[M].包慧怡，黃少婷，譯.6 版.上海：上海社會科學院出版社，2007：22.
[3] 中國文化部令第56號令於 2016 年 1 月 18 日發布的《藝術品經營管理辦法》第二條.
[4] 2011年文化部發布了《關於撤銷文化部文化市場發展中心藝術品評估委員會的公告》：鑒於文化部文化市場發展中心整體轉企改制，決定撤銷其所屬文化部文化市場發展中心藝術品評估委員會。原「文化部文化市場發展中心藝術品評估委員會」現已更名為「北京皇城藝術品評估委員會」。

設 5 個開展藝術價值評估的工作委員會，分別為書法繪畫雕塑評估委員會、玉器珠寶評估委員會、金屬器評估委員會、陶瓷評估委員會、綜合藝術評估委員會。而就實際交易的種類而言，根據雅昌藝術網的數據信息，藝術品包括書畫類、瓷器類、玉石類、金屬器類、雕塑類、影像類、古籍善本類等。

藝術品的常見分類如下表 2.1：

表 2.1　　　　　　　　　藝術品的常見分類

美術品經營管理辦法	1. 繪畫作品；2. 書法及篆刻類作品；3. 雕塑及雕刻類作品；4. 藝術攝影作品；5. 裝置藝術類作品；6. 工藝美術類作品；7. 前述作品的有限複製品
文化部「藝術品評估委員會」	1. 繪畫雕塑；2. 書法；3. 工藝美術；4. 玉器珠寶；5. 金屬器；6. 陶瓷；7. 綜合藝術
雅昌藝術網	1. 中國書畫；2. 陶瓷紫砂；3. 玉器；4. 文玩雜項；5. 古典家具；6. 青器；7. 油版雕；8. 影像；9. 古籍善本；10. 宗教器物；11. 郵品錢幣；12. 珠寶翡翠；13. 名表；14. 酒藏；15. 其他藏品

其次，按照是否有相同的存世複製品，藝術品可分為獨創型藝術品和複製型藝術品。雖然「藝術品」較「藝術」的概念和內涵要狹窄、具體很多，但其個體差異卻巨大。這種差異就體現在複製型藝術品的同質性與獨創型藝術品的異質性上。獨創和複製為生產藝術品的兩種生產方式。從美術界的一般的認識來看，原創性是構成藝術品的唯一要素，所以常常只將原創作品看做藝術品，而將複製品和仿作僅看做是低於藝術品的「準藝術品」。實際上，原創型作品在藝術品的總量中只占很小一部分。如前述的文化部《美術品經營管理辦法》中對藝術品的分類，雖然「上述作品的有限複製品」僅占七類中的一類，但另外六類作品本身均不能排除複製的成分和可能，最典型的要是攝影和繪畫中的版畫，其創作的基本特徵便在於複製。而前文中提到的，作為文化部文化市場發展中心曾經下設的藝評委員會的評估大類之一的瓷器，也是以批量化複製為主要生產方式。隨著時間的流逝、朝代的更迭，藝術品的同質性可能向異質性進行轉化。比如在書畫方面，歷史上各個時期都不乏高質量的名家書畫的仿品，遠者有魏晉書畫的唐代摹本，近者有張大千仿明清徐渭、石濤、八大的畫作。這些模仿品在當時並無獨創性可言，但當母本和仿品逐漸消亡或殘損後，它們自然顯現出不可多得的異質性。再比如一些批量化生產的藝術品，像民間日用的民窯瓷，當初曾是大批覆制的同質品。但由於逐年大批損毀，如今高古瓷中五大名窯的存世量已極為稀少，從而讓「幸存者」表現出明顯的異質性。所以，客觀地說，複製型和獨創型同樣是藝術品的常態。複製型藝術

品由於其同質性，與工業化生產的一般普通商品有很多類似之處，故並非本書的研究重點，本書的研究更多的是針對獨創型的藝術品，異質性使其更具有藝術品價格研究的典型的特殊意義。

按照藝術品創作年代，中國藝術品又分為古代、近代、現代和當代作品。對於創作時間不詳的名家藝術品，又可從其作者的主要生活年代來進行判斷。其中古代藝術品主要指鴉片戰爭（1840年）以前創作的藝術品；近代藝術品是指此后到五四運動（1919年）之前的時間內創作的藝術品；現代藝術品指此后到中華人民共和國成立（1949年）以前的創作的藝術品；而當代藝術品指中華人民共和國成立以后創作的藝術品。

再次，按照中國《文物保護法》的規定，藝術品的範疇和文物的定義是有交叉的，其交叉部分就是文物藝術品。該法第二條中規定，中國境內受到國家保護的文物中又屬於藝術品的包括：歷史上各時期代表性的珍貴藝術品和工藝品；歷史上各時代重要的具有藝術價值的手稿和圖書資料。可見，文物一般是指是具有歷史價值的物品，它可以是古代的，也可以是現代的。它可以是完整無缺的，也可以是殘缺不全的。它的主要價值是具有歷史意義，是某些重要歷史事件、文化事件、政治事件、軍事事件、經濟事件、重要人物事件的直接或者間接的見證物[①]。通過這些文物，我們可以還原和研究這些事件內容。所以具有這樣的文物研究使用價值的藝術品就是文物藝術品。

最後，根據藝術品的藝術品品質，可分為名家精品型藝術品、名家普通型藝術品和普通型藝術品；根據藝術品的鑒賞形態，可分為純藝術品、裝飾型藝術品、實用型藝術品；根據購買目的，藝術品可分為消費型藝術品、收藏型藝術品和投資型藝術品[②]；根據出售者的不同，藝術品又可分為創作者出售型藝術品、所有者出售型藝術品和仲介者出售型藝術品。

三、繪畫藝術品的概念及分類

從藝術品的概念可看出，繪畫類藝術品是藝術品所包含的視覺藝術、造型藝術作品中的主要內容。從藝術品的表現形態分類來看，不管是《美術品經營管理辦法》、文化部「藝術品評估委員會」還是權威的藝術品交易平臺，都將繪畫類藝術品作為藝術品的首要組成部分。

---

① 西風. 文物藝術品收藏的學問：找準定位 [OL]. http://blog.sina.com.cn/s/blog_5380600d0101fmud.html?tj=1.

② 衛欣. 藝術、收藏與文化——解析藝術市場化的歷史維度 [J]. 商場現代化, 2008 (24)：380-381.

根據的表現形式的不同，中國繪畫藝術品主要有中國畫、油畫和版畫①。其中，中國畫又稱國畫，是在中國有著兩千多年發展歷史的漢族特有的傳統繪畫方式，根據其作畫的材質是宣紙還是絹帛，國畫可以分為紙本畫、絹本畫和帛畫，根據其繪畫題材，現代一般通行的分類主要是「畫分三科」，即國畫可分為人物、山水和花鳥②；此外，如果從製作技巧以及運筆筆法的角度還可將國畫劃分為工筆、寫意和兼工帶寫③。

油畫是西方傳統繪畫的主要表現形式，隨著 16 世紀西方傳教士進入中國而傳入中國，在清末維新戊戌變法后經弘一法師（李叔同）、林風眠、徐悲鴻、劉海粟、潘玉良、關良、吳大羽等人的留洋學畫歸國而發揚光大④，中華人民共和國成立前后的油畫受蘇聯影響巨大，更看重反映時代精神的寫實類油畫。從題材來看，油畫主要分為人物、風景、花鳥以及靜物；從表現手法上來看，油畫的流派總的可分為兩大類——以客觀地再現為主的寫實派和以主觀表現為主的印象派⑤。

版畫是創作者在銅版、鋅版、木版等版面上，使用刀具等尖銳物或使用化學制劑進行雕刻或腐蝕後，再將版面印在紙上並最終呈現圖畫的一種特殊的繪畫方式⑥。按刻板的材質分類，有木版、石版、銅版、鋅版、麻膠版等版畫品種；按顏色分類，有黑白、單色、套色版畫等；按製作方法分類，有凹版、凸版、平版、孔版和綜合版、電腦版等。版畫在中國的發展歷史在一千年以上，但受限於其在很長一段時間裡都主要用作紙幣、宣傳畫、書籍插圖、連環畫的印刷等實用用途，且稀缺性有限，故其多出自於民間工匠之手，作為藝術品流通的留世佳作很少。

---

① 程俊華. 繪畫與雕塑異同辨析及其體現 [J]. 藝術：生活，2010（5）：26-27.
② 古代對中國畫分類說法不一。唐代張彥遠《歷代名畫記》分六門，即人物、屋宇、山水、鞍馬、鬼神、花鳥等。北宋《宣和畫譜》分十門，即道釋、人物、宮室、番族、龍魚、山水、鳥獸、花木、墨竹、果蔬等。南宋鄧椿《畫繼》分八類（門），即仙佛鬼神、人物傳寫、山水林石、花竹翎毛、畜獸蟲魚、屋木舟車、蔬果藥草、小景雜畫等。元代有「畫家十三科」，但內容相當龐雜，作為分類標準不適宜。
③ 百度百科「中國書畫」[EB/OL]. http：//baike. baidu. com/view/366093. htm.
④ 童國明. 傳統文化下中國油畫形式語言之探析 [D]. 蘇州：蘇州大學，2009.
⑤ 百度百科「油畫」 [EB/OL]. http：//baike. baidu. com/item/%E6%B2%B9%E7%94%BB/68558.
⑥ 百度百科「版畫」[EB/OL]. http：//baike. baidu. com/link？url=X5-CI9Oxnk5bps955Z-iJlCS9bxaJFv3q7xDI-RrkzSDRXkegRW_ 5urvLO4LJy3bIsUB8tgoO80RAKGDX0FPt_ .

四、本書對繪畫藝術品的特別界定

為了研究的針對性和典型性，除了符合官方的學術的定義，對於本書中所研究的繪畫藝術品，還需進一步做以下界定：

本書中的繪畫藝術品特指藝術家親力親為創作出的原作，不包含複製品或贗品。中國的繪畫藝術品特別是中國傳統繪畫，由於是用筆墨在紙、絹等材料上的一次性點染繪製，其完全複製的可能性極低，就是畫家本人也難以繪製出完全一樣的畫作。故此處的複製品是指通過高科技手段對畫家原作的再現，如不同品質的印刷品，雖然一些諸如榮寶齋的限量版高仿印刷品幾乎可以以假亂真且價格昂貴，但畢竟印刷品不是真跡，其價值和價格均難以和真跡相提並論，故排除在本研究之外。此處的贗品主要指非畫家本人而冒畫家之名而繪製的仿作，這涉及對作品的真偽進行鑒定，也不屬於本書的研究範疇。

本書中的繪畫藝術品特指專業畫家創作的作品，不包括藝術工匠製作的繪畫工藝品、明星政要的塗鴉之作。專業畫家畫作的獨創性、異質性、藝術水準更具有典型的藝術品的代表性和特殊性，往往是藝術價值、文化價值、歷史價值的集成體。而藝術工匠製作的繪畫工藝品的生產、銷售更接近於普通商品，明星政要的塗鴉之作往往都不具有藝術和文化價值。雖然部分古代佚名工匠繪製的繪畫工藝品會因其巨大的歷史價值而身價高漲，也不排除有歷史名人是業餘的書畫高手，但為了研究的針對性，本研究也將此兩種情況排除在外。

本書中的繪畫藝術品主要指在藝術品二級市場中有一定流通性的名家藝術品，不包括一般職業畫家創作的難以在二級市場流通的作品。在二級市場上特別是在拍賣市場上是否能夠流通是驗證一位畫家是否著名的重要標準，且二級市場上的交易信息相對公開，更有利於我們對數據的收集和研究的開展。

本書中的繪畫藝術品主要指中國畫和油畫，不包括版畫。由於在版畫的發展歷史中，其實用性強及多為工匠作品，更接近於印刷製品，故其作為藝術品的獨創性和典型性較差。雖然中華人民共和國成立后藝術家對創作版畫、絕版版畫的發展已對版畫的可複製性進行了或人為或自然的限制，但由於自身歷史地位、購藏者有限等原因，版畫在藝術品市場中的流通數量小、價格低，屬於介於繪畫與雕刻間的非主流藝術品，故本書不對其進行研究。

第二節 中國繪畫藝術品的本體特徵

本節主要從繪畫藝術品所屬的文化產品類、藝術品類，及其本身的繪畫類

藝術品三個由大到小的範疇和層次對繪畫藝術品的本體特徵進行闡述。

一、作為文化產品的特徵

正如歌德曾經說的，人類區別於動物的最根本之處就在於人類有精神、智慧和思想。從洪荒世紀到現代文明，從原始社會到知識時代，人類社會的進步以及物質生活水平的提高都是人類精神、智慧和思想積澱並昇華的結果。將人類主觀精神、智慧和思想進行系統化的提煉和總結就形成了文化。而將文化這種抽象的主觀精神和人類思想進行物化，就得到了文化產品，即文化產品為文化的有形的物質載體。在文字被發明之前，人類用語言傳播和傳承著文化；進入文明社會後，文字成了文化的最主要形式，文字的載體經歷了從甲骨文到竹簡、從竹簡到紙張、從紙張到硬盤的這種物化形式的變化；當文化產品出現並發展起來後，文化的物化形式大大增多①。藝術品便是其中一個重要的表現形式，所以藝術品也具有一般意義上的文化產品的特徵，主要包括精神產品性、輕材料而重內涵性、精神消費性、自我擴張性和社會性。

1. 精神產品性

在《1844年經濟學哲學手稿》中，馬克思就將精神生產的範疇納入自己的研究範圍。他在引用舒爾茨的《生產運動》時就說「（國民）首先必須有能夠進行精神創造和精神享受的時間」②；在批判黑格爾精神哲學學說時指出「黑格爾唯一知道並承認的勞動是抽象的精神的勞動」③。不管是「精神創造」，還是「精神勞動」，實質都是和「精神生產」是一樣的意思。在《德意志意識形態》中，馬克思和恩格斯還指出，在社會生產的概念中實際包括了精神生產，即「思想、觀念、意識」的生產，它集中表現在某一民族的政治、法律、道德、宗教以及文學、藝術等形而上學語言中④。

馬克思在《1844年經濟學哲學手稿》中提出了國家等上層建築連同藝術等的生產均屬於特殊的精神生產部門的生產，是生產這一總概念下的一種特殊

---

① 孫安民. 文化產業理論與實踐 [M]. 北京：北京出版社，2005：25.
② 馬克思. 1844年經濟學哲學手稿 [M]. 中共中央馬克思恩格斯列寧斯大林著作編譯局，編譯. 北京：人民出版社，2000：57.
③ 馬克思. 1844年經濟學哲學手稿 [M]. 中共中央馬克思恩格斯列寧斯大林著作編譯局，編譯. 北京：人民出版社，2000：164.
④ 馬克思，恩格斯. 德意志意識形態 [M] //馬克思恩格斯選集：第1卷 [M]. 中共中央馬克思恩格斯列寧斯大林著作編譯局，編譯. 北京：人民出版社，1995：43-51.

形式，故藝術生產應受到物質生產方式的普遍生產規律的支配與制約①。馬克思、恩格斯在《德意志意識形態》中對社會分工進行研究時指出，真正的分工是從物質勞動和精神勞動分離開始的，而藝術勞動的概念包含在精神勞動之中。在1857年起草的《政治經濟學批判》導言中，馬克思首次明確提出了藝術生產的概念，並提出了相對系統的藝術生產思想，包括必須通過解釋藝術生產所處時代的物質生活生產方式的發展才能最終解釋藝術生產部門的發展；藝術生產與物質生產發展的關係可能出現不平衡；藝術生產不僅為主體生產對象，而且也為對象生產主體②。由此可見，繪畫藝術品作為文化產品和藝術品，也是精神生產的成果，具有精神產品的特殊屬性。

2. 輕材料重內涵性

文化產品是精神的物化和物化精神的結合。如果說文化產品中的「文化」是「物化的精神」，則文化產品中的「產品」就是「精神的物化」。前者是內容和靈魂，主宰著「物化」的內容和命運；后者是物化的精神的物質載體，是精神的外殼，使「精神」和「文化」的傳播變得可及。所以，文化產品和文化之間是「形」和「神」「殼」和「核」的關係。

繪畫藝術品作為文化產品，其精神產品屬性就決定了其繪畫這種方式僅是表現內在精神和文化的表現形式，而繪畫的紙張、裝裱、外框以及藝術家創作繪畫時消耗的筆墨紙硯等有形的耗材及材料，只是繪畫藝術品所反映和表現出的氣韻、文化、價值觀等藝術家精神的物質載體。一件繪畫藝術品的物質形態中往往就承載或包含了豐富的外源信息，使它明顯區別於一般生活用品。比如一幅張大千的潑墨潑彩山水畫，從其繪畫本身來看，我們首先看到的是該幅繪畫的裝裱，是軸、扇面還是鏡心，接著看到的是畫面整體佈局和構圖，最後看到畫面細部顏料的鋪成、墨色的深淺、線條的蜿蜒。以上看到的都是以物質方式存在的實體內容，每個視力正常的人看到的都是一樣的。而這幅畫隱含的外源信息包括：繪畫作者是中國甚至世界上都鼎鼎有名的近現代大畫家張大千；作品創作時間是在畫家晚年變法階段；畫家深厚的傳統繪畫功底；畫家對傳統國畫融會貫通後有巨大創新；該畫符合現代審美觀；該畫曾由名人收藏……可見，該畫的外源信息是看不見摸不著的，且對其的理解和解讀卻可以人人不同，但如果物質載體上並沒有外源信息的附著，其使用價值及其價格都會有天

---

① 馬克思，恩格斯. 馬克思恩格斯全集：第42卷 [M]. 中共中央馬克思恩格斯列寧斯大林著作編譯局，編譯. 北京：人民出版社，1995：121.

② 馬克思. 政治經濟學批判 序言、導言 [M]. 中共中央馬克思恩格斯列寧斯大林著作編譯局，編譯. 北京：人民出版社，1971：15-32.

壤之別。

由此可見，雖然沒有了物質載體，繪畫將不成其為繪畫，藝術家的精神和情感也無處附著，但就藝術品的價值和價格來看，物質材料所承載的內涵才是藝術品的精髓所在，也是占其價值的絕大部分。例如徐悲鴻在不值一文的低檔稿紙繪制圖畫后該稿紙將不再是一張單純的不值錢的紙，而搖身一變成為了藝術品，身價陡增至千金不換，而這幅畫是作在名貴的紙上還是低廉的紙上，只要不影響藝術表現力，其價值將不會有多大改變。所以說，繪畫藝術品作為傳承精神和文化的文化產品，具有輕材料重內涵的特性。

3. 精神文化消費性

文化產品與其他物質產品相比，其在被消費時具有其自身的特點。文化產品作為精神產品中的一個大類，其具有滿足消費者精神需求的功能，能陶冶情操並激發生活熱情，帶給人們愉悅情緒體驗的同時，可以增強人們的進取精神[①]。當消費者在使用或消費文化產品時，其消費的對象實質是包含在文化產品中的文化和精神，但對文化和精神的消費除了需要消費者有消費欲望和消費能力外，還要求消費者自身具有一定的文化層次、鑒賞能力，所以這種對精神和文化的消費呈現出與社會經濟增長相適應、與消費者文化水平相適宜、從底層級向高層級發展、同社會的文化氛圍價值取向和輿論倡導相關聯的規律和特徵。繪畫藝術品作為文化產品中的一員，也具有精神文化消費性的特點，所以對繪畫藝術品的消費也受上述四條規律的制約。

4. 社會公共性

如果我們探求文化的意義及作用，會發現其為多元化的意義體系，但從文化發生、發展和演變過程來看，其更主要、更典型的意義體現在對整個社會群體存在的意義和作用。同時，從人類文化發展歷程來看，文化活動並非單一的個體行為或某個群體的私下行為，也難以歸屬為純粹的經濟或政治活動，而是擁有廣泛的外部性和社會性[②]。文化的社會價值或者說社會效益，指的是文化生產過程、文化發展以及文化產品的內容、要素和功能，在作用於社會各領域時對人類社會的存在和發展所起到的積極意義或功效。其中，文化在社會經濟和政治上的價值影響和效益作用表現最為明顯。除此之外，文化還具有超脫於階級屬性和利益集團的某種社會功效，主要表現在益智、教化、審美和凝聚力

---

① 孫安民. 文化產業理論與實踐 [M]. 北京: 北京出版社, 2005: 78.
② 岳紅記, 何煉成, 劉吉發. 試文章化產品的價值與價格 [J]. 經濟師, 2007 (4): 225-226.

等方面①。作為藝術類文化的物質載體，藝術品也具有深刻的社會屬性。繪畫藝術品在各種場合進行公開的展覽或私下的展示，均能不同程度地體現其正的外部性和社會文化傳播屬性。

5. 自我擴張性

文化產品作為文化消費的對象，被消費時是以精神觀念的形態存在的，故在被消費過程之中，文化產品的物質載體並沒有損耗或滅失，或其消耗微乎其微。故其並不會因一人的使用而排斥其他人使用，這使得文化產品的消費具有持續性、兼容性和外部性，而這些特點又可被總結為文化產品的自我擴張特性——文化產品在滿足人們精神需求的過程中，人們消費文化產品所獲得的效用可以得以不斷地自我擴散、強化和增值。經典的文化產品產生正面的自我擴張效應，最終通過無限擴散和傳播而流芳百世；而另一些文化產品產生負面的自我擴張效應，通過加速擴散而遺臭萬年。文化產品的這種在被消費過程中的增值特性實際上動態反映了其社會屬性，這一特性使文化產品的消費遠遠超出了單一物質消費，在更加廣闊的社會範圍內開展並產生對社會的全面影響。具體到繪畫藝術品的自我擴張性體現在，優秀的符合社會審美取向的藝術品通過各種展示，能持久而連續地讓更多的人感受到美和藝術的靈韻，能使越來越多的人記住該幅藝術品及其創作者，使得藝術品和藝術家的知名度提高，藝術品的社會價值進行自我增值。

二、作為藝術品的特徵

從有無物質承載物的角度而言，文化產品可分為物質產品和非物質產品兩大類。物質文化產品是通過物質載體對文化進行承載，其製作和消費過程是相分離的，故具有可移動、可儲存的特點；而非物質文化產品一般是指文化通過其製作者進行製作的過程表現出來，故其製作和消費過程是同一的，消費過程是不可以重複、不可以獨立地再現的。藝術品、工藝品和工業品都屬於物質文化產品。只是藝術品指個性化的文化產品，具有不可複製性和唯一性，其製作者往往是藝術家自己；工藝品是手工化生產的文化產品，包括那些手工製作的、製作標準不嚴格但可複製的手工製品，其製作者主要是工匠；工業品是工業標準化生產的產物，包括使用工業設備製造的、有嚴格製造工藝標準的可機械化大批量生產的產品，其製作者常包括創作者、工程師和工人多方合作。由此可以看出，藝術品區別於其他文化產品的特徵主要有私人產品性、不可複製

---

① 孫安民.文化產業理論與實踐 [M].北京：北京出版社，2005：186-211.

性、獨一限量性和創造性。

1. 私人產品性

藝術品的創作往往是由藝術家本人親力親為而成，即便是得其真傳的弟子、子孫也不能以其師的名義進行藝術品的創作。所以，藝術品是純粹的私人產品，反映了創作它的藝術家本人的繪畫技巧、情感寄托、文化素養以及價值取向等精神層面的情況。具體到繪畫藝術品的創作過程中，特別是在一些在世時就已成名的當代畫家中，在身體欠佳、年老體衰、精力不濟的情況下，為趕畫稿，也有人請家人或弟子代筆作畫，而畫家本人只最後題款以表示對該代筆的認可。此種畫家本人認可的代筆行為所創作的繪畫藝術品，業內往往也作為畫家的真跡對待，只是該代筆痕跡的辨識度越高越會對繪畫藝術品的價值產生負面影響。由於此種代筆行為並不多見，總體來說，繪畫藝術品的創作過程還是僅僅只有畫家本人參加的，所以具有私人產品屬性。比起其他工序更為複雜、對體力和時間要求更高的藝術品的創作，書畫藝術品的私人產品性更為突出和典型。

2. 不可複製性

此處所講的複製是指絕對的複製，即對一件藝術品的外形、內容的細節均保持一致的再行製作的過程。如果藝術家僅就同一題材，通過不同的角度、不同的佈局來進行繪畫表達，是不算複製的。藝術品與工藝品和工業品的最大區別就在於藝術品的創作過程主要靠藝術家人為力量的控制，並不受嚴格標準的制約，同時也是藝術家對自己臨時產生的靈感做出記錄的過程，因而具有較強的偶然性和不可控性。藝術品作為藝術創作過程的結果，其不可複製性就物化地反映了創作過程中的這種偶然性和不可控性。即便是畫家就同一對象進行反覆練筆和寫生而產生的藝術品也不可能完全一樣。

3. 獨一限量性

前面講到不可複製性時，我們可以看到，從客觀層面講，藝術家在進行創作時，由於受到心境、情感、精神狀態、身體狀態、藝術表達技巧以及靈感狀態的影響，即使他努力想要完成一模一樣的藝術品，也是心有餘而力不足的。從主觀層面講，一個真正的藝術大師，其區別於一般美術工匠的一大特質，就是對藝術的不斷探索、對自我的不斷超越，所以從其自身來說也不願意一直重複自己昨日的成功而不求突破。因此，真正的藝術精品是藝術家心血的凝固，也是天時地利人和的產物，是不可通過強求得來的，它們具有超越地域、超越種族和超越文化的藝術感染力和藝術徵服力，從而顯示出不可取代的獨一性和限量性。

三、中國繪畫類藝術品的特徵

在前面章節中我們談到繪畫藝術品作為藝術品中的大類，具有典型的藝術品的特徵。特別是中國傳統的中國畫，受到書畫同源的思想的影響，也受到作畫材料中宣紙浸染、筆墨覆蓋性差的限制，與西方的油畫可以鉛筆打稿、可以通過顏料的覆蓋來進行修改不同，它要求藝術家只能在心中打腹稿，起筆作畫講求直抒胸臆、一氣呵成、不做修改。因此，中國畫的創作過程中偶然性和不可控性更為顯著，其私人產品性、不可複製性和獨一限量性也就顯得更加典型。除此之外，從繪畫這種藝術表現形式來看，中國繪畫藝術品還有以下幾點特徵：

1. 易移動也易毀損

從繪畫藝術品的物理屬性來看，和其他的藝術品相比，中國的繪畫類藝術品特別是傳統繪畫藝術品，往往呈現為卷軸、紙片的形態，質量輕薄，體積小，搬運和攜帶起來很方便，不容易受到時間和空間的限制，可流通的範圍更廣。但另一方面，比起金石玉器等類的藝術品，繪畫藝術品往往以脆弱的紙本作為載體，如果不注意保管，容易出現被污物污染、被環境侵蝕和被尖利物損毀的情況。特別是古代字畫，其已經經歷了多年歷史，質地已經能變得很脆弱，對空氣的濕度、溫度甚至成分的要求都比較高，所以如果不注意保管，會大大縮短其壽命，並降低其價值。

2. 用圖案來表達思想、傳承文化

繪畫藝術品作為藝術品，其表現形式是區別於其他藝術品的首要特徵。從中國傳統中國畫的造型總體特徵來看，不管其觀察認知、形象塑造，還是表現手法，均是對中國中華族的傳統哲學觀和審美觀的體現。傳統的對客觀物體的觀察往往採取以大觀小的視角，並常常採用直接參與到活動中去觀察和認識客觀事物的方法，而並不局限在某個固定的點位上。同時，中國傳統繪畫除了展現畫家所處社會當時的社會形態、風貌，還往往在點、橫、皴、染中滲透著人們當時的社會意識和價值取向，使繪畫藝術品的觀賞者能夠在展開畫作的瞬間感受到「千載寂寥，披圖可鑒」以及「惡以誡世，善以示后」。即使上述的識別作用和教育作用在山水、花鳥等純自然的客觀物象的畫作中表現並不明顯，但對於有一定文化和鑒賞功底的鑒賞者，經過觀察、體味和結合畫作創作當時作者的心態和社會背景，也能察覺作者及當時社會對天地人之關係認知，自覺地鏈接當時的社會意識和審美情趣，體味到中國傳統繪畫藝術品中借景抒

情、托物言志以及「天人合一」的表現理念①。

3. 注重氣韻、意境和神似

在創作上，中國的傳統繪畫藝術品比西洋繪畫更加重視構思和意在筆先，更加盛用線條。這多是因為中國傳統文化中，書畫同源，繪畫同書法一樣，更注重直抒胸臆、自由揮灑。在造型上，中國畫不像西方繪畫那樣注重解剖學，形成了追求印象深刻、主觀意圖顯著、個性突出的特點或者說優勢。在構圖上，傳統中國畫不似西方繪畫作品那樣講求處於特定時空中的固定點透視法，而講求以更靈活的方式按照畫家的主觀構想將不同時空中的物體形象進行重新佈局，從而打破時空限制，構造畫家心中的超越現實的境界。在背景設置上，中國畫不像西洋畫一樣重視背景，不管是花鳥、山水還是人物題材，在中國畫中，特別是寫意畫法中，均可出現大量留白。中國傳統繪畫這種刪除繁瑣、細節而突出主題以表現物象神態、渲染畫家主觀情感的手法，體現了國畫更加注重神似的特點。在用色上，中國畫可用全黑的水墨作畫，靠加水的多寡和行筆的輕重緩急來呈現明暗和造型的豐富多變。此外，中國畫中的文人畫，一幅好畫往往講求詩、書、畫、印的完美契合，以彰顯畫家文化素養、道德情操以及抒發畫家情感、表達其觀點。

第三節　中國繪畫藝術品的使用價值

一、繪畫藝術品是特殊商品

馬克思將商品定義為用以交換的能夠滿足人類某種需求的勞動產品。從廣義上理解商品，其既指處於物質形態的有形的商品，也指非物質形態的服務或知識產權等無形的商品。從狹義上講，商品僅指那些具有外在物質形態的有形的商品，繪畫藝術品有物質載體，故屬於狹義的商品的範圍。商品首先要是人類的勞動成果，繪畫藝術品作為文化產品的一個重要內容，是畫家勞動創作的成果，所以滿足此基本前提條件。此外商品還應該是以交換為目的而被生產出來的，也就是說如果畫家創作繪畫藝術品僅用於自我欣賞、饋贈親友，則該幅繪畫並不具備成為商品的條件。只有當該幅繪畫得到社會的認可才能以商品的形式進入流通領域進行交換，而一旦進入流通領域，該幅繪畫藝術品就完全脫離創作者的意圖而獨立作為商品存在了。除此之外，由於繪畫藝術品還具有可

---

① 文柳川. 簡論中國畫的空間 [J]. 中國書畫, 2008 (10): 108-109.

供人類使用的價值，是個有用物，能滿足人們的某種需求，滿足了成為商品的所有條件。

二、核心使用價值：審美使用價值

馬克思認為，使用價值是由具體勞動創造的，是指能夠滿足人們某種需要的屬性，是商品基本的某種物的自然屬性，構成了社會財富的物質內容。對於繪畫藝術品來說，人們對藝術的認知是一種在精神層面進行的審美活動，而進行這項活動的目的是獲得精神上的愉悅，讓人們在面對紛繁複雜的社會現實時，能夠找到內心的自由與安寧，從而平復煩躁之情，使心靈得到洗滌和陶冶，使現實中的不幸或殘缺得到精神和美學層面的補償。所以，繪畫藝術品作為藝術品的一類，其具有滿足人們追求美好、愉悅、安寧的精神需求即審美需求的屬性，故其對應的核心使用價值是審美使用價值。

審美使用價值既來源於創作者的藝術構思、題材選擇、表現技法、藝術個性，又來自於藝術品欣賞者的主觀感受，即藝術品可給欣賞者帶來或愉悅或震撼或悲傷的共情感受，具有陶冶情操、精神享受的作用。藝術品對於其創作者來說，是表達內心情感、釋放創造欲望的創作過程，而對於其鑒賞者來說，鑒賞藝術品的過程就是啓迪思想精神、激發潛在靈魂、提升人文修養的過程。因此，一件繪畫藝術品所代表的作者的藝術個性越鮮明、風格越突出、技法越嫻熟、表現越生動、感染力越強，其審美使用價值往往也就越高。

從鑒賞者的角度來說，審美的過程及結果既是主觀的，又是客觀的。主觀是指鑒賞者是否能從欣賞藝術品的過程中獲得愉悅以及獲得多大程度的愉悅往往受到鑒賞者自身宗教信仰、文化素質、教育背景、感悟能力的約束；而客觀又是指對於一些經典藝術品來說，其能帶給人們一種超越時空、種族、信仰、階層的心靈上的震撼，觸動人類審美共性的神經，滿足人們共性的審美需求。

三、衍生使用價值：裝飾使用價值和教化使用價值

由於繪畫藝術品具有滿足鑒賞者審美需求的使用價值，在對藝術品進行鑒賞審美的過程中，鑒賞者能夠獲得精神的愉悅和情感的熏陶，那自然的，由此可衍生出藝術品可以滿足人們裝飾居室、美化環境的實際需求，即具有裝飾使用價值。

此外，從藝術家角度來看，其進行藝術創作的初衷是表達對於自然、人生、社會、生命的認識、態度和追求，其技法越高超越能通過藝術品將這些思想和認識物化下來，並準確、清晰地傳達給藝術品的鑒賞者，而這些價值觀信

息的傳達不可避免地受到創作者文化背景與時空的限制和約束。因此繪畫藝術品之此種具有文化內涵、價值觀傳播的屬性，使得對其的審美過程可以從美學、人文陶冶等多方面滿足鑒賞人的精神需求，並進一步激發鑒賞人將藝術品作為文化、宗教、價值觀傳播載體和物化產品而通過欣賞、臨摹、研究及品評而對自我和他人進行教化以及文化修養提升的需求，即藝術品具有教化使用價值。

四、或有使用價值：文物研究使用價值與紀念使用價值

對於很大部分的繪畫藝術品，特別是已故大師創作的經典之作或是人類歷史長河中留下的古人繪畫作品，其還可以滿足人們將其作為物證而研究人類歷史和文明發展的需求，即具有文物研究使用價值。這種文物研究使用價值指的是一種可以用以研究確定人類歷史和傳統文化、人類文明和存留記憶的定位價值。從藝術品產生的歷史階段來看，從生產力水平極低的原始社會開始，人類就在無意識地生產藝術品，每一個人既是物質的生產和消費者，又是藝術的生產和消費者，當時所謂的藝術品就是原始人用各種形式對物質生活內容的記錄和反映。隨著勞動生產力及生產效率的提高以及社會文化的持續多元化發展，人們在滿足自己基本物質需求后，逐步擁有了更多精力和時間來從事文化藝術活動，無意識的藝術創作變成了有意識的行為。雖然藝術品是人們精神勞動的產物，藝術品是對創作者的精神世界的物化表現，但從藝術品反映的內容來看，總是脫離不了藝術品創作人所處的社會物質環境與文化生活。由此看來，藝術品是時代文化的見證，是社會發展的精神財富，也是人類社會物質發展歷史的記錄。所以，通過研究各個歷史時期的藝術品，不僅可以研究創作者的藝術風格、表現技法，更可以研究各個歷史時期人們的文化、經濟、政治生活。例如歷史學家可以通過研究古代字畫，瞭解到當時人們的衣著、建築風貌、生產生活場景、風俗習慣等。一般來說，一幅繪畫藝術品所展現出的歷史圖景越寬廣，反映出的當時生活越深刻，就越具有歷史代表性，越具有文物價值，宋代張擇端的《清明上河圖》就是一個典型的代表。

一些特殊題材的繪畫藝術品，對於創作者或者購藏者來說，往往還可以滿足其紀念往事、緬懷過去的需求。例如，在 2004 年 5 月 5 日英國倫敦蘇富比拍賣會上，畢加索代表作《手拿菸斗的男孩》以一億四百萬美金的天價成交。通過媒體的曝光，世人看到了天價成交幕后的「真相」——這幅畫不僅是出自名家之手，其背後還深深隱藏著一個跨世紀的愛情故事。可見，藝術品還具有一種保存創作當時記憶並標誌特殊事件的紀念使用價值。

五、附隨的使用價值：符號使用價值

在獲得欣賞藝術品本身所帶來的審美愉悅之外，購藏者往往還或多或少帶有將收藏的藝術品作為一種標榜自身身分、品味、財富、價值觀、階級的識別標誌，從而得到社會的認同並得到社會歸屬感的一種心理需求，這是一種炫耀性、功利性的心理需求。由於藝術家的層次對應藝術品的品質和價位，故藝術品符號使用價值的重要表現形式表現為藝術家的落款。從心理角度來看，購藏者對藝術品符號使用價值的追求行為往往出於其虛榮心理以及攀比心理。

可通過經濟學中的「消費需求外部性」原理來解釋這兩種心理的形成原因。經濟學家在對市場需求進行研究時發現，不同人對商品的需求看似獨立取決於個人偏好，但實質常常受到他人需求的影響，這便表現為消費需求的外部性。當其需求數量隨他人購買量的增加而增加，即為正的外部性，反之則為負外部性。

由虛榮心理產生的虛榮效應即為負外部性之典型表現。虛榮心理促使人們追逐那些能夠顯示其高貴身分和產生巨大榮譽感的商品。人的財富越多越偏向於用某種符號化的商品來滿足自己想要炫耀的心理，只有當某種商品不能夠被多數人擁有時，才會感到比普通人高出一等。因此，更滿足虛榮心的商品往往是稀缺和高價的。徐悲鴻作品數量眾多，但普通畫作仍難以滿足巨富者的炫耀需要，所以頂級買家會去追逐其稀有者。徐悲鴻一生僅創作油畫100餘幅，其中遺失40幅，所以他的油畫比中國畫市場更火，某些畫作價格在「虛榮效應」中越抬越高。比如在拍賣市場幾度現身的《愚公移山》，2000年在「嘉德在線」以250萬元創成交價紀錄，2006年又在「北京翰海」以3,300萬元創新高。所以個人消費的高價藝術品，往往都與炫耀心理有關。而藝術品高端價格的形成過程，正是藝術品由普通商品向虛榮商品轉化的過程。

攀比效應是消費者需求正外部性的典型表現。如果說虛榮效應是形成藝術品收藏的金字塔尖的原因，那麼，收藏金字塔之龐大底盤則很大部分原因來自攀比效應的力量。這種攀比效應即來源於人們發現很多人購買某種商品時會增強自己購買欲，是一種從眾心理和攀比心理的外在行為表現。消費者會基於對所處地位的認同選擇相應人群作參照，行為與其趨同，並以此行為對自己的社會地位進行符號化標榜。攀比效應的形成還有兩個前提，一是該商品形成了消費趨勢、潮流或時尚，二是消費者有獲取該商品的能力。近年來，國內新富人群間的攀比消費促成了一輪藝術品收藏熱，那些價格適中的藝術品，恰好滿足了他們對文化時尚之追求。

六、藝術品使用價值與藝術品收藏與投資的關係

　　基於藝術品在審美、教化、文物研究、公關以及符號宣傳等方面存在的使用價值，收藏藝術品就成為了有意義的行為。判斷一件藝術品是否具有收藏價值，即是對其上述使用價值和稀缺性進行綜合考量後對其是否值得收藏的判斷，所以說一件繪畫藝術品具有收藏價值實際上就等於說這件藝術品具有較高的使用價值。藝術品越稀少，同時其審美使用價值、文物研究使用價值、符號使用價值、宣傳價值越高，就越能滿足人的佔有欲和精神享受欲，即越具有人民所謂的收藏價值。

　　而當收藏行為被社會所認可，收藏藝術品或「雅賄」成為趨勢，購買藝術品用於收藏和送禮的人群逐漸增多，收藏的藝術品有了可以流通和變價的市場，並表現出一定的收益性，藝術品的投資價值開始得以彰顯。所以，藝術品的投資價值其實更關注藝術品的交換價值而非其使用價值本身，其來源於藝術品賣價與買價之間的增值部分，故藝術品增值潛力越大，其投資價值也就越高。近年來，對藝術品在拍賣會上拍出天價的報導頻見報端，我們經常聽到或是看到某某古代珍品被拍賣幾百萬幾千萬，甚至幾個億，相較較低的收藏成本，出賣人獲得的回報率常常以十倍百倍來計算，其收益率遠高於投資傳統的樓市、股市。不難看出，收藏行為已成為現代社會的一種投資行為，且藝術品收藏價值越高，投資成本越低，其在未來獲得豐厚財富回報的可能性就越大。

　　可見，收藏價值是基於對使用價值的綜合評判，而投資價值和使用價值本身並沒有直接聯繫，而是屬於對藝術品價格發現中對可能被市場低估的藝術品進行價格再發現可能性的一種評估。

第三章 中國繪畫藝術品的價格決定研究——基於馬克思勞動價值論視角

要研究繪畫藝術品的價格問題特別是區別於一般商品的價格現象和特點，除了需要搞清楚繪畫藝術品的內涵、外延，筆者在上面章節中首先對繪畫藝術品的作為文化產品、作為藝術品以及作為以繪畫這種藝術表現形式存在的藝術品的特點進行了探討。本章中，筆者將這些特點結合到對其商品二因素的討論之中，以期真正探求到繪畫藝術品的價格與價值的內在聯繫，並依照馬克思的勞動價值理論的脈絡找到決定繪畫藝術品價格的內在因素。

第一節 理論基礎及適用性分析

一、價值內涵的歷史演變

「價值」一詞翻譯自英語單詞「value」，其最初含義指物品的使用價值或者效用，在《辭海》中定義為「事物的用途或積極作用」。杰文斯（Jevons, 1871）就曾指出，價值的通俗理解就是使用價值，這與自然經濟觀念吻合，是生產者和消費者最關心的商品屬性。

在勞動產品向商品轉化的過程中，人們逐步發現，一種物品除了其本身具有的能夠滿足人類需要的效用外，還可以通過交換的方式得到其他物品，從而體現出一種在交換時才表現出來的價值——交換價值。古希臘著名歷史學家、思想家、哲學家、經濟學家色諾芬在對使用價值和交換價值進行區分時說到：

「一支笛子對會吹它的人是財富，而對不會吹它的人來說，只有在賣掉它時是財富。」①

英國古典經濟學家亞當·斯密（Adam Smith）首先明確區分價值的概念為使用價值和交換價值。接著，馬克思定義「交換價值」表現為兩種不同使用價值相交換時表現出的一種量的關係或者說比例。這種數量關係或比例會隨著時空的變化而不斷變化。接著，隨著交換範圍逐步擴大，簡單的交換價值形式發展為擴大的交換價值形式。當所有使用價值都以同一種使用價值為媒介而進行交換時，交換價值就發展為一般的形式②。而在貨幣這種一般等價物形式產生後，交換價值便取得了價格這一種表現形式，價格形式是作為交換價值發展完成形態而存在的。在此之後，價格開始隨著供求關係的變化而不斷變化。通過長期觀察，人們發現價格的變化波動一直是圍繞一個相對穩定的中心發生的。而政治經濟學在闡述價格運動規律的決定時，為了與使用價值、交換價值以及價格這幾個概念加以區別，將波動的那個較為穩定的中心稱為「自然價格」或「自然價值」，並常常簡稱為「價值」。這個簡稱使得價值這個概念用於特指價格圍繞波動的中心這一特定含義逐漸確定下來。

馬克思指出，人們對自己生活形式的思索和科學分析，總是與現實情況發展道路相反，是從發展過程完結後進行回溯的，只有對商品價格進行分析才能啓發人類對價值量決定進行研究，只有通過研究商品共同的貨幣表現會引發對商品價值性質確定的探索。從此角度來看，對價值決定的探討，就是對價格運動的規律或交換價值的基礎的探討。

二、馬克思勞動價值理論

馬克思主義的價格理論，總的說來是在批判地繼承了古典政治經濟學價值、價格理論的基礎上建立起來的價格理論。馬克思認為價格是價值形式的完成形態，而價值形式的胚胎形式則要追溯到簡單的價值形式，在那裡，價格形式的基本規定都早已孕育在其中。馬克思指出，商品的價值其本身是無法捉摸的，它自身除了表現其使用價值以外，並無法表現自身價值。其價值只能在與其他商品進行交換時用另一種商品的使用價值進行表現。馬克思對商品的相對價值形式和等價形式進行了剖析，指出兩者既互相聯繫又有互相排斥，而等價形式有三個特點，即使用價值成為其對立面價值的表現形式，具體勞動成為其

---

① 色諾芬. 經濟論：雅典的收入［M］. 張伯健, 譯. 北京：商務印書館, 1961：37.
② 趙春豔. 價值源泉與價值量問題研究［D］. 西安：西北大學, 2003.

對立面抽象勞動的表現形式，私人勞動成為其對立面社會勞動的表現形式。

馬克思認為在商品上述三對內在矛盾的作用下，商品的價值形式從最開始的簡單而偶然的形式，逐步發展到總和而穩定的形式。這個發展過程的前提是交換頻繁地產生，某件商品價值的數量表現不再是偶然的，而是逐漸趨同，變得穩定下來。接著，當大量的頻繁的交換活動使得商品的交換比例趨於其自身價值量時，人們就產生了對充當交換的媒介的一般等價物的需求，進而促進商品的價值形式發展到一般等價物形式。這一形式是任何一種公認的商品的價值形式，商品隨時空變更而不斷變化，故這一形式只具有局部的和暫時的社會效力。商品生產以及商品交換的發展，使得作為一般等價物的商品最終固定在一種特殊的商品上。這時商品的價值才最終獲得一般性的具有社會效力的客觀固定性，即在商品的交換中充當一般等價物的作用使它具有了社會職能並成為了具有某種特權的商品，這種特殊的商品就被稱為貨幣。到此階段，一般價值形式就轉化為貨幣形式，而商品的相對價值由貨幣商品進行表現，這就是商品的價格形式。因此，貨幣形式或者說價格形式是價值形式的完成形態。

關於作為價格基礎的價值實體。在對作為價格基礎的價值的實體分析中，馬克思論述了勞動二重性與商品二因素之間的內在聯繫，即抽象的一般人類勞動形成商品價值，即抽象勞動形成價值實體，這是人類歷史上第一次有人從根本上論述清楚了價值本質的重大問題。馬克思認為抽象勞動是一般人類勞動的耗費，是在一定社會、經濟條件下，每一個身體正常的普通人不經過專業培訓都能勝任和從事的勞動。而必須經過一定的學習或接受特定的訓練才能夠從事的勞動屬於複雜勞動，複雜勞動可以被折合或轉化為簡單勞動，換句話說，複雜勞動是簡單勞動的加強或加倍。複雜勞動折算為簡單勞動是通過商品交換過程自發形成的。抽象勞動是一個歷史範疇的概念，是社會歷史形式在人類生理意義上的一種反映，具體表現為社會平均勞動，這是指在社會平均生產條件和社會平均勞動熟練程度和強度下的勞動。每個商品生產者在生理學意義上支出的勞動折合為社會平均勞動的過程，就是其私人勞動向社會勞動轉化的過程。馬克思還指出，同一勞動過程中具體勞動是人與自然之間的物質交換過程，它生產使用價值，是生產力起作用的過程；而作為抽象勞動，它是在某個社會中商品生產者的勞動作為平等者彼此對待的關係體現，它形成商品的價值，是生產關係發揮作用的過程。

馬克思在討論商品價值量的決定時指出，商品價值量是由社會必要勞動時間來決定的。這裡所說的勞動時間含義如下：第一，生產某種商品的勞動時間是由現有的社會生產條件下再生產該商品時所必需的勞動量來決定的，不是過

去消耗的，也不是在以前社會條件下的；第二，生產某種商品的勞動時間是在正常的或一般的生產條件下的，不是特殊的、個別的生產廠家生產的勞動時間；第三，生產某種商品的勞動時間是在社會平均勞動熟練程度下的勞動時間；第四，生產某種商品的勞動時間是在整個社會平均的勞動強度下進行勞動的時間。此外，馬克思還指出「只有當全部產品是按照必要的比例進行生產時，它們才能賣出去」，這是社會必要勞動時間的第二種含義，即有關價值實現問題上的含義。馬克思並未完全否認供求可以通過一系列仲介環節，從而對商品價值量的決定產生某種間接性質的影響，但他堅持認為決定價格的始終是價值，畢竟價值是價格的基礎，而供求只是影響價格的重要因素，由它來調節商品的市場價格與商品價值的偏離程度。

從價格與價值的關係來看，馬克思的觀點是價值形成價格的基礎，而價格是價值的貨幣表現。可見，這要求商品價格與其價值相一致，同時要求商品價格要與貨幣的價值相一致，需要特別說明的是，這裡的「一致」並非指要保持時時處處的相等，而是指一種平均和總體的趨勢①。其次，這也揭示了存在商品價格與商品價值間產生的偏離來自商品價格形式本身的可能性。特別是一種無政府的自由競爭的市場環境下，供求關係瞬息變化會促成商品價格與價值偏離的現實實現。在商品生產的私有制社會裡，單個商品的價格總是與其價值相偏離的，而商品生產的盲目性造成了這種偏離的偶然性。一方面，商品的價格和價值相背離是作為一種客觀現象存在的；另一方面，這種背離實質上並沒有違背價值規律，反而正是價值規律起作用的外在形式。此外，正如馬克思所說的，價格不僅可以在量上與價值偏離，而且可以在質上完全和價值產生背離。價格作為對價值的一種貨幣化的外部表現形式，本身就蘊含著與價值之間一種質的矛盾。這種質上的背離指價格可以完全不是價值的表現，沒有價值的東西也可能會有價格。「有些東西本身並不是商品，例如良心、名譽等，但是也可以被它們的所有者出賣以換取金錢，並通過它們的價格，取得商品形式。因此，沒有價值的東西在形式上可以具有價格。在這裡，價格表現是虛幻的，就像數學中的某些數量一樣。」② 反過來講，正是基於非勞動生產即沒有價值的東西也能夠獲得一種不真實的價格形式，從而導致這些東西獲得商品形式，所以價格可以完全不是價值的表現。

---

① 洪遠朋. 價格理論與價格改革 [J]. 中國經濟問題，1985（3）：3-8.
② 馬克思，恩格斯. 馬克思恩格斯全集：第 23 卷 [M]. 中共中央馬克思恩格斯列寧斯大林著作編譯局，編譯. 北京：人民出版社，1995.

三、馬克思精神生產理論

早在馬克思精神生產理論提出以前，就有一些古典及資產階級哲學家對精神生產的概念進行了一定的研究和討論，這為馬克思精神生產理論的產生提供了思想的養分與成長的土壤。黑格爾主要從客觀唯心的立場出發對人的精神作為意識存在的生產方式進行了闡述，費爾巴哈認為黑格爾將精神生產活動與思維過程相分離是一種錯誤思想，並從相反面對精神生產活動作了系統探討[1]。亞當·斯密擺脫了重農主義錯誤，率先將勞動劃分為生產勞動和非生產勞動。經濟學家施托爾希提出了物質上的分工是精神上的分工得以進行的前提[2]。

在《1844年經濟學哲學手稿》中，馬克思就將精神生產的範疇納入自己的研究範圍。他在引用舒爾茨的《生產運動》時就說「（國民）首先必須有能夠進行精神創造和精神享受的時間」[3]；在批判黑格爾精神哲學學說時指出「黑格爾唯一知道並承認的勞動是抽象的精神的勞動」[4]。不管是「精神創造」，還是「精神勞動」，實質都是和「精神生產」是一樣的意思。

繼《1844年經濟學哲學手稿》之後的1845年，馬克思又在與恩格斯合著的一部重要著作《神聖家族》中，首次提出了「精神生產」的概念，並指出與物質領域的生產一樣，精神作品作為精神領域生產的產物，其規模、結構和佈局的確定也同樣應考慮生產該作品所必需的精神勞動時間[5]。雖然在這本著作中僅是提出了概念，而未進一步明確精神生產的內涵及特徵，馬克思已然將精神生產作為歷史唯物主義的一個研究範疇[6]。

后來，馬克思與恩格斯在在其合著的《德意志意識形態》一書提到，每一個歷史階段的社會生產方式不僅決定於上一歷史階段傳承下來的物質生產條件，又作為物質生產環境制約著人類的全部生活及社會實踐活動，同時也影響人們進行精神創造、精神生產活動以及提供的精神產品的特殊性，從而影響並

---

[1] 周力輝，方世南．黑格爾與費爾巴哈的精神生產理論及其意義［J］．北方論叢，2012（2）：127-129．

[2] 昂利·施托爾希．政治經濟學教程［M］．北京：人民出版社，2005：100．

[3] 馬克思．1844年經濟學哲學手稿［M］．中共中央馬克思恩格斯列寧斯大林著作編譯局，編譯．北京：人民出版社，2000：57．

[4] 馬克思．1844年經濟學哲學手稿［M］．中共中央馬克思恩格斯列寧斯大林著作編譯局，編譯．北京：人民出版社，2000：164．

[5] 馬克思，恩格斯．馬克思恩格斯全集：第2卷［M］．中共中央馬克思恩格斯列寧斯大林著作編譯局，編譯．北京：人民出版社，1995：62．

[6] 熊永蘭，袁君．馬克思主義關於精神產品的理論與當代發展［J］．湘潮，2010（3）：2-3．

規定下一個歷史階段的生產生活條件。在該書中，馬克思、恩格斯明確指出在社會生產的概念中實際包括了精神生產，這是「思想、觀念、意識」的生產，它會集中表現在某一民族的道德、宗教、文學、政治、法律以及文學、藝術等形而上學語言中①。從這句總結中，我們可以看出，藝術是人類精神生產或精神勞動的眾多表現形式之一，而藝術品作為藝術表現的載體，是人類精神生產的勞動成果。

四、價值理論的評述及適用性分析

1. 價值理論的評述

從經濟學各個門派發展演變的歷史來看，價值理論幾乎與經濟學本身同時產生，並且一直是經濟學家們爭論的焦點。其中，勞動價值論、效用價值論以及斯拉法價值論是價值論的三個主要理論方向，呈三足鼎立之勢。

傳統的勞動價值論植根於商品生產過程，認為勞動是價值的唯一源泉，屬於客觀價值論。由傳統勞動價值論衍生出的生產費用論認為使用價值或效用是主觀的、不同質而不可進行比較的，只是作為交換價值的抽象的前提而存在，這從根本上否定了主觀效用在商品價值決定過程中的影響或作用。這一理論會面臨一系列問題的挑戰，如某人花費大量勞動時間生產出的商品用處很小，或者生產出的產品用處很大卻已超過社會總需求，產品價值仍一成不變地由勞動時間或生產費用決定嗎？

效用價值論是從消費過程中尋找價值源泉，認為是買方或者說是需求方決定了商品的價值，屬於主觀價值論。17世紀英國經濟學家尼古拉·巴爾本於1690年率先提出效用價值理論的概念和主體框架。后經過薩伊的系統化，構成了傳統效用價值理論的基本內容。19世紀70年代有奧地利學派和數理學派共同推動的邊際革命，為效用價值理論披上了一件精致的外衣。效用價值論相對於傳統的勞動價值論，是另一個極端的理論，它將價值的決定完全歸結於主觀因素，而徹底否定了商品的生產因素在其價值決定中的作用，因此難以解釋很多現象，諸如一些物品如珠寶雖然比起生活必需品效用小，但其交換價值卻比生活用品要高很多；而另一些物品，比如說水，其使用價值巨大，但交換價值卻很低。

斯拉法價值論是由皮爾·斯拉法於1960年在其所著的《用商品生產商

---

① 馬克思，恩格斯. 德意志意識形態 [M] //馬克思恩格斯選集：第1卷. 中共中央馬克思恩格斯列寧斯大林著作編譯局，編譯. 北京：人民出版社，1995：43-51.

品》一書中構造的價格決定模型，相關理論奠定了新劍橋學派價值理論的基礎。斯拉法對價值決定分析的起點是維持生存的生產體系，然后轉入具有剩餘的生產體系，後者又分為抽象勞動要素和引入勞動要素兩種情況。他認為在有勞動要素投入的生產中，工人的工資是由維持其基本生活的部分和剩餘產品部分組成的。前者是生產中的「引擎的燃料或牲畜的飼料」[①]，應當計入生產資料中；後者是工人分享的剩餘產品，取決於勞動量 L 和工資率 w，是可變的。所以將工資當作一個整體來看時，剩餘工資可變就導致了全部工資可變。由此，斯拉法得到了一個一般的剩餘生產方程組，並增加了規定各部門使用的年勞動量之和等於 1，以及全部社會剩餘即國民收入等於 1，從而得到了一個可決定和求解的生產體系，並深刻地表明了收入分配變量 r、w 與相對價值變動之間的密切聯繫，成為斯拉法模型的核心。斯拉法通過對模型中假定各種生產要素之間的技術比例是固定不變的，從而否定了邊際分析的可能。此外，他還認為以邊際分析為基礎的新古典價值和分配理論實際中對於工資率和利潤率的確認與得到產品和資本品的價格之間是一個循環論證；而勞動價值論及其轉型理論中有關價值決定和剩餘價值按平均利潤率在各部門之間進行分配的先後問題，也存在循環論證的嫌疑。故其既難以被馬克思勞動價值派接受，也難以融入西方經濟學主流。

1890 年，馬歇爾作為新古典經濟學派的代表人物，在《經濟學原理》一書中綜合了成本論、供求論和邊際效用價值論等多方面的理論，首次提出了「均衡價格」理論。他認為生產成本是供給的決定性影響因素，而邊際效用決定了需求，將兩方面綜合起來考慮就可以說明均衡價格的形成。馬歇爾認為，價值的實體是勞動時間與效用之間用貨幣來表示的關係[②]。馬歇爾延續了數理學派傳統，把微積分方法引入其經濟學分析和理論闡述中。此外，馬歇爾還用邊沁的苦樂主義哲學來解釋人們的經濟行為動機，並用貨幣來衡量這些心理動機因素。總的來說，以馬歇爾為代表的新古典經濟學家力圖對各個生產要素在價值決定中的影響力給出了數量解，但其邏輯存在循環論證之矛盾且有宣揚階級調和之嫌疑，這些都受到了勞動價值學派和新劍橋學派的攻擊。

早在 1844 年，恩格斯就意識到生產費用與效用以及生產與消費本來就是一對矛盾的兩個方面，離開其中任何一方，對價值決定的研究都無從談起。他也認為商品的價值是生產費用對效用的關係。這一觀點有一定先進性，但又過

---

① 蔡繼明. 從狹義價值論到廣義價值論 [M]. 上海：格致出版社，2010.
② 馬歇爾. 經濟學原理（上）[M]. 朱志泰，陳良璧，譯. 北京：商務印書館，1964. 128.

於抽象，並沒有闡述生產費用和效用分別由什麼具體的因素所決定，進而又怎樣決定價值。后來，馬克思通過論述兩種社會必要勞動對價值的共同決定，從而對此缺陷進行了彌補。通常對社會必要勞動時間的第一種理解是「在現有的社會正常生產條件下製造某種使用價值所需要的勞動時間」①，即耗費在某一單位商品生產上的部門平均勞動時間，簡稱必要勞動時間Ⅰ，這是商品的平均勞動耗費，其曲線對應為部門或行業供給曲線。隨著部門內生產者數量增加，規模收益遞減將導致必要勞動時間Ⅰ上升。對社會必要勞動時間的第二種理解本指總的社會勞動中滿足社會需要應該投入某部門的勞動時間，表現為社會對某商品的有支付能力的需求，如將這些勞動時間分攤到某社會所需品總量之上，便得到了為滿足對該種商品的需要而應在單位使用價值生產上投入的社會勞動時間，簡稱必要勞動時間Ⅱ。當必要勞動Ⅰ和必要勞動Ⅱ相等時價值就得以形成，表現為兩種定義的必要勞動曲線交點，即為滿足一定的需要社會應投入該部門的勞動與實際投入的相一致，此時形成的價格就等於價值，市場價格總是圍繞它上下波動。

2. 繪畫藝術品適用的價值理論

本書將運用馬克思、恩格斯的商品勞動價值理論體系對繪畫藝術品的價值進行研究。原因主要有以下幾點：

首先，繪畫藝術品包含勞動的純粹性和典型性決定了使用勞動價值論進行研究更有利於找到核心問題的答案。從前面小節中對繪畫藝術品的特點的歸納來看，繪畫藝術品是典型的藝術家精神勞動的產物，重內涵而輕材質。雖然繪畫藝術品是藝術家、畫家通過使用畫筆工具、水墨、顏料等在紙、娟、布等材料上形成的視覺表現產物，具有物質外觀，但實際上其物質外觀反映的是畫家構圖能力、表現技法、思想主張、審美觀和世界觀，是其創造性的精神勞動的凝結。相同的物質材料和繪畫工具，不同的人進行作畫，其價值可以有天壤之別，可見繪畫作品中凝結的勞動的區別之大，體現出畫家創作藝術品的過程中其精神勞動具有一定的特殊性。相較於馬歇爾的均衡價值論以及斯拉法的價值論，馬克思恩格斯的勞動價值論更加關注生產階段的價值形成，所以運用馬克思的勞動價值論對繪畫藝術品的價值進行研究更有利於透澈研究藝術家在進行繪畫藝術品創作時的特殊的精神勞動與價值形成的關係，以揭示繪畫藝術品價值形成的最核心的最特殊的問題。

其次，馬克思、恩格斯對藝術生產方式有更深刻的理解和研究。在對藝術

---

① 馬克思，恩格斯. 馬克思恩格斯全集：第44卷 [M]. 北京：人民出版社，1995：52.

生產方式發展歷史的研究中發現，馬克思、恩格斯發現藝術創造的個體獨立性與藝術生產的社會化之間的矛盾貫穿始終。他們認為，原始社會的藝術創造個體被藝術生產集體所吸收，前述矛盾在物質生產層面中實現了同一性；奴隸和封建社會的藝術生產主要還是通過個體的藝術創造來實現，但已出現了商品經濟的萌芽，故而開始在一定程度上出現了上述矛盾的對立發展；而在資本主義商品經濟和市場經濟高度發達的今天，藝術家進行藝術創造的個體獨立性與藝術生產的社會化之間出現了直接對立與分離，從而導致藝術生產與消費的分離，並導致藝術生產過程理論上也被分割成相對獨立的兩個階段。在前一個階段，藝術家能夠自由地運用自己所擁有的藝術勞動力進行獨立的藝術創作，而在後一個階段，藝術創作成果被用以標準化、批量化、產業化的形式進行社會化生產，前者創造出的就是我們一般意義上所謂的「藝術品」，而後者對應的生產成果為「藝術商品」。從市場經濟對藝術生產的影響來看，市場經濟的發展一方面通過刺激藝術生產的社會化的方式促進了藝術市場的繁榮；另一方面是市場經濟使藝術家成為了市場主體的組成部分，在擺脫了贊助和委託的束縛的同時又受到消費市場需求的束縛。故選擇馬克思勞動價值理論來研究繪畫藝術品的價值，更有利於從歷史發展和社會關係的角度來考察繪畫藝術品的價值。

最后，馬克思勞動價值論對供求一致的假設有利於我們分析影響繪畫藝術品價格的本體的內部的因素，從而為進一步的研究奠定良好基礎。馬歇爾力圖從供給和需求兩方面來綜合說明均衡價格和價值形成，他的這種作法是在價值決定中內生了需求因素，從而區別於勞動價值論使需求因素外生化的做法。李嘉圖就只從生產成本的角度研究價值決定，而馬克思繼承了李嘉圖的這一傳統，通過供求一致的假定將價值決定中的需求因素進行了外生化。這樣做的好處在於將難以制定標準進行衡量的使用價值或效用進行了藝術地隔離，以使得對繪畫藝術品的內生因素進行更深入的研究。同時，馬克思不僅僅是通過供應量來簡單地描述商品的供給，而是在假設供求數量一致的情況下，通過對勞動中的精神勞動，具體勞動和抽象勞動，簡單勞動和複雜勞動的定義與分析來研究商品的供給側問題，有利於分析繪畫藝術品因生產者、創造者不同而價值、價格差異巨大的原因。

第二節　中國繪畫藝術品價值的實體構成

一、繪畫藝術品是一種特殊的商品

馬克思勞動價值論中所提到的價值均是指商品的價值，這是一種人類勞動社會形態處於商品經濟階段中所特有的現象，即當人類的勞動產品成為商品後才具有價值這一特殊屬性。馬克思在《資本論》中開宗明義，商品是資本主義社會財富的基本元素，商品交換是資本主義生產方式最大量、最普遍的現象，從商品交換規律入手才能得知資本主義生產方式的本質，即商品是政治經濟學體系的邏輯起點。商品具有使用價值和價值兩個基本屬性。前者是商品的有用性，構成財富的物質內容和商品交換價值的物質承擔者。而交換價值是商品能夠用來交換其他使用價值的屬性，表現為不同使用價值間相交換的比例。使得兩種不同質不同用途的商品能夠進行比較的基礎不是商品豐富多元的天然屬性，而是將商品使用價值抽象掉後的勞動產品所共有的屬性，即剩下的抽象勞動。這種無差別的人類勞動的單純凝結就形成了商品的價值。將商品的使用價值首先看作交換價值的物質承擔者，從交換價值中抽象出價值來作為一個獨立的經濟範疇，從而展開自己的理論體系並從中揭示出人與人的關係，這是馬克思主義理論的偉大創新。

二、繪畫藝術品價值是抽象勞動的凝結

馬克思並不限於分析商品所表現出的二重形式，而是進一步論證了這種表象的二重性對應了內在商品的勞動的二重性，即有用勞動和抽象勞動[1]。這一組概念的提出是馬克思的重大發現和創新。馬克思進一步指出不同的具體勞動創造出不同的使用價值。而將具體的各式各樣的生產勞動中人的大腦、肌肉、神經、骨髓等具體形式的損耗全部抽象掉，才能得到撇開具體形式無差別的人類勞動，也即是抽象勞動，而抽象勞動形成商品價值[2]。相對於古典政治經濟學，馬克思的勞動二重性的理論能夠科學地論證什麼勞動創造價值和怎樣創

---

[1] 馬克思,恩格斯. 馬克思恩格斯全集：第19卷 [M]. 中共中央馬克思恩格斯列寧斯大林著作編譯局, 編譯. 北京：人民出版社, 1995：414.

[2] 馬克思. 資本論：第1卷 [M]. 中共中央馬克思恩格斯列寧斯大林著作編譯局, 編譯. 北京：人民出版社, 2004：60.

價值的問題，從而彌補了古典政治經濟學勞動價值論的重大缺陷。

具體到繪畫藝術品，其能夠以物質形態滿足人們需求，同時其作為畫家勞動的成果，一旦進入流通領域後就成為了商品，就具有了使用價值和價值這兩個商品的屬性。繪畫藝術品的使用價值我們已經在前面章節中結合繪畫藝術品的特點進行了詳細的論述和系統的分析。按照馬克思的論證，繪畫藝術品的價值是該幅繪畫中的畫家藝術創作勞動的抽象凝結。

三、抽象勞動的特點

馬克思勞動價值論中對具體的有用的勞動的抽象，把畫家在藝術創作中對題材選擇、藝術構圖的精神活動、腦力勞動，以及揮筆作畫、縱筆點染的體力勞動都進行了剝離，使之僅留下了畫家作為人類的一員而具有的抽象的人類勞動。這種抽象的人類勞動具有以下幾點特徵：

第一，這種抽象勞動是一個與一切社會形式無關的永恆的客觀的概念。正如馬克思所說的那樣，勞動的二重性是一切勞動都具有的屬性，一方面作為抽象的人類的勞動，是人類勞動力「在生理學意義上」的耗費，與勞動外在的物質形式和所處的社會形態完全無關；另一方面作為生產使用價值的有形勞動，它是人類勞動力在特殊目的形式上的耗費。因此，與作為有用勞動與抽象勞動統一的勞動二重性，是一切勞動都具備的客觀屬性。而畫家的勞動，不管在任何社會形態下，當然屬於人類的勞動，也當然可以抽象為這種一般的人類勞動。同時，馬克思常常將「抽象勞動」又稱為一般人類勞動或一般社會勞動，他指出價值是「無差別的人類勞動的單純凝結」，而作為「無差別」的一般人類勞動，就是此處的抽象勞動，各種勞動除了量的差別之外，「不再有什麼差別」。繪畫藝術品的價值實體也是由這樣的人類的抽象的永恆意義的勞動所構成。

第二，這種抽象勞動存在於人類的簡單勞動之中。馬克思認為，抽象意義的一般人類勞動存在於一定社會中每個普通人能完成的勞動中，是人的一定的腦力、精力、體力的消耗[1]，是每個不具備任何特殊才能和專長的一般的普通人類肌體平均耗費的簡單勞動力[2]。簡單勞動雖然在不同的地域和時代具有不同的內涵，但在給定的社會中是確定的。任何勞動都與可與統一社會度量單位

---

[1] 馬克思,恩格斯.馬克思恩格斯全集：第13卷[M].中共中央馬克思恩格斯列寧斯大林著作編譯局,編譯.北京：人民出版社,1962.

[2] 馬克思.資本論：第1卷[M].中共中央馬克思恩格斯列寧斯大林著作編譯局,編譯.北京：人民出版社,1975：57-58.

——簡單勞動進行比較，以確定折合的倍數。馬克思進一步提到「各種勞動化為當作它們的計量單位的簡單勞動的不同比例，是在生產者背後由社會過程決定的，因而在他們看來，似乎是由習慣確定的」①。在馬克思看來，相對複雜的勞動只是自乘或多倍的簡單勞動。

第三節　中國繪畫藝術品價值的量的決定

從上一節可看出，馬克思認為商品價值實體是由抽象的「一般人類勞動」構成的，這一節我們將討論對於繪畫藝術品的價值實體而言，是否也是由「一般人類勞動」構成，且其具體計量應該用什麼形式加以表現呢？馬克思在其著作中使用了概念「簡單平均勞動」以及「社會必要勞動」，后者用以特指在現有社會正常生產條件下，在社會平均勞動熟練程度和勞動強度下，生產某種使用價值所需要耗費的勞動②。后一概念是貫穿馬克思整個勞動價值論的核心概念。「簡單平均勞動」和「社會必要勞動」之間有什麼關係？繪畫藝術品的價值量到底使用這兩個概念中的哪個更有利於揭示繪畫藝術品價值決定的特殊性呢？要回答這些問題，我們必須從馬克思勞動價值論中有關「勞動」的分析這一邏輯起點進行考察。

一、衡量單位

在馬克思論述「體現在商品中的勞動的二重性」時簡單地指出，形成商品價值實體的抽象的人類勞動是「人類勞動力在生理學意義上的耗費」，是「每個沒有任何專長的普通人的機體平均具有的簡單勞動力的耗費」③。這種「生理學意義」上的勞動的平均耗費，馬克思簡稱為「簡單平均勞動」，它是平均的「作為計量單位的簡單勞動」。這種「簡單平均勞動」「在一定社會裡是一定的」「在不同的國家和不同的文化時代具有不同的性質」④。由此可見，

---

①　馬克思.資本論：第1卷 [M].中共中央馬克思恩格斯列寧斯大林著作編譯局，編譯.北京：人民出版社，1975，58.

②　馬克思.資本論：第1卷 [M].中共中央馬克思恩格斯列寧斯大林著作編譯局，編譯.北京：人民出版社，1975：52.

③　馬克思.資本論：第1卷 [M].中共中央馬克思恩格斯列寧斯大林著作編譯局，編譯.北京：人民出版社，1975：57-58.

④　馬克思.資本論：第1卷 [M].中共中央馬克思恩格斯列寧斯大林著作編譯局，編譯.北京：人民出版社，1975：58.

對於不同的國家、民族、文化和時代來說，這種「作為計量單位的簡單勞動」在不同時代存在基準期與比較期的區別，或從橫向看，其在不同的國家存在著不同社會的區別，所以在不同的時代或不同的社會，複雜程度不同的勞動必須還原為「一定社會裡是一定的」「簡單平均勞動」，否則就不可能是真正「無差別」的抽象的人類勞動。反過來講，在一定時代和一定社會下的「簡單平均勞動」必然是簡單同質的、為社會所必要的、平均的、抽象的勞動，與該時代和該社會的「社會必要勞動」具有一致內容。

鑒於此，「簡單平均勞動」與「社會必要勞動」的區別就在於，「簡單平均勞動」是一定時代、一定社會的社會必要勞動，一旦這兩個「一定」確定下來，其在量上就可確定，就可以作為該時代或社會的複雜勞動還原的計量單位。而由於單位商品的價值受勞動生產力影響，所以作為單位商品的平均化的抽象勞動的「社會必要勞動」不具有量的確定性，它隨著整個社會的生產條件的變化而變化。

此外，馬克思「為了簡便起見」，就在複雜勞動和簡單勞動之間「省去了簡化的麻煩」。這就意味著不同時代或不同社會的勞動複雜程度差異被忽略了，「簡單平均勞動」其「作為計量單位的簡單勞動」的性質變得不再重要，其地位也就可以被「社會必要勞動」來替代了。所以，「簡單平均勞動」與「社會必要勞動」之間的聯繫就在於，後者是在前者的基礎上省略了複雜勞動還原為簡單勞動的「簡化」程序之後，被當成可以不考慮「正常的生產條件」及其平均的勞動熟練程度和勞動強度差異的一般性範疇。

出於對繪畫藝術品區別於一般工業商品的特性研究，結合繪畫藝術品的具體情況，筆者認為，雖然複雜勞動簡化為簡單勞動的過程的確是繁瑣和麻煩的，但這個過程在研究繪畫藝術品的價值量時是難以進行省略和抽象的，還是應當用「簡單平均勞動」作為衡量繪畫藝術品商品價值量的計量單位，原因如下：第一，繪畫藝術品中的很多高價精品，往往都具有文物性質，其價值都是已故藝術家繪畫中精神勞動和體力勞動的凝結，而我們對其價值的評估又發生在當今社會，即繪畫藝術品往往具有藝術家創作時期與價值評估時期不一致的情況，所以應把不同時代和不同社會作為一種獨立因素以分析其對價值的影響，而不能像馬克思研究生產和消費均同在資本主義社會條件下的商品的價值那樣進行模糊和抽象，不能把時代和社會的外生影響因素內生化。第二，和工業生產性的勞動相比，繪畫藝術品所凝結的畫家的藝術勞動還有個性化、非標準化、不可通過分工進行簡化等特點，同時本書研究的是繪畫類藝術品這一種商品的價值，而不是整個社會商品總量的情況，所以不具備直接按照馬克思研

究工業生產性勞動的思路將複雜勞動折算成簡單勞動的過程進行省略的條件，所以難以使用「社會必要勞動」這個概念作為價值量的衡量標準。

二、折算公式

作為問題的另外一面，如果要用「簡單平均勞動」作為衡量繪畫藝術品商品價值量的計量單位，我們就必須對凝結在繪畫藝術品中的畫家的勞動進行折算，研究複雜勞動還原為簡單勞動的過程。在論述價值增值過程時，馬克思強調，要獲得較社會平均勞動更加高級和複雜的勞動力，需要付出更多的教育費用，花費更多的勞動時間，即這種勞動力的價值較高，表現為較高級的勞動，在同等時間內物化為更多的價值[1]。由此可見，畫家的繪畫創作勞動肯定是需要經過長時間的培訓和學習才可能達到的較高級、較複雜的勞動，屬於馬克思所說的「複雜勞動」。

馬克思認為「比較複雜的勞動只是自乘的或不如說多倍的簡單勞動，因此，少量的複雜勞動等於多量的簡單勞動。經驗證明，這種簡化是經常進行的。一個商品可能是最複雜的勞動的產品，但是它的價值使它與簡單勞動的產品相等，因而本身只表示一定量的簡單勞動」[2]。為了使繪畫藝術品所含複雜勞動還原成簡單勞動的分析更加直觀，我們假設繪畫藝術品中物化的畫家複雜勞動的量為 L，作為計算基數的單位「簡單平均勞動」的量為 L_0，畫家的複雜勞動程度就用複雜度 G 來表示，則：

$$G = L/L_0 \tag{式3.1}$$

進而可以把畫家的勞動量表示為：

$$L = G \cdot L_0 \tag{式3.2}$$

由上式可知，在 G 一定的情況下繪畫藝術品的價值量 L 與單位「簡單平均勞動」的量 L_0 成正向關係。按照前述分析，「簡單平均勞動」是隨著不同的時代和不同的國家或社會而變化的。如果假設一定時代用變量 T 表示，一定社會用變量 S，那麼：

$$L_0 = F_{L0}(T, S) \tag{式3.3}$$

馬克思認為，高級勞動與簡單勞動之間，熟練勞動與非熟練勞動之間的區別和差異，實際一部分源於不現實的、僅僅作為傳統慣例而存在的人們觀念中

---

[1] 馬克思. 資本論：第1卷 [M]. 中共中央馬克思恩格斯列寧斯大林著作編譯局，編譯. 北京：人民出版社，1975：223.

[2] 馬克思. 資本論：第1卷 [M]. 中共中央馬克思恩格斯列寧斯大林著作編譯局，編譯. 北京：人民出版社，1975：224.

的區別；而另一部分則是源於生產者本身難以取得自己勞動力的價值[①]。此外，他還在闡述相對剩餘價值的生產時指出，生產力特別高的勞動可以在生產中起到自來勞動的作用，即單位時間內創造比同一種類的社會平均勞動更多的價值[②]。這裡的 T 和 S 是指我們對繪畫藝術品的價值量進行確定時所處的時代和社會，是一個客觀概念，所以，只要在特定的時代和特定的社會中，即 T 和 S 一旦確定，L_0 就被客觀地確定下來。但如果放在不同時代和社會來看，作為勞動計量基礎單元的「簡單平均勞動」是一個相對可變的概念，所以其量的表示 L_0 也是相對可變的。本書中的默認的價值量決定時代和國家社會是當今中國社會，以下簡稱為「當今社會」。

三、複雜程度倍加系數的確定

對於式中表示複雜程度的倍加系數 G 又是怎樣決定的？如我們在前面章節中論述，馬克思在勞動價值論中認為複雜勞動只是簡單勞動的自乘或多倍，即少量複雜勞動等於多倍的簡單勞動。故而各種勞動均可表示為不同倍數或比例的當做計量單位的簡單勞動。這個倍數或比例是由社會過程決定的，似乎是由習慣決定的[③]。可見，在商品經濟條件下，這種交換比例的折合，是在生產者背後，在無數次的競爭和交換活動過程中自發確定的。

然而，由於繪畫藝術品是具有獨創性的帶有顯著畫家個性的非生活必需品，相對於大量的同類的各種商品特別是工業化標準化生活必需商品來說，很難找到幾乎完全相同的兩件繪畫類藝術品，而且其交易還有著頻率低、交易數據不透明的特點。所以，對於繪畫藝術品來說，只有將同一幅繪畫藝術品反覆交易的信息為主，同時將其和畫家創作的其他同題材風格的繪畫藝術品作為一種商品來考察這個交換比例的確定。

1. 同一畫家的作品複雜程度倍加系數的確定

對於同一位畫家，其繪畫藝術品與一般的工業商品價值量的決定規律有著共性的一面。繪畫藝術品本身所包含的畫家的直接精神勞動和體力勞動的耗費影響社會對複雜程度系數 G 的認定，特別其傾註心血創作的代表作和一般的應

[①] 馬克思.資本論：第1卷 [M].中共中央馬克思恩格斯列寧斯大林著作編譯局，編譯.北京：人民出版社，1975：224.

[②] 馬克思.資本論：第1卷 [M].中共中央馬克思恩格斯列寧斯大林著作編譯局，編譯.北京：人民出版社，1975：354.

[③] 馬克思.資本論：第1卷 [M].中共中央馬克思恩格斯列寧斯大林著作編譯局，編譯.北京：人民出版社，1975：224.

酬之作包含的勞動量肯定差異巨大，前者的 G 肯定高於后者。這類似於生產一般的商品，質量更好的商品往往耗費更多的社會必要勞動時間，所以價值量往往更高。但這種高低的比較僅限於在同一位畫家作品的基礎或者平均價值之上進行。

2. 不同畫家的作品複雜程度倍加系數的確定

對於不同畫家，其繪畫藝術品價值量的決定規律與一般的工業產品的有著巨大不同，筆者認為不同的關鍵就在於研究「社會過程」和「習慣」對不同畫家繪畫作品複雜度 G 的確定，集中體現為社會對畫作本身以及對畫家名氣和歷史地位的習慣性認定。

一方面，繪畫藝術品的創作者要成為著名畫家，要在美術史上佔有重要位置，除了畫家的個人天賦、持續的勤奮努力等因素以外，往往還需具備一定偶然的、可遇不可求的外界促成條件，如遇到貴人推薦和支持、遇到好的學習機會、遇到文化變革期的思想啓發等，所以畫家的名氣和地位往往是天時、地利、人和的各種有利因素的集中體現，有利因素越多，其複雜程度越高，其勞動就越難以被簡化。

另一方面，從前文對繪畫藝術品特點的分析來看，其具有精神消費性，滿足的是人類更加高級的精神文化需求。古往今來，對名家珍品藝術品的孜孜追求，往往是上流社會政治精英、文化精英和商業精英的共同愛好。購藏者通過高價收藏和購買名家繪畫藝術品，除了滿足自己審美的精神需求，往往更是為了滿足標榜和宣傳自己身分地位的心理需要，收藏到名家字畫的藝術家名氣和地位檔次往往和某種精英的地位和檔次形成對應關係，這也是中國藝術品禮品化市場的重要根源。而這種心理因素的存在和社會共識的達成直接影響了「社會過程」和「習慣」對物化在繪畫藝術品的複雜勞動折算比例或複雜度 G 的認定。

所以，在 L_0 一定的情況下，社會習慣對繪畫藝術品所凝結畫家勞動的複雜度 G 的確定中，社會對創作該幅繪畫藝術品的畫家的名氣和地位的認定起到決定性作用。畫家的名氣越高，知曉的人數越多，地域分佈越廣大，越難以通過「社會簡單勞動」得到，G 就被賦予更大的值，繪畫藝術品的價值量 L 就越大。

李嘉圖認為對於古董等稀少商品，靠增加勞動投入是難以相應地增加其數量的，所以它的價值由稀少性決定。而從我們延續馬克思的複雜勞動與簡單勞動的折算公式所推導出的結果可以看出，社會習慣對於藝術名家凝結在藝術品中的勞動的複雜性、可重複性的認定，實際上也是對其稀缺程度的一種確認過

程。從某種意義上來說，上述結論與李嘉圖對於稀少類商品的論述有一定程度的吻合。

3. 影響社會對畫家名氣和地位習慣性認定的因素

具體到影響社會對畫家名氣和地位習慣性認定的因素，主要可以分為畫家個人因素和外界因素，前者主要包括畫家個人的藝術天賦、創新能力、人品德行以及精神力量，后者包括畫家的教育背景、名人推薦和時代背景等。

（1）有關畫家藝術天賦和創新能力對其名氣和地位的影響。馬克思在對財富觀的實踐與歷史性批判中提到，如果不考慮資產階級形式這一前提，財富就是普遍地存在於交換中的個人對客觀存在的「自然」力以及自身的自然力的統治和充分發展，是人的創造天賦的絕對發揮[①]。雖然此句話反映的是馬克思對人類社會財富本質的認知，但實際上對於繪畫藝術品價值來說也是適用的。繪畫藝術品的獨創性正是畫家的創造性勞動的物化表現，是畫家藝術天賦的體現，這種藝術家創作勞動中所包含的創造天賦使得藝術家付出的勞動與簡單勞動的差異不能僅僅用熟練程度和勞動強度來進行解釋。一般的普通人不可能通過接受教育、培訓而成為藝術大師，藝術家對藝術的感悟和創造力不是僅僅靠培養就可以達到的，而是類似於一種「自然」力，非人力所能控製。所以，這種藝術家在其作品中體現出來的藝術天賦和創新能力越高，越有利於其藝術成就的突出，越有利於藝術家名氣和地位的提升。

（2）有關畫家人品德行和精神力量對其名氣和地位的影響。繪畫藝術品是帶有明顯的畫家個性的獨創性商品。中國人對畫家的評價，向來有「風格即人格」「人品即畫品」之說，繪畫藝術品中的筆墨形態往往反映出畫家的精神世界、個性特徵和價值判斷。如中國家喻戶曉的國畫大師齊白石，其在作品中所展現出的情趣盎然、令人愉快的藝術形象，正是他直率性情和童心未泯的反映。在日軍侵華戰爭時期，他不僅斷然拒絕日軍利誘，退回了美術學院教授聘書，還在家門外張貼「官入民家主人不祥」的告示，又讓大家對他的人品道德、民族氣節予以認可和推崇，從而提升了其在社會公眾心目中的地位和名氣。而作為職業畫家的齊白石，能夠為了追求更加卓越的藝術技能和自我超越而十年關門謝客練畫萬幅、刻章三千的執著精神使他能夠成為大家尊敬、社會認可之藝術大師。

（3）有關畫家的生活成長、教育背景和名人推薦對其名氣和地位的影響。

[①] 馬克思, 恩格斯. 馬克思恩格斯全集：第30卷 [M]. 中共中央馬克思恩格斯列寧斯大林著作編譯局, 編譯. 北京：人民出版社, 1995：479-480.

要成為一名畫家並且成名絕不是件容易之事，除了自己長年累月的勤奮和努力之外，往往還需要有好老師的培養點化和名人前輩朋友的推崇力薦。我們現在將教育分為家庭教育、學校教育、社會教育和自我教育，除了自我教育是可以由畫家本人直接控制的，其餘三種教育都屬於畫家成長的客觀環境，具有一定的偶然性。但其中必然的規律是畫家學習成長的受教育背景直接奠定了其創作技法的基本功底，決定了其創作的風格面貌。如齊白石早年蒙學對《千家詩》的喜愛打下其畫上題「詩」之基本功，跟著民間粗木作師傅做木工活成就大力「畫」「印」之特色，跟著細木作師傅學雕花，廣學民間紋飾圖案，瞭解大眾審美喜好，為其之后繪畫作品的「雅俗共賞」打下基礎。而后來齊白石先向地方名人雅仕學文學畫學字學印，還和一大幫志同道合之士成為朋友相互學習，其中不乏如王湘綺等湘潭名士，這些名師名友不僅通過言語交流對齊白石的藝術產生影響，更是通過分享師友收藏的字畫印譜等文化教育資源使齊白石的藝術獲得了精神營養。而齊白石晚年的名聲大噪更是和其友陳師曾在國內外對其繪畫的極力推崇，以及忘年之交徐悲鴻對其藝術成就的肯定和推崇分不開。

　　有關畫家成長的時代背景也是影響其在繪畫藝術史中的地位的重要因素。正所謂時代造英雄，對於永載史冊的藝術家也是這樣，當一個社會處於政治、經濟、文化等迅速變化和動盪期時，不同藝術思想發生撞擊和爭鋒的時期，往往是出大藝術家的時期。近代最典型的例子莫過於徐悲鴻，他生在國難當前、民眾在水深火熱中沉浮的亂世，但西方藝術文化理念的入侵以及出國留學的經歷，使他從被動的面對入侵文化，變為了主動研究、學習東西方審美、文化差異，並逐步總結出一套自己對民族傳統藝術加以取舍和改良的理論，再加上其在美術教育事業上的投入，徐悲鴻最終成為中國百年藝術史上丹青巨擘、教育巨子。他在中國藝術上不可撼動的地位也使得他作品中包含的複雜勞動更多倍於「簡單平均勞動」。

　　綜上，由於每一幅繪畫藝術品都是獨特的個性化產品，藝術家的創造性勞動也永遠不可能被機器所替代，也不可能在社會分工中由他人替代，所以我們難以用工業社會中「社會必要勞動時間」的概念對藝術品價值量進行研究，而只能退回到馬克思研究勞動二重性時最初的複雜勞動還原成簡單勞動的基本概念來研究繪畫藝術品的價值量問題。如果繪畫藝術品的價值量 L 是通過評估該價值時的社會習慣認定的 G 倍的該社會的「簡單平均勞動」量 L_0 的疊加或倍乘，那麼社會對 G 的認定主要體現在不同畫家名氣地位的認定和同一畫家作品的畫家耗費勞動量多少的認定，前者決定價值量基礎，後者調解價值量的

差異。表面看起來，對 G 的認定是一個主觀過程，但對於一個特定的社會階段來說，主流社會、藝術界的統一認定又形成一種客觀的歷史的評價。

此外，不同時代社會對再生產該繪畫藝術品難易程度的認定也是重要因素。對於一件創作於古代的普通繪畫藝術品來說，其創作年代所處社會同期同民族的文化認知背景、民眾普遍受教育內容的趨同使得通過當時的「簡單平均勞動」的疊加更加容易得到。在古代，作為琴棋書畫中的繪畫、書法，是一般文人學習的基本內容，一般意義的寫毛筆字和作中國畫對於一般讀書人來說是基本的較為簡單的勞動，或者說要達到靠賣字、賣畫為生的畫家水平的可能性更大。而在當今社會，傳統意義的中國繪畫已經不再是讀書人接受教育的主要內容，人們的文化認知和精神狀態也發生了巨大變化，要通過教育和學習培養重現古人生活情境已經不再可能。在當今社會和創作該件繪畫藝術品的同時代同社會的「簡單平均勞動」的概念已經發生了改變的情況下，社會對同一件文物類繪畫藝術品的價值量認定也隨著越來越難以通過社會「簡單平均勞動」倍加來得到其中包括的畫家複雜勞動而變得更大。

第四節　中國繪畫藝術品價值轉化形式

按照馬克思的商品生產理論，在商品生產和交換初期，商品價格圍繞價值上下波動，隨著資本主義生產方式的產生和發展，商品價格轉為圍繞商品生產價格上下波動。這裡的生產價格其實是從價值轉化而來，是價值的轉化形式。馬克思認為，商品價值是通過一系列仲介環節後，才轉化為生產價格的。最先從單個資本開始的，商品價值 c+v+m 先轉化為成本價格+利潤，然後在社會範圍內轉化為生產價格，即成本價格+平均利潤。轉化中最關鍵是剩餘價值率被轉化為利潤率，以及利潤率在整個社會的平均化。

但是商品按照價值進行交換，實質上並不等於按照生產價格進行交換。馬克思指出，無論在理論上還是在歷史上，商品按價值交換都是先於按生產價格交換的。他說「競爭首先在一個部門內實現的，是使商品的各種不同的個別價值形成一個相同的市場價值和市場價格。但只有不同部門的資本的競爭，才能形成那種不同部門之間的利潤率平均化的生產價格。這後一過程同前一過程

相比，要求資本主義生產方式發展到更高水平」①。由此可見，繪畫藝術品要滿足按照價值進行交換的條件取決於藝術品市場的發達和繁榮程度，同時也受制於繪畫藝術品自身的特徵。真正的繪畫藝術品相較於批量化、標準化生產的工業化產品而言，其獨創性、不可複製性、文化認同性以及非必須性使得很難滿足相同商品大量、經常性交易的條件；而其不可再生性和精品的稀缺性，又使得其難以滿足供應量和需求量一致，以及沒有壟斷的自由貿易的條件。而對於按照生產價格進行交換的前提就更難滿足了。

一、藝術家生產方式不屬於資本主義生產方式

實際上，我們在前述章節中也提到了馬克思將藝術生產歸為精神生產領域。精神生產領域屬於非物質生產領域。在論述剩餘價值時，馬克思採取歷史主義、辯證法的觀點和方法，將精神生產與物質生產關聯起來進行對比分析和研究。馬克思說：「在非物質生產中，甚至當這種生產純粹為交換而進行，因而純粹生產商品的時候，也可能有兩種情況：①生產的結果是商品，是使用價值，它們具有離開生產者和消費者而獨立的形式，因而能在生產和消費之間的一段時間內存在，並能在這段時間內作為可以出賣的商品而流通，如書、畫以及一切脫離藝術家的藝術活動而單獨存在的藝術作品。」② 又如，「在這裡，資本主義生產只能非常有限地被運用。當這些人作為雕塑家等不擁有幫工的時候，他們大多數（如果他們是不獨立的）是為商人資本工作，例如為出版商工作；這種關係本身只是向單純形式上的資本主義生產方式過渡的形式。在這種過渡形式中，恰恰對勞動的剝削最大，但這種情況並不會使事情發生什麼變化」③。

從上述馬克思對價值轉化形式的研究可以看出，馬克思的研究對象是商品價值在資本主義生產方式下的轉化形式，不管參與生產的勞動者數量的多寡，有兩點資本主義生產的特點：其一，勞動者的勞動屬於資本家；其二，勞動生產的產品屬於資本家。而對於繪畫藝術品來說，本書所研究的有一定名氣的畫家區別於受雇於資本家的技術工人或受雇於封建貴族階層的畫師、畫匠，他們

---

① 馬克思, 恩格斯. 馬克思恩格斯全集：第30卷 [M]. 中共中央馬克思恩格斯列寧斯大林著作編譯局, 編譯. 北京：人民出版社, 1995：201.
② 馬克思, 恩格斯. 馬克思恩格斯全集：第30卷 [M]. 中共中央馬克思恩格斯列寧斯大林著作編譯局, 編譯. 北京：人民出版社, 1995：442-443.
③ 馬克思, 恩格斯. 馬克思恩格斯全集：第49卷 [M]. 中共中央馬克思恩格斯列寧斯大林著作編譯局, 編譯. 北京：人民出版社, 1995：109.

作為繪畫藝術品的創作者和生產者，往往既是自己創作性勞動的擁有人，又是自己勞動成果即繪畫藝術商品的擁有人，故其生產方式不算資本主義生產方式。

馬克思還說：「那些不雇用工人因而不是作為資本家來進行生產的獨立的手工業者或農民的情況又怎樣呢？他們可以是商品生產者，而我向他們購買商品，至於手工業者按訂貨供應商品，農民按自己資金的多少供應商品，這些情況並不會使問題有絲毫改變。在這種場合，他們是作為商品的賣方，而不是作為勞動的賣方同我發生一定的關係，所以，這種關係與資本和勞動之間的交換毫無共同之處。因此，在這裡也就用不上生產勞動和非生產勞動的區分一這種區分的基礎在於，勞動是同作為貨幣的貨幣相交換，還是同作為資本的貨幣相交換。因此，農民和手工業者雖然也是商品生產者，卻既不屬於生產勞動者的範疇，又不屬於非生產勞動者的範疇。但是，他們是自己的生產不從屬於資本主義生產方式的商品生產者。」[①] 馬克思的上述表述說明，即使畫家按照訂畫者的要求進行繪畫創作，直接與貨幣相交換的也不是畫家本人的活勞動本身，而只是凝結在繪畫藝術品中的死勞動（勞動產品），故從這個角度來說，畫家雖然也是繪畫藝術商品的生產者，但他既不屬於生產性勞動者的範疇，又不屬於非生產勞動者的範疇，而是一種不從屬於資本主義生產方式的商品生產者。

二、繪畫藝術品的價值轉化形式與一般商品的異同

由於同一件繪畫藝術品可以在被畫家賣給購藏者后，在或長或短的時間區間內還可以被再次投入市場再次銷售，即在初次銷售和再次銷售的不同市場中，售賣方分別為畫家本人或收藏者，故應區別初級市場和二級市場這兩種不同情況進行分析。

1. 初級市場上繪畫藝術品的價值轉化形式

在繪畫藝術品首次作為商品進行交換時，即在初級交易市場，購畫者直接從畫家的手裡購買作品。職業畫家們雖然不是資本家，但其作為出賣繪畫藝術品為生的生產者和銷售者，也往往比照資本家定價方式從創作成本和額外收益兩個方面來考慮賣畫價格。前者包括兩部分，一是生產成本，包括其筆墨紙硯等材料的投入，即不變資本 c；二是養活自己和家人的生活、學習的開銷，以及對自己以前接受教育和刻苦鑽研的補償，即可變資本 v。對於額外收益部

---

① 馬克思, 恩格斯. 馬克思恩格斯全集：第 26 卷 [M]. 中共中央馬克思恩格斯列寧斯大林著作編譯局, 編譯. 北京：人民出版社, 1995：439.

分，這部分價格反映出畫家根據自己藝術水平和地位的標價，是剩餘價值 m 的全部或部分，越是高水平、名氣大的畫家，其生產出的剩餘價值就越高。在初級市場上，與資本主義生產方式的不同之處在於，不是由資本家佔有這些剩餘價值，而是由畫家本人佔有。

2. 二級市場上加入商業資本後的繪畫藝術品價值轉化形式

當繪畫藝術品完全脫離其創作者而進入流通領域后，對於一般的消費者即收藏者來說，他們購買繪畫藝術品的目的是為了得到了繪畫藝術品的使用價值；對於專門從事書畫買賣的畫商來說，他們更看重繪畫藝術品的交換價值，他們購買繪畫藝術品的目的是為了實現商業資本的增值，所以說他們就是馬克思所說的商業資本家。馬克思認為，在加入了商業資本（包括純粹流通費用）后，價格圍繞著波動的現實中心——價值的轉化形式將進一步轉化成這樣的形式，它等於產業部門的生產價格+商業利潤+純粹流通費用。筆者認為這種說法是適用於繪畫藝術品的二級市場的，只是生產價格變為商業資本家買入繪畫藝術品的價格。馬克思認為商業資本也屬於職能資本，其要求取得平均利潤，所以伴隨著商業資本獨立化，對應的平均利潤部分就從產業資本家轉到了商業資本家手中，即商業利潤。商人只能從商品的購銷差額中取得利潤，這個差額既從流通中獲得，又不難以在流通中創造，故只能從生產中來。對於畫商來說也是這樣，不管一幅畫已經被交易過多少次，他們獲得的買賣差價即商業利潤也仍然源自最初畫家的藝術創造勞動凝結在繪畫藝術品中的價值。

三、繪畫藝術品價值持續增加與純粹流通費用的固定加價

由於中國的繪畫藝術品交易數據有記錄的時間較短，我們通過考察國外研究者使用同一幅繪畫藝術品的重複交易數據所編制的指數，如從梅摩指數的藝術品投資收益數據來看，其成交價格的總的發展趨勢往往隨著時代變化和時間的延續而呈持續上升之勢。

為什麼持有繪畫藝術品可以和持有固定資產一樣在反覆交易中出現持續盈利的現象？筆者認為可能的原因有三：第一，如上節所述，從宏觀的長期的情況來看，隨著畫家在繪畫藝術界及藝術史中地位的確立，及其名氣的增加，社會的習慣性認知會確認其作品中複雜勞動還原倍數 G 值的增加，繪畫藝術品的價值量隨之增加，而 c 和 v 在畫家創作該作品並賣出時就已確定，所以在價值組成部分中實際增加的是剩餘價值部分，從而保證了商業利潤的持續產生；第二，從微觀的短期的情況來看，由於繪畫藝術品的交易市場往往存在買賣雙方信息不對稱、交易數據不公開的問題，所以畫商有利用信息不對稱的條件來

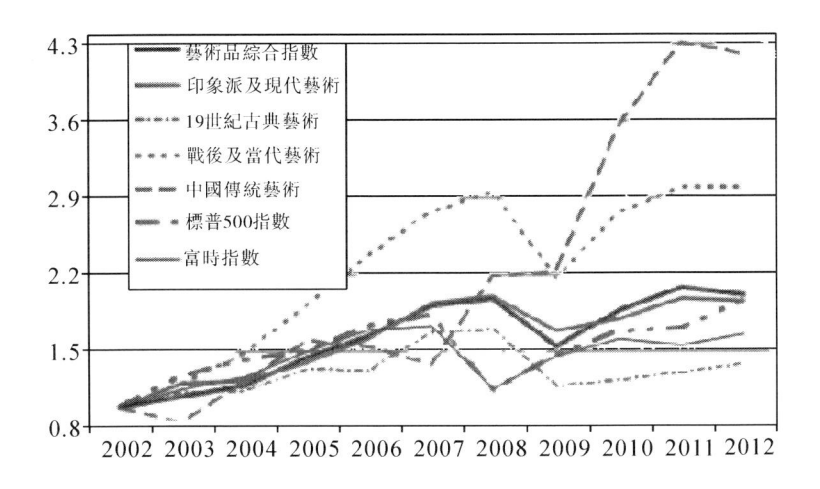

圖3.2 梅摩藝術品分類指數與金融指數走勢圖（2002—2012）

獲利的可能；第三，從供求角度來看，此現象說明在繪畫藝術品特別是已故名家的作品供求有限的前提下，繪畫藝術品的需求隨著時間的推移而逐步增加，有關供求對藝術品價格的影響，本書將在下章詳細論述；第四，存在商業資本追加投入，即純粹流通費用的固定加價。下面，展開研究一下在繪畫藝術品二級市場上的純粹流通費用的固定加價。

馬克思指出，商人除了預付資本購買商品之外，還要有一個追加資本預付在流通費用上。在商業流通費用中，由於商品使用價值的位置移動和保存使用價值而需要的費用，包括運輸費用、保管費用、包裝費用等，它們是生產過程在流通領域的繼續和延長，可以增加商品的價值，這部分費用的補償是不成問題的。問題在於單純由商品買賣而耗費的流通費用，也就是純粹流通費用。它不是生產使用價值的費用，只是實現價值的費用，或者說只是為購買和售賣的費用，包括計算、簿記、市場、通信等。由此所需要的不變資本，由辦公場所、倉庫、保管設施、紙張、郵資等構成。另一些費用，就是商業勞動者的工資，即可變資本。這類費用既然純粹是由價值轉型而引起的費用，它不能創造價值，因此，就不能直接從商品價值中得到補償。

對於繪畫藝術品來說，也存在流通費用及純粹流通費用。前者包括繪畫藝術品的運輸、保管和包裝費用；後者包括支付給拍賣行的佣金、經營畫廊的日常開銷以及員工工資等直接的交易費用。只是對於繪畫藝術品在二級市場中流通的情況來說，有一點情況比較特殊，即由於繪畫藝術品已經離開其創作者而

作為一個獨立的完成的商品來到了二級市場中，所以馬克思所指的流通費用中包括的是生產過程在流通領域的延長就主要指畫商或購藏者對繪畫藝術品採取特別的保存措施以保證藝術品品相的盡量完好而耗費的費用。故對於繪畫藝術品的流通費用及純粹流通費用並未直接增加商品價值，而都是如馬克思所說的商品純粹流通費用那樣通過繪畫藝術品售賣價格的加價來解決的。這種固定加價也是一種價值轉型，馬克思把它稱為「名義上的價值」。雖然這個固定加價是商品名義上的價值和商品的實際價值不一致了，但仍然沒有違背價值規律。因為純粹流通費用通過加價來補償，只是補償的形式問題。這種商業純粹流通費用的補償來源，歸根結底是商品價值中剩餘價值的扣除。把畫商的情況推導到繪畫藝術品的個人或機構投機者、投資者之上，除可能減少一些費用的固定加價之外，總體也是適用的。

第五節　中國繪畫藝術品的商品二因素與其價格決定的關係

一、繪畫藝術品商品二因素之間的關係

如前所述，繪畫藝術品作為文化產品的一類，一旦離開創作者獨立進入流通領域，就成為了可以與其他商品交換也可以用貨幣進行購買的商品，所以從此意義上看，它一定具備商品的二因素，即使用價值與價值。在上面的章節，筆者著力研究了繪畫藝術品的價值與使用價值，而本節將對繪畫藝術品的交易價格和其商品二因素之間的關係作進一步探究。

二、繪畫藝術品使用價值與其價格決定的關係

馬克思認為，使用價值是價值的物質承擔者，是商品能夠滿足人們某種需要的屬性，即一種客觀有用性。效用是商品再被消費或者使用時給消費者帶來的主觀滿足感。商品的客觀使用價值是主觀效用存在的前提。沒有使用價值的東西一定無法給消費者帶來滿足感。然而，使用價值只是價值的物質承擔者，並不決定價值本身，故而並不是價格的基礎。使用價值對於決定價格並不能起到直接作用。同類可比產品使用價值的大小差異，主要來源於原材料的品質和數量、生產設備、生產技術、工藝過程、工時消耗等各方面的差異，還是物化勞動以及活勞動的質與量的不同引起的。所以，使用價值對價格的影響，首先還是立足於價值決定價格這一原則的，而絕不是讓使用價值直接地成為價

格的基礎。同時，由於產品的使用價值可以在一定程度上進行比較，因此，在確定產品銷售價格時，就必須考慮社會需要程度即使用價值的大小。價值與使用價值之間的關係複雜，不可一概而論。

對於繪畫藝術品來說，其使用價值也僅是其價值的的物質承擔者，是由畫家的具體繪畫創作勞動創造出來的，可以受到購藏者的「估價」，可以在同為繪畫藝術品的前提下被購藏者用於不同畫家、不同風格間的比較。對一般的消費性的生活必需性商品來說消費者對使用同一種商品的感受往往是趨於一致的，比如白糖是甜的，鞋子是柔軟的，衣服的是暖和的。而對於繪畫藝術品來說，不僅其和其他商品的使用價值無法比較，就算對同一幅繪畫藝術品，不同文化修養、不同種族甚至不同年齡的購藏者的感受和理解往往有著巨大的差別。所以，使用價值也只是繪畫藝術品價值的的物質承擔者，它不能成為繪畫藝術品價格的基礎。所以，馬克思勞動價值論中關於商品使用價值這種客觀效用僅構成價值的物質承擔，而因量上無法比較而無法決定價值並不是價格基礎的結論，對於繪畫藝術品也是適用的。

三、繪畫藝術品價值與其價格決定的關係

馬克思認為商品的價值是價格的基礎，價格是價值的貨幣表現。具體來說，首先，這要求商品的價格與商品的價值、貨幣的價值相一致，這裡的一致僅指一種平均趨勢；其次，價格形式本身導致了其與價值的偏離，即供求關係變化使偏離的可能成為現實，而生產的盲目性使偏離具有偶然性。這種背離是客觀存在的，但並未違背價值規律，而是規律產生作用的具體表現和形式。最后，價格與價值之間除了量上的背離，還會出現質的背離。價格是價值的貨幣表現，此中蘊含著價格和價值之間質的矛盾，即沒有價值的東西，可能會有價格，或者說有價格的東西不一定有價值。價格可以完全不是價值的表現。

馬克思認為古董、藝術品屬於特殊商品，其價格與一般商品價格不同，是一種特殊商品的價格。「必須牢牢記住，那些本身沒有任何價值，即不是勞動產品的東西如土地，或者至少不能由勞動再生產的東西如古董、某些名家的藝術品等的價格，可以由一系列非常偶然的情況來決定。」[1]「撇開真正的藝術品不說（按問題的性質來說，這種藝術作品的考察不屬於我們討論的問題之

---

[1] 馬克思,恩格斯. 馬克思恩格斯全集：第25卷 [M]. 中共中央馬克思恩格斯列寧斯大林著作編譯局, 編譯. 北京：人民出版社, 1995: 714.

內。）」① 馬克思的這些評論表達了他對古董、藝術品的四點認識：一是他認為其之所以特殊，是因其不能通過勞動再生產獲得；二是雖然藝術品一般具有的高價格，並非是由於生產古董、藝術品需要花費特別多或特別複雜的勞動；三是他認為古董、名家藝術品的價格不是由價值決定而是往往由「非常偶然」的情況來決定的；四是強調了由於政治經濟學研究的商品是能夠由勞動不斷再生產出來的東西，而古董、藝術品不能由勞動再生產出來，故嚴格地講，古董、藝術品的價格並不屬於政治經濟學研究的範圍。

根據我們在前面有關繪畫藝術品的價值的相關章節中的討論，筆者認為繪畫藝術品的價格仍然是由其價值決定的，原因有三點：一是不同地位和名氣的藝術家作品始終保持相應的差異，如在信息對稱、真跡且給定所處社會階段的情況下，不管有再多的偶然因素，三流的區域性名家的作品價格永遠無法超過已載入史冊的一流的世界級藝術家的作品價格；二是不同藝術家創作藝術品的複雜勞動，因社會大眾對其地位、名氣及藝術水平的習慣認識的不同，而被賦予了不同的折算係數，故用簡單勞動作為計量單位的最終價值量可以差異巨大；三是從社會發展的歷史唯物的角度考察社會大眾對藝術家及其作品進行評價的時空變化，可以解釋藝術品價值隨著時間的推移、隨地域文化的變遷而變化的現象。

綜上，雖然由於繪畫藝術品的不可再生產和獨創性，我們不能直接利用馬克思針對工業化商品的一整套勞動價值論來對其價格的決定進行解釋，但繪畫藝術品作為一種特殊的商品，根據馬克思最基礎的商品價值理論，仍可以從複雜勞動還原為簡單勞動的過程中找到繪畫藝術品價值決定價格的依據，並由此推斷其理論價格的形成。雖然複雜勞動還原為簡單勞動的倍數看似由社會大眾的主觀評價決定，但大量的、主流的、歷史的社會評價又是一種客觀存在，具有客觀性，所以與馬克思的歷史唯物主義思想是一脈相承的，不相矛盾的。此外，由於繪畫藝術品的不可再生產性和獨創性，其現實中的實際價格往往形成於一種壟斷性的供求關係，會受到購買方的需要和支付能力之巨大影響，會在其價值的基礎之上出現較大偏離。關於繪畫藝術品價格的形成，筆者將在下面的章節中借助西方經濟學的分析工具進行討論和進一步研究。

---

① 馬克思, 恩格斯. 馬克思恩格斯全集：第25卷 [M]. 中共中央馬克思恩格斯列寧斯大林著作編譯局，編譯. 北京：人民出版社，1995：856.

第四章　中國繪畫藝術品市場及拍賣的價格發現功能——基於博弈論視角

第一節　基於馬克思唯物史觀的研究：中國繪畫藝術品市場的形成

一、藝術品生產和商品化屬於歷史範疇

1. 藝術生產歷史簡述

馬克思在考察剩餘價值的產生時指出，藝術的生產實際上是一個歷史範疇。在原始社會，生產力處於非常低下的水平，原始人的生活、生產及經濟發展充滿了風險和不穩定性，為了滿足自己最為基本的需求，原始人幾乎需要投入所有的時間進行體力勞動，靠集體的力量規避危險獲得生存，所以在原始社會難以產生專門的文化生產者。在這樣的社會階段，每個人既是物質的生產和消費者，又是藝術的生產和消費者，社會性和集體性是藝術生產的初始階段的明顯特徵，藝術創作、生產及消費過程，與原始人的物質生活生產勞動的實踐過程是相互交融、不可分割的。隨著勞動生產工具和技術的持續改進發展，人們在滿足自己基本需求之外有了剩餘的精力和時間，於是專門從事精神生產的生產者出現。這個階層的生產者逐步脫離直接生產勞動，在這個社會發展階段的人類精神生產過程也逐漸與物質生產過程相分離，藝術產品開始出現。在奴隸社會后期，藝術生產活動主要由奴隸主強迫奴隸們進行，其藝術生產的產品由奴隸主佔有和享受。進入封建社會後，占統治地位的自然經濟生產方式決定了藝術生產的自娛性目的，反映了藝術生產過程與消費過程的同一性和連續

性。然而，以中國封建社會很多朝代反映出的實際情況來看，在這一階段中出現的藝術生產的貴族化傾向，導致了精神生產與物質生產、社會經濟發展的嚴重脫鉤，產生了精神生產發展與物質生產發展不平衡的問題。這種不平衡現象雖不是中國古代藝術生產的全部，但卻是中國傳統藝術生產方式的真實寫照①。當社會生產力發展到了資本主義商品經濟階段，資本家為了實現對剩餘價值的佔有，將包括藝術產品在內的一切勞動產品都轉變成商品並進入流通領域進行流通。在此階段，社會中佔主流的藝術生產不再以供貴族階級、文人雅士自娛自樂為目的，而是作為商品供應來滿足市場的需求。

馬克思、恩格斯在對藝術生產方式發展歷史的研究中發現，藝術創造的個體獨立性與藝術生產的社會化之間的矛盾貫穿始終。原始社會的藝術創造個體被藝術生產集體所吸收，前述矛盾在物質生產層面中實現了同一性；奴隸和封建社會的藝術生產主要還是通過個體的藝術創造來實現，但已出現了商品經濟的萌芽，故而開始在一定程度上出現了上述矛盾的對立發展；而在資本主義商品經濟和市場經濟高度發達的今天，藝術家進行藝術創造的個體獨立性與藝術生產的社會化之間出現了直接對立與分離，從而導致藝術生產與消費的分離，並導致藝術生產過程理論上也被分割成相對獨立的兩個階段。在前一個階段，藝術家能夠自由地運用自己所擁有的藝術勞動力進行獨立的藝術創作，而在後一個階段，藝術創作成果被用以標準化、批量化、產業化的形式進行社會化生產，前者創出的就是我們一般意義上所謂之「藝術品」，而後者對應的生產成果為「藝術商品」。從市場經濟對藝術生產的影響來看，市場經濟的發展一方面通過刺激藝術生產的社會化的方式促進了藝術市場的繁榮；另一方面是市場經濟使藝術家成為了市場主體的組成部分，在擺脫了贊助和委託的束縛的同時又受到消費市場需求的束縛。此外，本雅明在對進入現代工業文明的藝術品創作的研究中，揭示了現代物質文明發展對藝術品創作未來發展的影響，即資本主義生產條件下機械複製技術越來越增強對現代藝術品「靈韻」的消除，並且最終創造出否定藝術品自身的條件②。

2. 藝術品商品化歷史簡述

人類通過勞動生產各類產品，這些產品都是物質與精神勞動、功利與審美使用價值相結合的產物。故早期人類產品的商品化包含物質產品和藝術產品的兩類商品化傾向。由於更符合當時審美取向的產品常常更易被交換，因此藝術

---

① 張宏. 論藝術生產與藝術市場 [J]. 東岳論叢，1995（2）：59-65.
② 本雅明. 機械複製時代的藝術品作品 [M]. 杭州：浙江攝影出版社，1993：42-43.

品的商品化是與物質產品商品化幾乎同時開始的。馬克思說：「商品交換是在共同體的盡頭，在它們區別的共同體或其成員接觸的地方開始的。」① 這種觀點可在考古發現中得到印證。繪畫藝術品作為藝術品的一個重要類別，其生產、交換方式及商品化的發展也符合藝術品生產之歷史範疇。談及中國繪畫藝術品的商品化，很多人會想到「商品畫」，實際上兩者差異巨大。因為「商品畫」就是大家俗稱的「行畫」，主要指一般的畫匠、畫師製作的工匠畫，其藝術含量遠低於本書所指的真正的名家畫作。古今中外，大師的精品之作和畫工的無名之作都在商品經濟萌芽、發展、興盛的潮流中共存，繪畫藝術品的「商品化」並不等於「商品畫」。

　　從中國現有的古代繪畫史研究資料來看，繪畫典籍數量巨大，但其中直接與經濟相關的評論或著述卻寥寥無幾。究其原因，是和中國古代繪畫藝術品的創作者所處的歷史階段、社會階層和文化背景密切相關。中國文人士大夫階層向來認為錢財這類俗氣之物會玷污他們的高尚品行，特別是追求藝術境界和才情的文人畫家更是向來迴避價格這類敏感問題，以表明自己是追求精神而不言利益的業餘愛好者。故可推斷編撰中國繪畫史的歷代文人自然很少涉及這類問題。在中國士大夫階層的眼中，為人最重要的是以「人品」為首的「品」，而繪畫只能算作是「筆墨小技」。對繪畫藝術品與錢財的態度和處理方式直接體現了繪畫創作者「人品」之高低，故古代書畫家在談及錢財問題時自然都是十分慎重，對於繪畫藝術品的創作與錢財的關係上基本都持否定或忌諱的態度，特別是士大夫階層的文人畫家更是態度堅決。

　　事實上，將為他人繪畫作為一種謀生之道可以追溯到春秋戰國時期的專業民間畫工，其中不乏優秀者，有的后來還成為了宮廷畫家。但直到宋代風俗畫的出現和盛行，繪畫作品才真正地大量地成為在集市上出售的商品。由於宋代的「崇文抑武」這一國策，在近百年的時間裡社會安定，經濟發達，新的市民階層逐漸壯大，該階層擁有新的生活和審美理想，風俗畫應運而生。宋朝的職業畫家的繪畫水平與宮廷畫家不相上下，其生存環境也相當寬鬆自由。而宋朝的繪畫藝術品不僅是謀生手段，更多承擔了當時文化和工藝相結合之繪畫本身應當承擔的責任。故宋朝雖然是文人畫與畫工畫、宮廷畫產生分野的重要時期，但理論上並不存在大範圍抨擊繪畫商品化現象的思想傾向，經濟和繪畫融洽共存。

---

① 馬克思.資本論：第1卷[M].中共中央馬克思恩格斯列寧斯大林著作編譯局，編譯.北京：人民出版社，1975：106.

到了元代，元政府一方面摧殘宮廷畫、畫工畫之制度，使得其日漸式微；另一方面，漢族文人連同漢族文化均受到不同程度的壓迫，生活環境的改變或思想的矛盾促使在宋代主要作為仕宦文人業餘文化生活的文人畫，開始更多地轉入在野文人手中，成為他們超越苦悶人生重返自然的思想寄託，畫家靠描繪心中的祖國山水寄寓了遠離塵世的理想，忘情於大自然的心境，也滲入了無可奈何的蕭條淡泊之趣。因此，過去只有士大夫有閒階層才流行的文人畫賞玩開始盛行於所有讀書人中，其中也包括生活貧困潦倒者。而在元代，草原民族的豪邁一掃宋朝書生的斯文，原來被士大夫所不齒的賣畫謀生變得名正言順，付錢得畫也變得上下通行。

這樣的趨勢在明清得到了延續和強化，越來越多的畫家放下心裡包袱直面繪畫的商品化。一方面，自明代開始，中國的封建社會逐漸沒落，資本主義開始在夾縫中萌芽；另一方面，漢族文化在經歷了元代百年壓抑後短時間難以恢復，加上明朝對文人的猜忌壓抑和嚴厲管制，文化界苟且隨意之風盛行。在民間商品經濟逐漸繁榮、文壇治學隨意的背景下，文人畫家的繪畫「品格」較少受到關注和批評指責。因此，對於繪畫的商品化傾向，畫家們不再那樣較真，也逐步認識到繪畫的「商品化」也並不必然影響繪畫本身的品質。到了清代，繪畫的商品化氣息變得越來越濃，以至於清代的諸多學者都意識到繪畫藝術成就的式微與繪畫商品化脫不了干係，進而出現了大量對繪畫經濟的批評。

需要說明的是本書所謂的繪畫藝術品主要是指具有較高藝術價值和追求的繪畫作品，在古代就主要體現為文人繪畫的形式。文人繪畫的商品化的傾向和純粹的作坊式生產的商品畫是不同的概念。雖然從某一朝代的歷史片段來看，得益於文人畫家良好的素養和賞析者的高品位，文人繪畫的商品化並沒有在本質上傷害文人畫的藝術品質，但縱觀古今中外，我們不得不承認，繪畫藝術品商品化導致的對消費者審美偏好的看重，正在越來越多地影響畫家尤其是職業畫家創作繪畫藝術品時可能捨棄藝術而就範市場。這也是眾多評論家反對繪畫進行商品化的主要原因，同時也是那些被大眾認可又被時間驗證的真正藝術家的繪畫藝術品一次次被拍出天價的重要原因。

二、中國繪畫藝術品市場發展

市場是隨著商品交換的出現而出現的，最早具體指商品的買家和賣家在一

起進行商品交換活動的場所①，是一個時間和空間上的有形概念。后來衍生出的概念泛指商品行銷的區域。在現代經濟學中，市場被定義為一個有買賣雙方參與和聚集的場所，這往往是一個有形的概念。而價格機制作為一股無形的力量，它使得買賣雙方集中在一起，對稀缺資源進行分配。故市場主要由兩方面因素共同構成，即供給方面和需求方面，其中，供給的構成要素包括供給商品的質和量，而需求的構成要素主要包含需求者本人、需求者的購買欲望以及購買能力這三個相互制約、相互影響的因素。市場的本質與核心就是商品價值的價格實現，而由於市場的產生往往最先是由需求推動的，所以在市場營銷學上，往往更加強調需求方的重要性，而將市場定義為某種產品所有購買方的需求總和。具體到中國的繪畫藝術品，其市場的發展是以繪畫的商品化為基礎發展起來的。

1. 中國傳統繪畫藝術品市場的形成與發展

根據史料記載以及文物出土情況，人類最早的私有財產中就包括藝術品，同時，最早進入人類社會的市場中進行交換的勞動產品中也包括藝術品②。如果從藝術品這個大類來考察，早在新石器時代晚期其就很可能已經作為商品進行交易，主要根據是中國考古工作發現很多並不出產玉石的地區卻大量出土各類玉石飾品和祭祀用品，這既可能是戰爭掠奪也可能是與其他地區進行交換的結果。而在大汶口、青蓮崗、龍山及良渚文化遺址中發現的大量的玉石生產的配件、半成品及原料，則表明當時對玉石藝術品的市場需求已經出現。王權在中國夏商周時代逐漸形成和確立，這導致宗教儀式對於藝術品特別是玉石祭祀用品的需求逐漸增加。而春秋戰國時期禮崩樂壞，玉石藝術品逐漸從神壇上走入平常生活，成為流行的佩戴飾品，故中國的藝術品為了滿足時尚文化的需求而開始具備生活實用裝飾的屬性。由此可見，中國的傳統藝術品市場在漢朝之前主要的交易對象是玉石珍寶類藝術品，這是由當時較低的生產力以及藝術載體單一有限的原因決定的。

根據史料記載，秦朝宮廷開始設立專門的畫師職位，初級的以「備書」「備畫」為主的書法、繪畫市場也開始逐步形成。而到了漢代，其繪畫藝術品市場走向了一個職業化發展而且相對較為獨立的兼顧藝術與實用的行業發展道路。東漢時期一些兼具學者性質的官僚如張衡、蔡邕、趙岐等，始開文人繪畫之先河。但他們還不算是完全的、真正意義上的文人畫家，原因是這些畫家往

---

① 西沐. 中國藝術品市場概論 [M]. 北京：中國書店，2010.
② 陳晨. 海派繪畫作品鑒定與市場價格研究 [D]. 天津：南開大學，2014.

往身居宮廷，家境優越，畫風偏向雍容華麗，表現手法注重寫生和肖似，選題多為帝王聖賢之儀容和宮廷活動場景等，故從某種意義上講，他們就是地位更高的高級畫工罷了①。

魏晉南北朝時期，戰火紛飛、社會動盪、經濟混亂以及佛教快速發展，中國繪畫藝術品市場更多地受到政治、經濟和宗教的影響，而發生了劇烈變化。在這一歷史時期，宮廷畫師因皇權的不穩定性而規模銳減，而稱霸地方的豪強閥閲之家逐步成為重要的藝術贊助人和組織者，他們的大量出現造就了大批垂範后世的大畫家。這一時期繪畫藝術品市場發展迅速，一些初級的傭畫市場開始向繪畫藝術品市場過渡，並孕育出多種新的市場形式。同時，同時期的書法作品之藝術性逐漸從原有的書寫實用性中分離出來，純粹的書畫市場開始出現。

進入唐代以后，社會經濟繁茂且發展迅速，國家的政治、經濟、文化實力均大為增強，上到擁有封地的王公貴族下到坐擁巨額財富的大商大賈，其對於文化產品的奢侈消費需求巨大，推動了藝術品市場的空前繁榮。在那時書畫作品已經作為一種特殊商品在市場上流通，並形成了獨立且大型的市場規模。此時期內，擅長書畫的熟練工匠開始大量湧現民間，他們或為獨立流浪藝人，或數人結集小型作坊進行合作，只是並非真正的規模化的私營手工業。這些民間的書畫經營者創作的書畫作品雖不同於本書所研究的名人繪畫藝術品，但其強烈的商品意識和對市場需求的高度敏感卻促進了唐代書畫藝術品市場的發展。

宋代是中國的書畫藝術品的一個重要的商品化時期，中國繪畫藝術品市場的發展在宋代達到了一個相對的高峰。如前面小節所述，在宋代整個「崇文抑武」的國策和社會氛圍下，士大夫文人階層和普通市民階層對文化產品的需求都大為增加，北宋首都的汴梁的集市以及南宋都城臨安的勾欄瓦肆出現大量的售賣字畫的商家。由於文人氛圍的平民化和普遍化，即便是書畫市場上出現的贗品，其仿冒水平也很高，這雖然影響了書畫藝術品市場的秩序，但也從側面說明了當時市場的繁榮和需求的旺盛。

到了元代，與宮廷繪畫衰落形成對比的是民間繪畫市場的繼續發展，不管是書畫家群體還是對應的日益壯大的收藏家群體，都對於書畫藝術品的商業價值有了更為明確的認識，市場交換的觀念開始深入人心。人們在品評一幅書畫作品之高低優劣的同時，開始更多考慮經濟和價格的影響因素。買賣雙方市場經濟意識的增強，使得繪畫價格的計量開始變得更加精細化，除了常規的藝術

---

① 李向民. 中國藝術經濟史 [M]. 南京：江蘇教育出版社，1995：145.

水平、藝術家名望等質的因素，市場主體還逐步將畫幅面積因素考慮進去。相對於不太計較繪畫藝術品價格的宋代，元代出現了眾多繪畫商品化和市場化的提倡者，他們更加積極地推動繪畫藝術品價格計量方法的精細化和多元化。

明朝中期過后，市場的商品經濟進一步發展，資本主義萌芽的出現使得中國繪畫藝術品市場在當時進入了全面繁榮，市場的專業化、職業化發展趨勢明顯。在一些工業和商業經濟較為發達、人文氛圍已經較為濃厚的城市，宋朝市場上的小畫鋪已經逐漸變為了獨立的專門進行書畫經營的商店，同時這些商店所代表的繪畫藝術品民間自發形成的市場已經成為私人藏家收藏繪畫藝術品的主要場所。而進入清代后書畫交易有增無減，市場化特點更加突出。在清代后半時期，封建社會的文化思想與西方文化思想以及近代思潮相互影響和碰撞，促使中國的繪畫藝術品市場機制進一步完善，繪畫作品在市場上明碼標價進行交易變得更加普遍，結合藝術品之禮品特性的凸顯和商品經濟價值的明朗化，北京和上海兩大繪畫藝術品交易市場的中心地位從此形成。

2. 中國現當代繪畫藝術品市場的發展現狀

在辛亥革命勝利后，中華民國建立，這近四十年的歷史時期中，國家一直處在動盪不安的戰亂之中，整個國民經濟和文化都處於無暇發展的尷尬境地。藝術品市場在此前的發展中雖然已在機制上日益完備，但由於缺乏相對穩定的社會環境，總的來說其發展終究有限。不過民國時期的繪畫藝術品市場總的說來還是比較活躍的，也有不少時勢所造的新情況出現。當時的畫家群體，除了秉承傳統的「文人畫家」，如齊白石、黃賓虹、潘天壽、張大千等，還出現了一類兼蓄中西的留洋畫家，如徐悲鴻、劉海粟、汪亞塵等。從經濟來源來看，前類畫家中延續傳統懸格賣畫者更多，而后類畫家靠名望在新興美術院校中收徒辦學者居多。同時，在民國時期，民族工商業的發展也對藝術為工商業服務的興起起到了積極推動作用，使得商業美術這種藝術形式更加緊密地與經濟活動緊密結合，因為在激烈的市場競爭中，這方面的開支開始變得不可或缺。商業美術對藝術水平要求並不高，故成了當時許多無名畫家的生活來源。

雖然處於戰亂時期，民國時字畫市場相當發達，其中一個重要的表現就是在當時，幾乎所有畫家都有過收取潤筆費、掛榜賣畫的經歷。畫家通過收取潤筆費用賣字畫的方式是中國傳統繪畫市場的交易方式，其初始形態帶著濃重的人情色彩，該方式的歷史演變歷程直至清乾隆年間鄭板橋潤格賣畫才算是完成，中國繪畫藝術品市場價格以潤筆費的形式表現出來。在民國，頻繁、發達的字畫市場使得潤格與繪畫的題材、設色、表現手法等因素更加精密地聯繫起來，計算書畫價格的標準進一步精細化和多元化。此外，齊白石作為這一時期

頗具代表性的一位畫家，他的賣畫定價有著不同於前朝的幾個特點：一是齊白石不論購畫者的貴賤、貧富和身分，一律照價收錢，衝破了中國傳統社會的特有的情面的束縛；二是齊白石只收貨幣不收禮物，把書畫市場納入了貨幣經濟體系，是一種徹底的市場經濟行為；三是齊白石在年逾古稀之后拒絕由買主出題然後進行作畫的模式，僅僅把交換作為創作繪畫藝術品之後的結果而非創作的前提，使得藝術創作過程不過多地受市場需求的影響，從而合理地把握住了藝術與市場的界限，克服了中國傳統潤金市場是以買主出題后畫家作畫的形式造成的藝術家創作的被動性；四是齊白石還較好地處理了藝術市場化中金錢問題，他既沒有為了像前朝文人畫家一樣為了維持高雅而恥言金錢，又未一味追求金錢而不設節制。

民國期間的繪畫藝術品市場經營機制也有了一些變化，其中最重要的變化是經紀人這一市場參與主體的出現。在當時，有名氣的畫家周圍常常有些固定的代理人。當然，比起西方的經紀人制度，這種代理人與書畫家的關係更加鬆散和簡單，一般只限於代銷或謀取差價，更偏向於一種廠家與經銷商、批發商之間的關係。另外，受到西方藝術品市場的影響，民國時期的書畫市場還出現通過舉辦展覽來擴大影響、銷售字畫的新形式。這種新的方式至少有兩點優勢：一是通過展覽傳播藝術、普及藝術並使得畫家被大眾所認識，鞏固了藝術收藏的大眾基礎，有利於藏家發現中意的藝術家；二是提供了更多的字畫精品供藏家挑選，有利於畫家發現藏家以及增加藏家的滿意度。因此，該種新形式兼顧了藝術化與市場化。此外，民國時期另一值得注意的現象是，中國書畫家留學海外者眾多，他們在遊學四方的同時往往通過賣畫維持生計。雖然在國外必須在國外的市場機制中求生存，受到經紀人的較大盤剝，但迫於生活的壓力，這些畫家也必須主動、積極地參與到藝術品市場化中。

此外，民國時期的政局混亂、國家的關禁幾乎長期處於廢弛狀態，大批傳統古字畫中的精品輕易就可流出海外。當時中國古字畫通過民間渠道流出海外者眾多，而外國人在中國境內收購古字畫並攜出海外者則更是司空見慣。辛亥革命之後的16年，新老軍閥連年混戰，書畫價格極不穩定，不少外國軍官、財團代表、使領館官員和學者乘亂而低價收購中國字畫。對文物出境的管制在南京國民政府成立后有所加強，但畢竟查獲量非常有限，大批珍貴字畫照樣通過各類走私渠道被偷賣出國。而因日本人對中華文化的崇尚，在其侵華期間，被搶掠、洗劫的字畫精品數目更是觸目驚心。雖然，中國字畫精品大量流失對國內的藝術品市場造成了嚴重損害，但流失到國外的藝術珍品在客觀上促進了世界對中國藝術品的認識以及中國藝術品的世界性市場的建立，且部分珍貴文

物藝術品免於國內戰火的侵擾而得以完好保存。

　　在中華人民共和國成立后的七八年裡，國內的經濟處於緩慢恢復和正常發展中，社會運行較為平穩，所以縱觀國內包括書畫藝術品在內的藝術品市場，其供求及價格表現均較為平穩。而從 20 世紀 50 年代后期到 80 年代初期，中國社會經歷了一段特殊的歷史時期，在這段時間裡中國繪畫藝術品市場的發展和整個國家經濟的發展一樣，總體處於停滯狀態。直到改革開放，中國藝術品市場隨著中國經濟的復甦開始了快速發展。對於改革開放后的三十餘年中國藝術品市場的發展情況，大致可以分市場化過渡期、高速發展期、恢復調整期以及重構期四個階段。

　　1980—1990 年的十年時間內，中國藝術品市場由原先計劃經濟體制下受政策嚴格管控的壓抑式發展模式逐漸向市場調節式的發展模式進行過渡。這期間的藝術品市場規模不大，發展秩序尚未建立，且經營者或者經營單位仍然慣性地按照計劃經濟的經營模式參與市場。20 世紀 80 年代后期，出現兩種新的動向，一是「舊貨市場」民間文物藝術品交易悄然出現，二是國有文物商業機構市場化改革機制啓動①。隨著國家經濟發展的加速，中國藝術品市場從 1991 年后國內各地如雨后春筍般成立多家拍賣公司之後開始發生巨大變化，拍賣成交價格屢創新高，全國掀起一股參與藝術品拍賣的熱潮。但由於市場發展的粗放性以及中國藝術品市場發展不規範等先天性問題，中國藝術品市場在 1997 年出現了發展的瓶頸，日益繁榮的藝術品市場又顯現出下調的疲態。此后數年，中國藝術品市場大大放慢了發展的腳步，持續保持一種在低谷中恢復、調整、蓄勢的態勢。到 2003 年前后藝術品市場開始回暖，逐漸擺脫了此前的低谷狀態，由畫廊、拍賣行和民間自發交易市場構成的格局由此確立，中國藝術市場開始進入新的階段。

　　2003—2006 年，中國的書畫、油畫、瓷器等藝術品門類中的大項價格開始飆升；2007 年開始，古玩雜項中的玉石翡翠類以及古籍善本等類別也開始在拍賣市場上嶄露頭角；而到 2009 年，傳統書畫、現代油畫以及瓷器的市場再次啓動。歐洲藝術博覽會（TEFAF）發布的 2012 年年度報告表明，中國已超越美國首次成為全球最大的藝術品與古董市場，而其 2015 年全球藝術市場報告顯示，2015 年的全球藝術品市場中，美國、英國和中國三大市場占據了超過八成的藝術品交易。可見，就交易總額來說，當今中國的藝術品市場已經發展到了能夠和藝術品市場最為發達的國家進行分庭抗禮的規模。

---

① 朱剛. 中國拍賣行業發展中相關問題探討 [D]. 成都：西南財經大學, 2009.

第二節　中國繪畫藝術品市場分類

從不同的角度可以對中國目前的繪畫藝術品市場主要作以下幾種維度的劃分：根據市場需求方的交易目的來分，可以分為中國繪畫藝術品的禮品市場、收藏市場和投資市場；根據藝術品交易形式或場所來分，中國繪畫藝術品市場可以歸納為畫商市場、畫廊市場、拍賣市場和展覽市場四種類型的市場；根據畫家創作的繪畫藝術品是否是初次進行流通交易，又可將中國的繪畫藝術品市場分為一級市場和二級市場。

一、按交易目的分類

1. 禮品市場

如第三章中分析藝術品使用價值時所述，藝術品具有拉近或改善人際關係以達到某種公關目的的公關禮品價值，結合中國是一個重視人情崇尚禮節的禮儀之邦，將書畫等藝術品作為公關之「雅賄」的歷史之長與中國有文字記載的歷史幾乎等同。「雅賄」的產生基礎是社會上普遍存在的權利尋租現象，屬於中國藝術品市場發展過程中一個相對初級的市場形態，但因為以社會普遍現象為基礎，故有著極大的市場容量，是中國藝術品市場初級發展的重要推動力。而中國書畫的禮品化在當今世界的盛行表明此種禮品市場仍然在繼續，中國書畫市場仍將不得不依靠禮品化得以支撐。

2. 收藏市場

由於繪畫藝術品作為藝術品的一個大類具有審美使用價值、文物價值、紀念使用價值等所衍生出的收藏價值，故不管購買方是出於把玩、欣賞還是文化研究的精神享受的目的和物質佔有的目的將繪畫藝術品購買回家，就完成了一次有意義的繪畫藝術品收藏行為。而收藏行為的大量出現就形成了繪畫藝術品的收藏市場。收藏市場和禮品市場之間是相互對應又相互促進、相互獨立又相互轉化的關係，所以中國繪畫藝術品的收藏市場幾乎和禮品市場同時產生，兩個市場一榮俱榮、一損俱損。

3. 投資市場

繪畫藝術品的稀缺性和保值增值性在得到人們的認可后，成為了資本追逐的對象，從而形成了繪畫藝術品的投資市場。而當收藏行為被社會所認可，收藏藝術品或「雅賄」成為趨勢，購買藝術品用於收藏和送禮的人群逐漸增多，

收藏的藝術品有了可以流通和變價的市場，並在流通中表現出一定的收益性，藝術品的投資價值從此得以彰顯。典型的例子如民國時「金圓券」瘋狂貶值期間，投機商人用貨幣盡量多地購買當時畫家的繪畫作品以抵禦通貨膨脹獲得收益。

從禮品到收藏再到投資，是一個對購買藝術品無意獲益到有意識地獲取投資回報的過程，也是從主要關注藝術品的文化價值到主要關注藝術品的經濟價值的過程。因此，中國繪畫藝術品的禮品市場、收藏市場和投資市場並不是單獨存在的三個市場，而是完全可能產生重疊和交替的，它們有同樣的交易形式並且因為人們交易需求的變化而相互轉化。

二、按交易形式或場地分類

1. 畫商市場

從前述中國繪畫藝術品市場的歷史發展過程可以看到，經營書畫藝術品在中國算得上是一個古老的行當。只要有對於繪畫藝術品的市場需求，就總會有一些人來聯繫供需雙方、安排銷售、從事買賣活動，這些人就是從事中國繪畫藝術品買賣的文化商人即畫商。畫商是中國繪畫藝術品市場發展中出現得較為特殊的一類人群，其職業的正式形成主要集中在民國階段，即前文在介紹民國書畫市場時提到的書畫經紀人。這些人往往與畫家保持一種鬆散的合作關係，在書畫市場中從事著撮合買賣雙方達成交易、代理畫家銷售畫作的工作，通過在市場中宣傳、運作畫家，從而倒賣繪畫藝術品來賺取差價或佣金，所以畫商們不需要經營場地或大量流動資金，而畫商市場也不是指固定的有形的市場，而是指由畫商經營的書畫供需網路構成的無形市場。

2. 畫廊市場

在改革開放後社會經濟開始高速發展的20世紀80年代，隨著中國藝術品市場的縱深化發展以及多元化發展，畫廊作為西方早在16世紀就已經出現的藝術專業化商業運作機構，在中國正式出現。在畫廊在中國發展的三十多年時間裡逐漸趨於理性和本土化，特別是在以中國的文化中心北京及商業中心上海為代表的中國經濟文化最為發達的城市，畫廊的經營開始走上不斷進行分化和專業化的道路，畫廊主要分化為兩類。一類是進行戰略性運作的畫廊。這類畫廊往往具有雄厚的資金實力作為后盾，經營目標設立較為長遠，能夠在更廣闊的視野上、更高的層面上整合資源、拓展市場和維護客戶，形成規模化營運的優勢。另一類是進行戰術性運作的畫廊。這類畫廊的資金和資源的實力都較為薄弱，他們的優勢在於敏銳的商業嗅覺和較強的市場適應力，並且能夠運用良

好的人脈關係聯合供給方的藝術家以及團結需求方的收藏家投資者。除此之外，還有大量的純粹以買賣書畫作品為生的畫廊，其除了有個或大或小的經營場地外，更多地類似於畫商的角色。

3. 拍賣市場

拍賣的交易方式首見於中國魏晉南北朝時期，寺院為了籌集善款，採用類似於現代拍賣的形式公開售賣多餘的受贈物資①。隨著唐代到清朝歷代市場經濟的發展，拍賣作為一種公開交易的形式開始在沿海城市中流行開來。而中華人民共和國成立以後的一段特殊時期內，國家所有制下的文物藝術品收藏體系形成單一的文物流通體制格局，個體古玩商全部通過公私合營的方式進入社會主義公有制，故拍賣這種交易形式沉寂了三十多年。從 20 世紀 90 年代初起，國家陸續頒布了《文物拍賣試點管理辦法》《文物拍賣管理暫行辦法》《藝術品市場管理規定》《拍賣市場管理辦法》，以及《中華人民共和國拍賣法》，藝術品拍賣市場逐步規範化。1995 年，國家批准設立了中國嘉德、北京翰海、北京榮寶、中貿聖佳、上海朵雲軒、四川翰雅 6 家文物藝術品拍賣公司作為首批文物拍賣試點單位。至此，藝術品拍賣這個在西方有著三百餘年發展歷史的舶來品，在中國開始了令人意想不到的飛速發展，成為了當今中國藝術品市場發展歷程之縮影。以下章節還將對中國拍賣市場的價格發現功能進行更為詳盡的研究。

4. 展覽市場

書畫展覽，這是一種將書畫家的書畫作品公開陳列出來供公眾進行觀賞的方式。這種方式既有利於書畫愛好者獲取信息，又有利於書畫家與現有的及潛在的書畫購藏者或僅僅是愛好者們進行當面溝通，並通過營造氛圍以充分調動觀賞者的感官享受藝術之美，從而起到營銷媒介的作用。特別是中國繪畫藝術品市場的當代發展趨勢就是和開各式各樣的藝術展聯接在一起的。正如上一節談到的，書畫藝術家通過舉辦書畫展覽的方式進行宣傳和營銷是受到西方藝術品市場的影響，在中國民國時期開始流行。這種將展覽和市場相結合的方式，一方面為視覺類藝術品的多元化發展提供了良好的展示平臺，並方便了買賣雙方討價還價和交流溝通；另一方面書畫藝術展覽也在客觀上為普通大眾提供了鑑賞繪畫藝術品之機會。從 20 世紀 90 年代開始，各類展覽的投資者、贊助者逐漸從官方向民間轉移，各類畫廊、藝術基金會、私立博物館及商業機構等投

---

① 趙榆. 中國文物拍賣市場 20 年綜述 [J]. 中國美術，2012（1）：133-141.

資、贊助的各類藝術展覽層出不窮①。

三、按繪畫藝術品是否初次交易分類

所謂繪畫藝術品的一級市場與二級市場，其實其概念非常類似於金融市場中股票一級市場和二級市場之概念，又可稱為初級市場和次級市場。其區分主要來自於交易標的是否是初次交易。故繪畫藝術品的一級市場是指從畫家手中直接購得作品，或者通過與畫家建立直接代理或合作關係的個人或機構，以私下或展覽的方式直接對購藏者進行推介和銷售，標的繪畫作品的所有權從畫家直接轉移到購藏者，購藏者不用擔心作品的真偽問題。屬於繪畫藝術品一級市場的有直接為畫家做代理代銷的藝術經紀人、畫廊與藝術博覽會市場。購藏者在一級市場購入藝術品后，若想再出手轉賣，那麼該件繪畫作品就會再次進入市場進行二次流通，該市場就稱之為二級市場，標的繪畫作品的所有權從一個購藏者到另一個購藏者。可見，一件繪畫藝術品只能出現在一級市場一次，而之后只能出現在二級市場，而在脫離了畫家本人或其代理機構后，繪畫藝術品的真偽問題就成為了困擾二級交易市場的重要問題，當然也有不少購藏者將此種信息不對稱現象作為檢驗自己眼力和獲取超額利潤的機會。屬於二級市場的有接受購藏者轉手畫作的畫商市場、畫廊市場與拍賣市場。

根據國際的藝術品市場的慣例，畫廊與拍賣行往往是分工明確的，前者主要負責畫家的挖掘、培育以及非知名畫家作品的大量的日常交易，即主要培育和獲利於一級市場；而後者主要針對少量名家精品提供展示和交易的平臺，對稀缺程度高、市場需求大的繪畫藝術品進行競價交易。然而在當今中國，畫廊特別是以傳統中國繪畫為推介和交易標的的畫廊，由於傳統中國繪畫在當代的式微、當代大師級人物的匱乏等原因，其運作水平較低，沒有發揮出挖掘新的有潛力的藝術家以及培養收藏群體的職能，直接導致了越來越多的新興畫家在沒有經過一級市場培育成熟之前，就貿然進入二級市場而又不受二級市場所接受的現象產生②。此外，雖然理論上畫廊與經紀人一般只純粹在一級市場做交易，拍賣行業只做向藏家徵集拍品公開拍賣的二級市場，但在中國，迫於競爭的壓力和投機氛圍的影響，也有大量畫家經紀人與畫廊專門接受藏家藏品進行出售，而拍賣行業直接向畫家本人及直接代理畫家的畫廊徵集拍品。所以在中國，繪畫藝術品的一級市場與二級市場的區分和分界並不如在西方國家中那樣

---

① 李花. 中國藝術品一級市場與二級市場研究 [D]. 南京：東南大學，2013.
② 於閬. 畫家，你拿到入場券了嗎？[J]. 中國拍賣，2008 (10)：58-60.

清晰明確。

第三節　拍賣是藝術品交易最重要的方式

一、拍賣行業歷史簡述

拍賣是一種古老的市場交易方式，其在世界範圍内的發展歷經了重重磨難。人類最早的有關拍賣活動的記錄是古巴比倫時對適婚女子的交易。羅馬帝國時期，隨著戰爭的頻繁發生，以拍賣的方式處置作為戰利品的物品及奴隸成為了常態，接著其作為一種交易方式滲透到羅馬社會的方方面面和各個階層，專業從事拍賣行業的拍賣商紛紛成立。而在歐洲中世紀（Middle Ages，約公元476年到公元1453年）近千年的時間内，由於封建統治階層對資源、財富和勞動產品的壟斷，以及對市場貿易的控制，拍賣這種交易方式受到了嚴酷制約，幾乎銷聲匿跡。直到16世紀中葉，拍賣方式才漸漸從法國債務人財產處置活動中復甦。18世紀后，大批通過工業革命發跡的商人和原有商人的財富更迭，以及貿易商、收藏家對藏品價值的造勢，使得1744年成立的蘇富比拍賣行和1766年成立的佳士得拍賣行都通過拍賣畫作等高檔藝術品而逐步勝出，在19世紀末幾乎壟斷了整個市場，成為了世界範圍内的名門望族和富豪們高檔藝術品的供應者。20世紀初的第一次世界大戰使得歐洲的拍賣行業受到了巨大打擊，一直處於低迷狀態，包括30年代后期的商業復甦都沒有阻止拍賣業的下滑趨勢。接著又是第二次世界大戰，拍賣戰爭剩下的軍需物資支持歐洲拍賣業渡過寒冬。進入20世紀后半葉，世界各地的拍賣市場競爭加劇，三個因素促成了拍賣業的回暖和快速發展：一是新型工業製造商崛起累積了巨大財富；二是藝術市場發展迅速；三是科學進步使得宣傳手段多樣化、宣傳效應增強。此后，蘇富比和佳士得公司借助高端文物藝術品拍賣，開始了國際拍賣活動的組織，成功轉型為藝術品國際拍賣巨頭。

中國拍賣行業的發展，前面章節已有所介紹，總體來看在中國漫長的封建社會自給自足經濟環境下，拍賣這種交易模式的規模極為有限，發展非常緩慢。直到西方國家的商品流入中國，才又把拍賣這種方式強行推廣到中國各大通商城市。1874年，英國一家拍賣行在上海成立中國第一家現代意義的拍賣行，隨后各國來華商人紛紛成立洋行，對海關罰沒品、破產處置品、典當抵押物、私人處置品等進行拍賣。國內商人和洋行雇員也看重拍賣行設立的簡便、投資少而紛紛效仿開設拍賣行。在之後的一百多年裡，中國拍賣行業經歷了戰

爭的打擊、戰后恢復、「文化大革命」的促進、計劃經濟時代的抑制和改革開放后的快速發展。改革開放給國人帶來了物質生活的極大豐富和財富的迅速累積，在此基礎上，富裕階層及文化人的精神需求大增，文物藝術品拍賣開始發展和繁榮。

二、拍賣的特點及功能

「拍賣」一詞在《現代漢語辭典》中指「商業中的一種買賣方式。一般由出賣方把現貨或樣品陳列出來，由購買方競相出價爭購，直到無人再加價時，就拍板成交。」，在《美國百科全書》被定義為「將財產交給出價最高者的公開買賣方式。」，而在《英國牛津法律大辭典》中被解釋為「一種出售或出租的方式，買主不斷出高價競相購買或租取。拍賣通常是在做過廣告之後，由一位特許的拍賣方公開進行。」中國 1997 年 1 月 1 日起實施的《中華人民共和國拍賣法》中定義「拍賣是指以公開競價的方式，將特定的物品或者財產權利轉讓給最高應價者的買賣方式。」

上面這些定義主要是從拍賣這種交易方式的外在表現形式的角度來說的，如果從經濟學角度來看，正如美國經濟學家麥卡菲（R. P. McAfee）所說，拍賣是一種由市場參與者通過標價方式來決定資源價格與制定資源配置規則的市場狀態。筆者認為后者的理解更接近拍賣作為一種市場經濟行為的本質。

從拍賣的基本原則來看，拍賣活動的整個過程都應該體現公開、公正和公平。公開原則指的是拍賣活動的標的、時間、地點、競買條件等信息的公開，其意義在於聚集盡量多的潛在買家參與競爭，在盡量降低人為操縱的同時更好實現資源配置；公平原則指的是拍賣活動的各個參與方的民事權利義務、民事法律地位是平等的，包括標的委託人、拍賣人和競買人不同利益主體之間是平等的法律關係，各個競買人之間的機會也是均等的，其權利義務都受到法律的平等保護；公正原則主要指拍賣活動中的仲介機構——拍賣公司不得利用自己掌握的內部信息參與競買、委託拍賣或不公正對待競買人。

拍賣的上述基本原則是其能夠適應當今經濟發展、交易透明化需求，保障市場實現資源合理化配置的基礎。而價高者得的成交規則是拍賣區別於其他交易形式的最核心、最重大的特點，能夠促使資源特別是稀缺資源向更看重其使用價值和價值且具有支付能力的市場參與主體流動，從而從操作層面解決了資源優化配置的問題。

拍賣的主要功能就是流通促進功能、價格發現功能以及公平配置功能。對於非標準化生產的在市場流通中缺乏相似參照物的商品，特別是受眾面小而具

有一定稀缺性、異質性商品，其價格確定會存在極大不確定性。而通過拍賣交易方式，可以將浩瀚人海中那群特定的需求群體聚集到一起通過競爭的方式確定商品的成交價格和最終歸屬。這從一定程度上提高了商品的流通性，降低了因信息不對稱而造成暗箱操作的可能性，有利於資源的價格實現最大化，並按照公平、公開的交易規則配置到最需要、最看重該資源的市場參與者。此外，拍賣的現場交易、結算模式也有效地降低了交易的信用風險。

三、拍賣是藝術品價格發現的最重要交易方式

不管是從世界範圍，還是從中國的視角，拍賣行業的發展歷程均顯示出拍賣這種交易方式的產生與繁榮與市場經濟的發達程度、商業流通狀況、商品特徵以及市場需求緊密相關的特點。對於藝術品，特別是文物藝術品，其具有的精神消費性、異質性、文化性、專業性、高價性等特點註定了其受眾群體較小、市場流通性較差，並非一般老百姓可以隨時隨地消費和購買的。如果將藝術品被動地置於普通商店中，與一般的工業化批量生產的日用品一樣地銷售，則想要購買的人難以獲得藝術品信息，而想賣的人卻難以覓得真正的買家。而拍賣這種交易形式天生就是為藝術品而存在的。

拍賣會前拍品研究及圖錄製作有利於挖掘信息、發現遺珍。針對藝術品的以上特點，拍賣公司會在拍賣會前進行大量宣傳，將所有拍品進行專業拍照、識別款識、標明著錄和展覽信息后，編制拍賣圖錄。針對一些特別的需要專業考證的文物藝術品，很多拍賣公司甚至在編制圖錄前就邀請相關專家開展鑒定、研討，以最大限度發現拍品的珍貴、不易、特別之處，同時一定程度上也是對拍賣會的宣傳和造勢。

拍賣會前宣傳有利於聚集買家、宣傳拍品。鑒於藝術品的特點，在藝術品拍賣會前，拍賣公司會將拍賣會信息通過報紙、電視、網路、發送圖錄等媒體或途徑對外發布，使得盡量多的潛在買家能夠獲得拍品展覽、拍賣的信息，參與到拍品的競價中來。近年來，隨著互聯網、移動網路技術的發展和日益發達，不受地域限制的網路和移動平臺的信息發布功能在拍品宣傳中起到越來越大的作用，宣傳的範圍不斷擴大。但由於具體某件藝術品的主要受眾和流通地域還是決定於藝術品創作者的知名度和文化認同性，拍賣公司一般會根據拍品的層次、流通性和主要受眾來有針對地確定宣傳途徑。

拍賣會前預展有利於買家品鑒、比較、研究拍品。鑒於藝術品的精神消費性和異質性，也為了讓潛在購藏者對心儀的藝術品有更直觀的感受，以下定決心舉牌購買，拍賣公司一般會在拍賣會前組織 2~3 天的拍品預展。這是一次

潛在買家們與拍品「面對面」的機會。在此過程中，潛在買家可以近距離觀察、研究、欣賞、揣摩藝術品，與藝術品建立某種精神上的鏈接，從而確定自己是否願意購買該件藝術品以及願意為該藝術品付出多少金錢。此外，藝術品拍品的集中展示也使得購藏者有了更多的比較和選擇。

拍賣會上的競價規則及競爭氛圍有利於拍品實現成交價格的最大化。價高者得的成交規則設定是拍賣這種交易方式的核心特點，規則對應的是一種經濟資源的配置方式，當某件獨特的藝術品擁有多位求購者時，按照出價最高的競買人獲得資源的規則配置資源。此種方式可以最大限度地引進市場競爭機制，是市場配置資源的典型情況。此外，由於藝術品的精神消費性和特異性，從單次交易的情況看，某件藝術品的具體成交價格往往決定於競買個體的主觀判斷和決定，而拍賣會上激烈的競爭往往令參與者熱血沸騰，激起其不願服輸的念頭，這一方面可以實現藝術品價格最大化，而另一方面又可導致競買人因非理性出價而違約不付款現現象的偶爾出現。但總的說來，價高者得規則可以使出賣方所獲得的交換價值貨幣表現最大化，同時有利於藝術品流向更有需求和實力的參與者，從而客觀上實現資源配置的市場化和優化。

第四節　博弈分析：中國繪畫藝術品拍賣市場價格發現功能

一、博弈論與拍賣

博弈思想在人類歷史上出現得很早，比如中國戰國時代「田忌賽馬」的故事就是古人博弈思想的展現。但現代意義上的博弈模型是隨著西方近代數學的發展而發展出來的，比如法國經濟學家古諾（Cournot）於 1838 提出的雙寡頭產量競爭模型（cournot duopoly model），法國經濟學家約瑟夫·伯特蘭德（Joseph Bertrand）於 1883 年建立的伯特蘭德價格競爭模型（Bertrand Model），以及愛爾蘭經濟學家艾奇沃斯（Edgeworth）於 1881 年提出的「契約曲線」及 1897 年提出的埃奇沃斯模型（Edgeworth Model）。1944 年，約翰·馮·諾依曼（John von Neumann）和奧斯卡·摩根斯特恩（Oskar Morgenstern）真正將博弈模型和思想規範化為一種經濟學理論，他們在對博弈論基本概念與數學分析工具進行了定義的前提下，提出了通過對博弈者聯盟這一「核」問題研究來求出合作博弈解的思想。在此基礎之上，同在普林斯頓大學數學系攻讀博士的學生——勞埃德（Lloyd S. Shapley）和約翰·納什（John Nash）分別於 1952 年

和 1953 年發表文章，開闢出博弈論研究的兩個不同方向。沙普利研究得出了合作博弈的一般解，該解代表著一種穩定的聯盟狀態，在此狀態中的所有聯盟成員均無法再進一步提升自身效用。而針對無法根據這個一般解預測出聯盟內部不同成員之間唯一確定的效用分配這一問題，沙普利進一步加入了一些公平性利益分配的公理約束，並證明了在公理約束下是存在效用分配的唯一解的，即沙普利值（Shapley Value）。而納什的博弈論研究直接衝出了合作博弈的思維定式，他以個人利益作為研究的出發點，而不再考慮聯盟問題，他提出了非合作博弈的解，即納什均衡（Nash Equilibnum）的概念。非合作博弈相較合作博弈具有如下優勢：①適用範圍更廣；②可解釋個人為何選擇合作以及如何合作；③可解決博弈均衡狀態的存在及唯一性問題。

非合作博弈的理論框架在現代經濟分析中應用較廣、使用最多，但僅有納什均衡這一概念，對於現實中多次博弈以及信息不對稱等較複雜的情況卻有一定局限性，難以較好表現博弈者的理性推斷。后來澤爾騰（Selton）、哈薩尼（John C. Harsanyi）分別對納什均衡在動態博弈均衡和不完全信息條件下的博弈均衡進行了完善和發展，兩人與納什一併獲得了 1994 年諾貝爾經濟學獎。而之後的 1996 年、2001 年、2005 年和 2007 年諾貝爾經濟學獎均授予了博弈論研究者。目前，博弈論已逐步成為現在經濟、政治、社會等與人類決策相關的學科研究中的基礎分析工具[①]。

在針對拍賣的博弈理論領域，作出顯著貢獻的為美國著名經濟學家同時也是諾獎得主的邁爾森（Roger B. Myerson）。其將吉巴德（Gibbard）提出的只適用於沒有虛報信息情況下的占優策略——顯示原理引入博弈理論，得到了不完全信息條件下的貝葉斯納什均衡，並將此種博弈理論用於研究拍賣機制的設計以實現期望效用的最大化。在此種博弈中，博弈參與者的策略選擇依存於其所屬的類型，但每個參與者並不知曉別人所屬的類型，故不知別人的策略。此種情況下，參與者在制定自己的策略時自然會想到用計算平均值的方式來使自己的利益最大化。

二、繪畫藝術品拍賣中的博弈主體及博弈層次

在藝術品價值那章中所說的藝術品價值決定，除了繪畫作品本身的構圖、運筆、著色等可視化因素所包含的技法類信息外，還包括不可視的因素，如畫家名氣、創作故事、收藏者的故事、參加過些什麼展覽，在什麼權威著述中出

---

① 張維迎. 博弈論與信息經濟學 [M]. 北京：格致出版社，2012.

現等，均可影響購藏者對複雜度折算率的「習慣性認定」，從而影響業界對其價值的判定。

鑒於此，繪畫藝術品拍賣市場的價格發現功能的背後實際是對繪畫藝術品價值信息的挖掘，包括賣家、拍賣公司主動挖掘更多的信息和證據來證實某件作品更加獨特、經典和稀缺，以促進其價格增值，也包括買家通過自身文化修養、專業知識、經驗判斷及其他私人途徑對某件藝術品信息的搜集。只是從低買高賣的不同利益訴求來看，賣家、拍賣公司更願意將收集到的信息進行最大限度地擴散以增加競爭、提高價格，而買家則希望最大程度限制有利信息傳播而減少競爭、降低價格。

正是由於藝術品價值判斷的複雜性，各市場參與方之間存在明顯的信息不對稱性，而博弈論作為當今世界研究不對稱信息條件下多人決策問題的基礎分析工具，就在藝術品拍賣市場價格決策及競價策略制定中有了用武之地。現通過梳理藝術品拍賣活動組織流程，來就繪畫藝術品拍賣中拍賣博弈主體，博弈層次及對應的博弈規則分析如下：

藝術品拍賣活動的組織流程。第一步，拍賣公司徵集拍品，意向賣方需要就其擁有的藝術品與拍賣公司簽訂拍賣委託合同，委託拍賣公司進行拍賣。在委託合同中，除了對藝術品拍品的作者、名稱、尺幅、著錄、瑕疵等基本信息進行記錄，拍賣公司和賣方還需要協商確定每一件擬上拍藝術品的保留價以及成交後賣方需要支付給拍賣公司的佣金。第二步，在拍品徵集工作完成後，拍賣公司一般還會組織專家進行拍品的進一步鑒定、分類和上拍確認，然後確定估價範圍，製作拍賣圖錄。第三步，發布拍賣公告，組織拍品預展，在此過程中主動多方徵詢、被動收集信息，以根據具體情況調整確定起拍價。第四步，拍賣公司組織拍賣會，現場宣布起拍價後競價，超過保留價的出價確定為成交價，未超過保留價的拍品宣布流拍。最後一步，買受人交付成交價款及佣金，拍賣公司向其交付拍品。

藝術品拍賣活動的博弈參與主體。從上述流程來看，藝術品拍賣的參與主體即博弈主體為買賣雙方及拍賣公司三方。雖然也有學者認為，拍賣公司只是組織、提供了一個交易平臺，並不能算作是真正的參與主體，而筆者理解拍賣公司作為仲介，雖然不直接作為買、賣主體，但其收取交易佣金的盈利模式決定了其在藝術品拍賣活動的組織過程中仍然有自己獨立的利益訴求，即盡量促成交易和盡量高價成交，且其在拍品保留價建議、信息挖掘和擴散、估價區間和起拍價制定、主動詢價和營銷、提供增值服務吸引買賣雙方參與等方面可以起到很大程度的影響作用，故也應算作和買賣雙方地位並列的藝術品拍賣的重

要參與方，參與到博弈中來。

博弈層次及對應規則。從上述藝術品拍賣流程可看出，至少有兩層多重博弈的存在：一是賣方和拍賣公司之間的博弈，出現在拍賣會前的委託談判階段以及起拍價決定階段，這是一種非公開的隱形博弈，最終結果對外體現在保留價、起拍價的決定，而對內體現為賣方與拍賣公司的佣金約定。由於這層博弈源於賣方想賣出高價與拍賣公司盡量促成成交並收取佣金的交易目的之間的衝突，故可以看作是拍賣公司替代潛在的未知的買方群體與賣方進行了首輪博弈。從博弈模型選擇來看，此層博弈可被看做不完全信息條件下的靜態博弈。二是買方各競爭者之間的博弈，是出現在拍賣會上的一種公開的明顯的博弈行為，其結果是決定藝術品的價格及歸屬。拍賣方式一般分為增價拍賣、減價拍賣、第一價格密封拍賣和第二價格密封拍賣四種具體方式，但是在藝術品拍賣領域，不管是在國內還是國外，一般採取的是公開的增加拍賣模式，就是因為這種方式可以兼顧公開性、競爭性和現場氛圍調動性的優點，利於充分競爭和帶動更多藝術品成交。這層博弈屬於不完全信息條件下的動態博弈①。

三、保留價的確定：賣方與拍賣公司的博弈分析

藝術品賣方和拍賣公司的博弈首先表現在委託時保留價的確立。在設置藝術品保留價時，相較於市場行情，賣家往往更重視自己的取得成本和期望利潤，希望保留價能盡量定得高些，以確保自己的藏品不會因宣傳不到位或其他因素被賤賣或被他人「撿漏」，以獲取目標利益甚至超過預期的利益。特別是在只有一人競拍而沒有競爭的情況下，保留價設置較高可以確保賣方預期利潤的實現。而保留價直接影響拍品可成交的價格區間，所以對於拍賣公司來說，雖然其與賣方均希望最終的成交價格越高越好，但在保留價的設置上，拍賣公司卻希望越低越好，以增大拍品成交的可能性。畢竟，只有先成交，才能談成交金額的問題。雖然如果拍品流拍實際也算是一種博弈均衡的結果，但流拍是拍賣公司最不願看到的結果。因為一方面，流拍會被業界看做拍賣公司不專業、對行情判斷有誤；另一方面，更是會直接導致拍賣公司減少佣金損失。所以，在制定保留價的博弈中，拍賣公司會更關注市場行情處於高漲還是低迷，更關心保留價是否對當前的買家有足夠吸引力，進而根據自己的研究和判斷盡量壓低拍品保留價，而不是任憑賣家自己來確定藝術品的保留價。

---

① 霍樹彬，王璐. 中國藝術品拍賣過程中的博弈分析及運用 [J]. 藝術百家，2006（7）：220-221.

合理的保留價應是在提前考慮買賣雙方的利益基礎之上確定的一個對雙方都有吸引力的平衡價格。如果將獲得對雙方都有利的均衡結果作為目的，可以通過考慮移情偏好建立移情均衡模型作為博弈模型。移情偏好意味著站在別人的立場去察覺別人的主觀偏好。通俗來說，移情均衡就是指買賣雙方進行換位思考，即賣方確定的價格應是他把自己想像成買方也欣然接受的價格，而買方若想像自己為賣方也認為適當的價格。這樣，賣方和拍賣公司都可以分別站在買方和賣方的角度來思考每一方的主觀偏好，根據他們各自判斷給出一個能充分吸引競買人的價格。通過這種移情偏好，實際上是把藝術品保留價的確定問題轉化為了一個採用一級密封拍賣方式的投標價格確定問題。根據前述邁爾森將顯示原理引入拍賣決策機制制定的貝葉斯博弈論理論，參與者在制定自己的策略時自然會想到用計算平均值的方式來使自己的利益最大化，故對於兩方參與的博弈，各自出價總和的 1/2 處便是最有吸引力也是各方利益最大化的價位。因此，假設拍賣公司和藝術品的賣方均基於自己的判斷作出了合理估價，則拍品的保留價就應是雙方估價的平均值。

四、成交價的確定：競買人之間的博弈分析

在拍賣活動中，出於對自身利益的保護，競買人不會公開自己所掌握的拍品信息和價格判斷等私人信息，且每位競買人都不知道其他競買人是否知道以及知道多少有效信息。每位競買人所獲得的信息都是不完全的，因為首先，競買人參加競買的目的不同，可能是出於收藏、愛好、投資、投機或是炫耀，不同的目的會對每位競買人可以接受價格的心理預期造成影響；其次，藝術品作為異質類商品，即使是相同作者的作品，其創作年代、題材、技法嫻熟程度、尺寸、品相、著錄情況、來源也都可能千差萬別，從而影響繪畫藝術品價值量計算中複雜程度係數的認定，再加上每位競買人對繪畫藝術品各項特徵信息的判斷往往也會結合主觀感受和判斷。同時，宏觀層面的經濟環境的變化或者一些突發事件的發生也都會對競買人的價格判斷造成影響。故而雖然每位競買人的信息不完全，但基於競價過程的透明和各方報價的公開，博弈參與者往往可以通過博弈對手方的出價行為來進行判斷而發現新的信息和信號，從而修正自己的判斷和出價，最后和眾多博弈對手共同確定拍品的成交價。基於競買人參與拍賣的這種特性，我們可以採用共同及關聯價值模型來研究拍賣競價過程中的競買人之間的博弈。

模型中，假設對每位競買人來說，拍賣藝術品的實際價值量為 V，但所有人均不知其大小，每個人知道且僅僅知道自己的估價 x_i。其中，V 是一個 $[a,$

b] 上的服從概率分佈函數 $G(V)$ 和密度函數 $g(V)$ 的隨機變量；x_i 是在 $[a, b]$ 上服從條件分佈函數 $H_i(x_i \mid V)$ 和密度函數 $h_i(x_i \mid V)$ 的變量，且 x_i 在大概率上與 V 保持同向的變化；上述每個人的估價在 V 條件下的分佈是相互獨立的，但其在無條件分佈中卻並不獨立，而是借助共同的變量 V 使得彼此相關。隨機向量 $(x_1, x_2, \cdots x_n, V)$ 的聯合密度函數如下：

$$(x_1, x_2, \cdots x_n, V) h_1(x_1 \mid V) \cdot h_2(x_2 \mid V) \cdots h_n(x_n \mid V) \cdot g(V) \quad (式4.1)$$

競買活動開始后，競買人之間的博弈呈現出關聯模型特徵，競買人對拍品的估價開始互相影響並產生關聯。即第 i 個競買人對拍品估價 x_i 的確定決定於所有競買人私人信息總和 $Y = (Y_1, Y_2, \cdots, Y_n)$，及諸因素、現場氛圍、競爭對手挑釁、拍賣師誘導等因素 $A = (A_1, A_2, \cdots, A_k)$，其估價 $x = (A, Y_i, Y_{-i})$。需要指出的是 Y_{-i} 是在信息集 $(Y_1, Y_2, \cdots, Y_n)$ 中去掉 Y_i 後餘下的信息向量。Y、A 與 x 是相關聯的，而且每個藝術品競買人的估價 x_i 會隨向量 (A, Y_i, Y_{-i}) 中任一變量的向上變動而升高，只要競買報價低於估價上限，則就是有利可圖的，只是收益會隨報價升高而減少。

在拍賣會的競價過程中，某位競買人會隨著他所瞭解到的其他競爭者的特徵及出價情況而修正自己的心理預期和出價上限，這些特徵和情況信息包括參與人數、競買人身分背景、競買出價的激烈程度等。雖然從理論上講，一旦現場出價超出某位競買人的心理預定出價上限，則其選擇退出競買才屬於理性選擇，但現實中的藝術品最終拍賣成交價，並非買受人所有個人信息反映的價格，而常常是其私人信息之外的其他所有競買人私人信息匯總加平衡後的權宜價格。此外，在現場熱烈的環境中，競買人往往會受氛圍影響而做出不理性的衝動行為，而成為買受人后又感到后悔，這就是博弈論中常常提到的「勝利者的詛咒」。現實中，藝術品標的物的提供者以及拍賣公司有時會利用競買人之間的博弈過程，通過降低起拍價甚至虛假競拍的方式製造競買激烈的假象，以吸引真正的競買人衝動競價。故競買人若熟悉博弈思想將有助於其減少不理性行為，理智決策，獲得利益。

第五章　中國繪畫藝術品的價格形成研究——基於壟斷及非理性條件下的均衡分析視角

商品要獲得價值上的補償以及相應的經濟利潤，就要在市場上標價出售進行流通和交換。繪畫藝術品作為一種特殊的文化商品，其價格作為價值的貨幣體現，在市場上受到諸多因素影響。研究中國繪畫藝術品的價格，就是研究商品的價值的貨幣實現，在宏觀上需要對其商品化進程和市場形成進行梳理，在微觀上需要對影響繪畫藝術品價格的因素進行研究。在前面章節對決定中國繪畫藝術品價格的內在決定因素——價值以及價格發現機制——拍賣交易方式進行了深入研究，而在本章，我們將在此基礎之上進一步研究促成中國繪畫藝術品價格形成的最重要外部因素——供求。為了進行直觀分析，筆者將結合繪畫藝術品及其市場的特點，採用局部均衡分析工具進行分析。

第一節　理論基礎

一、均衡價格理論

均衡價格理論一般分為一般均衡價格理論和局部均衡價格理論。其中，一般均衡價格理論自被瓦爾拉創立後，就未被后人做根本性的修正。而局部均衡價格理論是由馬歇爾在一般均衡價格的思維框架下，進一步納入邊際效用論、生產費用論以及供求價格論后構建的一個折中的價格理論體系。后來希克斯等人又對均衡價格理論進行了一定的修正，只是他們的分析都是建立在完全競爭

的假定之上。均衡價格理論的建立為現代西方價格理論奠定了堅實的基礎，並為之搭建起基本框架。

一般均衡價格理論研究始於奎奈和斯密。而早在古諾和杜能時期，其作為邊際分析的先驅，就已經認識到存在使用方程組來表達一般均衡模型的可能性。接下來由瓦爾拉在完全競爭的假設條件下，利用當時先進的數學工具，終於基於前人的邊際效用理論基礎創建了經濟學說史上的第一個一般均衡模型。瓦爾拉在其理論中首先承認市場中各類商品的供給、需求以及商品的價格變化都是相互影響的，真正的價格均衡和供求均衡應該是針對市場中所有商同時實現的，只有這時，多種商品的價格才能被真正決定。瓦爾拉的繼承人帕累托通過序數效用論把一般均衡理論推進了一步。帕累托還引入英國埃奇沃斯「契約曲線」的概念來推演「無差異曲線」概念，進一步將一般均衡理論和效用論用序數和無差異曲線來構建和表達。

馬歇爾成就了局部均衡價格理論。該理論假設其他條件不變，研究一種商品供給和需求的均衡是怎樣決定其價格的，而該種商品的均衡價格就是其需求價格和供給價格達到一致時出現的價格。和一般均衡價格理論相比，這兩種理論各有其優缺點。在現實的人類經濟社會中，各種商品的價格和供給都是相互影響的，如不全面考察，則難獲全貌和真實情況。就此來看，一般均衡的分析方法似乎要優於局部均衡分析方法。但商品的供給需求以及價格各自及相互間都是複雜而多變的，故如果不假定在一定條件下其他因素暫時不變，則對任何一種商品的分析亦將無從下手。從這點看來，局部均衡分析的方法似乎又優於一般均衡分析。在對現代西方價格理論進行實際運用時，經濟學家大多在研究經濟個體或個量問題時採用局部均衡分析。局部均衡價格理論的主要內容包括需求價格理論、供給價格理論以及均衡價格理論。

在需求價格理論中，馬歇爾所提到的需求價格是指購買方願意對獲得一定量商品所支付的價格，它是由這一定量商品對購買方的邊際效用決定的[①]。需求價格理論的要點包括效用函數、商品需求價格遞減規律、需求規律和需求曲線、需求的價格彈性、消費者均衡、消費者剩餘的相關理論。

在供給價格理論中，馬歇爾所提到的供給價格是指市場中的商品提供者為提供一定量的商品而願意接受的價格，這是由提供一定量商品所付出的邊際真實費用及成本決定的。該理論的要點包括真實成本和貨幣成本、供給規律和供給曲線、供給彈性、短期與長期的固定成本與變動成本。

---

① 陳峻等. 中國價格鑒證通論 [M]. 北京：中國物價出版社，1999（7）：25.

馬歇爾的均衡價格理論是以假定完全競爭市場為前提的。完全競爭市場的存在必須滿足下列幾個條件：①市場存在數量眾多的買賣主體，且他們中的任何一人都不能單獨地影響某種特定商品的價格，該商品的市場價格是由整個市場的供求決定的；②該商品是同質的、低區分度的；③生產該類商品的各種生產要素能自由流動，生產者也可自由進出行業；④市場信息是完全暢通的。馬歇爾認為商品的均衡價格是由商品的需求和供給雙方同時決定的，並按時期的長短把均衡分成暫時的市場均衡、正常的短期均衡和正常的長期均衡。

二、壟斷價格理論

自19世紀90年代起，以完全競爭市場為前提建立的馬歇爾的局部均衡價格理論已在西方經濟學中占主導地位。但自20世紀20年代，壟斷開始成為普遍現象，壟斷資產階級就需要在經濟理論上進行突破①。英籍義大利經濟學家斯拉法於1926年發表《在競爭條件下的收益法則》一文，力主放棄自由競爭的假定而轉入對壟斷的研究。斯拉法被認為是30年代初爆發的以美國的張伯倫和英國的羅賓遜發起的「壟斷競爭革命」的先驅。通過「壟斷競爭革命」，完全壟斷市場、壟斷競爭市場和寡頭壟斷市場的價格理論得以建立。

完全壟斷價格理論，是指某種商品的銷售完全置於一家廠商或供應者控製之下時，其價格如何決定的理論。壟斷的供應方依據供求規律及其已知的供求信息，通過在高價少銷和低價多銷之間進行權衡和選擇來獲取最大利潤。完全壟斷市場可以分即期市場的壟斷定價、短期市場的壟斷定價、長期市場的壟斷定價三種情形來考察的價格決定。

壟斷競爭價格論，指現代西方經濟學關於既有壟斷又存在著競爭的商品價格如何決定的理論。1933年，張伯倫和和羅賓遜夫人分別在《壟斷競爭理論》以及《不完全競爭經濟學》中各自但幾乎同時提出了上述理論。按照張伯倫的說法，壟斷競爭市場的特點是：①具有許多賣方和買方；②出售的產品既有差別又具有一定的相互替代性，分別對應商品的壟斷性質和競爭性質。這樣的市場是很符合現實中的真實情況的，故大量存在的是壟斷競爭市場，完全競爭和完全壟斷實際上是很少見的。

寡頭壟斷價格理論，指某種商品的生產在為少數大公司所壟斷的情況下該商品價格如何決定的理論②。由於對寡頭壟斷市場的定價進行理論分析存在著

---

① 洪遠朋. 中國的價格形成和價格改革理論探源 [J]. 學術月刊，1990（4）：35.
② 洪遠朋. 經濟理論的過去、現在和未來 [M]. 上海：復旦大學出版社，2004：141.

許多困難，因而有關理論也就眾說紛紜，至今還沒有形成一種令人滿意的寡頭壟斷價格理論。按照對廠商經營目標的不同假定，我們把寡頭壟斷價格理論分成追求利潤最大化的定價模型和不追求利潤最大化的定價模型兩大類。前者包括古諾模型、卡特爾模型、有折彎的需求曲線寡頭壟斷價格模型；后者包括賺頭定價模型、鮑莫爾寡頭壟斷價格模型、價格領先制模型以及抗衡力量論模型。

三、行為經濟學理論

從 20 世紀六七十年代開始，出現了一些心理學家和經濟學家，開始將心理學的研究方法和新的認知心理學理論運用到對經濟學基本理論問題的研究中。他們首先對所有經濟學分析的起點——選擇的問題進行研究。

在新古典經濟學的理論中，在假設偏好的完備性和傳遞性下代入連續性和凸性等公理，得到一個偏好序以表達人們的選擇依據；再用一個連續凹性的效用函數來度量這個偏好序；最後給定約束條件將整個選擇就變成了求解最優解的過程。但在這個過程中卻存在一個關鍵的問題，顯示偏好理論的核心思想是假設結果序列就是偏好序列的體現，只要觀測人們的實際選擇就可得知人心中的選擇過程，即顯示偏好理論依賴於理性的嚴格假定，而新古典經濟學家們認為公理化的假定是毋庸置疑的，即使與現實不符也並不影響理論的科學性[1]。

直到 20 世紀 70 年代到 80 年代，卡尼曼和特維斯基合作，在《科學》等權威雜誌上發表了一系列研究成果，這些成果所做的唯一一件事情，就是證偽新古典理性人背後的公理化假定，特別是完備性和傳遞性公理。儘管這些文章的心理學味道很濃，所用的也是當時經濟學家不太容易接受的實驗方法，但畢竟牽扯到理性公理，也迫使經濟學家不得不開始回應。其中對經濟學界真正產生巨大影響的是他們在 1979 年發表在《計量經濟學》（*Econometrica*）上的《前景理論》一文。在該篇文章中，他們不僅通過實驗得到了大量數據證明新古典經濟學作出的理性人假設是與真實情況不相符合的，還提出了自己的選擇效用函數使得替代新古典理論模型成為可能，這些函數就是基於所謂「前景理論」的價值函數和概率權重函數。概括起來講，卡尼曼和特維斯基的「前景理論」有四個主要論點：

第一，在實際生活中，人進行決策時的實際心理活動過程和反應的事實情況並不符合偏好的完備性公理和傳遞性公理。人們的決定往往遵循的是收到框

---

[1] 周亞安，李新月. 歷史視角的行為經濟學 [J]. 教學與研究，2007（8）：25-31.

架效應等多方面影響的啓發式原則。

第二，人們關心的是財富基於某個參照點的變化，而非新古典經濟學中效用理論中所說的財富的絕對水平值。

第三，不管是收益函數的敏感性還是損失函數的敏感性都呈現出遞減的態勢。用價值函數來表示的話，即收益部分表現為凹性，而損失部分表現為凸的。

第四，人們在進行選擇時往往表現出損失規避的特點。

卡尼曼和特維斯基的上述論據和論調以及大量的后續研究，迫使新古典經濟學家不得不作出回應，同時使行為經濟學理論得到了不斷的充實、研究隊伍得到了不斷的壯大。在20世紀八九十年代，現代行為經濟學中的基本理論內核及構成要件得以形成，對當時的傳統經濟學界產生了巨大影響。其中，卡尼曼、斯洛維齊和特維斯基主編的《不確定條件下的判斷：啓發式和偏差》（Kahneman, Slovic and Tversky, 1982）；卡尼曼和特維斯基主編的《選擇、價值和框架》（Kahneman and Tversky, 2000）；卡梅瑞、洛溫斯坦和拉賓主編的《行為經濟學的新進展》（Camerer. Loewenstein and Rabin, 2004）。這三本文章集可以代表現代行為經濟學的主要研究成果。當然，這還不包含其他行為經濟學對金融、宏觀經濟等各個領域的拓展成果。

現代行為經濟學之所以能夠取得成功的最重要原因，在於其對新古典經濟學採取的是包容和改良。畢竟新古典經濟學幾乎被學界公認為是一個可以使得一些基本因素之間的邏輯關係分析更加簡潔、清晰的較為科學的分析基準，從這點意義上講，其具有強大的生命力。現代行為經濟學選擇以新古典經濟學基本分析方法和邏輯為基礎，僅在其前提假設和分析場景中加入更多符合人們真實心理反應的內容，使古典經濟學的理論假定更加科學化和合理化。這樣的結果是，一方面提高了原先的新古典經濟學理論的預測力，另一方面且也創造了一個更大的理論發展空間。

第二節 繪畫藝術品的供給及其影響因素

一、繪畫藝術品的供給的含義

繪畫藝術品的供給是指在一定時期內，在各種價格水平下，繪畫藝術品提供者願意並能夠提供的藝術品數量。這裡的藝術品提供者包括創作藝術品的畫家本人及繪畫藝術品持有人，即包括一級和二級市場中的供給來源：一是畫家

創作的新作品，二是存世藝術品的再次流轉。同時，實現供給有兩個必要條件：一是供給者對藝術品有提供的意願，二是供給者要有提供的能力。凡是對這兩個條件有影響的因素都能通過影響繪畫藝術品的供給而最終影響其價格的形成。針對提供者的供給意願，影響因素主要有藝術品的成本、提供者對未來的預期及其他緊急事件；針對提供者的供給能力，影響因素主要有藝術家的創作週期、現有藝術品的存量及贋品的供給量。

二、繪畫藝術品成本對供給的影響

供給成本是決定繪畫藝術品提供者是否願意在當前市場價格下提供可供出售的交易標的之重要因素，不同的藝術品供給方對藝術品的成本考慮角度不同，我們主要分藝術家、藝術品收藏者、投資者、畫廊等經營性機構三個角度對繪畫藝術品提供者考慮的成本問題進行分析。

從藝術家供給人的角度來看，他所付出的成本主要是藝術品的生產成本，包括材料成本、勞動成本、教育成本及維持生活的成本。首先，材料成本主要是指在藝術品物質載體上的花費，對於不同物質載體和表現形式的藝術品來說材料成本在藝術品總的生產成本中占比差異較大。對於玉石器、金屬器來說，物質材料成本在藝術品的創作成本中占較大比例，而對於繪畫類藝術品來說，物料的成本往往很低。其次，勞動成本是指藝術家創作藝術品所花費的創作時間，狹義上講僅指藝術家動手開始創作藝術品到完成藝術品的勞動過程，廣義上講還應包括藝術家在寫生採風和創意構思過程中所花費的時間和精力。最后，生活及教育成本指維持藝術家生活以及獲得藝術家專業勞動能力的學習開支。

從藝術品收藏人或投資人的角度來看，他所付出的成本主要是取得成本、保存成本、運輸成本和資金占用成本。其一，取得成本是指收藏人通過各種途徑取得該藝術品的成本，如受贈、購買、繼承等，包括成交價格、交易費用和稅收等。其二，保存成本主要指長期保存藝術品所需的花費，中國俗語說「紙保一千，絹保八百」就是指中國繪畫作品保存不易，長期保持藝術品品相的完好必須支付相應的保存費用。其三，運輸成本主要是指購買或送拍藝術品需要承擔的相應運輸費用，由於繪畫藝術品的高價、易損性，一般運送藝術品都會保價，藝術品異地交易越頻繁，這部分費用就會越大。其四，資金占用成本也是藝術品收藏者和投資人需要考慮的問題，資金占用成本即資金的機會成本，不僅要考慮銀行同期貸款利率，還應考慮其他投資途徑的收益。經濟學家大衛·李嘉圖就曾經說過，藝術品的價格只決定於機會成本。

從畫廊等經營機構的角度，他們除了考慮到收藏者和投資人應考慮的成本種類外，還要考慮經營成本，即員工工資、開店租金、策展費用等。此外，「沉沒成本效應」（Sunk Cost Effects）也影響著藝術品提供者對實際成本的判斷。經濟學中定義的沉沒成本，從本質上講與制定決策是不相關的。但人們在作出實際投資、生產和生活決策時，往往會顧及沉沒成本，即為了避免損失確定后帶來的負面情緒而作出非理性選擇[1]。具體到繪畫藝術品，沉沒成本是指其提供者在生產或保存繪畫藝術品的過程中，已經投入卻無法回收的成本，如畫家在藝術創作不受市場所接受的作品而付出的智力、精力和體力，又如收藏者因保存不慎使藝術品受損所遭受的損失，以及入行的學習成本和買到贋品后的損失。雖然傳統經濟學家通過理性人的假設告訴我們，對未來的決策不應該考慮沉沒成本而只應考慮機會成本，但是行為經濟學家的研究表明，現實中的人的行為往往不會這樣理智，故常常將沉沒成本納入決策考慮範圍。

三、繪畫藝術品價格預期對供給的影響

繪畫藝術品提供者往往是通過當前同類藝術品價格及價格走勢來對未來藝術品的價格作預判的，如果預期未來價格會漲則偏向於持有藝術品，反之則賣出。同時，由於價格判斷的主觀性，其所做預判往往還受一些心理現象的影響。如理查德·塞勒（Richard Thaler）作為一個行為金融學家，其在1980年提出了「禀賦效應」（Endowment Effect），這種效應是指當人們一旦擁有某項物品，就會對該物品的價值作出比沒有擁有時更高的主觀評價。用中國古語來描述，就是「敝帚自珍」。用行為金融學的「損失厭惡」理論也可以解釋，即一定量的損失比起同等量的收益帶給人們的效用改變會更多。一是人們在決策過程中對利害的權衡並不是均衡的，二是「避害」遠勝於「趨利」。這在繪畫藝術品的提供者中也是普遍存在的現象，出於對損失的畏懼，或者是藏家與自己藏品朝夕相處、對藏品反覆玩味后更是容易在產生「感情」后惜售並提高其價格預期。

四、其他因素對繪畫藝術品供給的影響

除了上述因素，繪畫藝術品的創作週期、存世總量以及最大可流通量等因素也會對繪畫藝術品的供給總量產生影響。

---

[1] 施俊琦，李峥，王壘，黃嵐. 沉沒成本效應中的心理學問題 [J]. 心理科學，2005（6）：1,309-1,313.

1. 創作週期因素

創作週期因素主要影響當代畫家新創作作品的增量市場。對於一般商品而言，如果商品的市場反響好，廠商可以加班加點地生產該商品以提高供給，但畫家的藝術作品的創作和提供不同於一般商品供給，由於每件繪畫藝術品都是畫家獨特個性神採對事物認知的外在符號化，是靈感和創造的結果，故繪畫藝術品供給受到藝術家身體健康、心理狀態、生命週期以及創作條件和環境氛圍等因素影響，呈現出一定的週期性，此週期越長，該畫家的繪畫作品供給量對市場價格變化越不敏感。

2. 存世量和可流通量約束因素

藝術品存世數量包括不可再生的有限數量的文物藝術品和名家藝術品，還包括當代作家創作的新增藝術品，在短期內，藝術品的存世數量是難以快速變化的，這是藝術品供應量的硬約束。同時，還應考慮隨著國家及一些重量級藏家對藝術品內含的民族文化精神傳承越來越看重，各級地方政府及私人紛紛設立各種品類、各藝術名家的藝術品博物館，將收藏的藝術品特別是文物級藝術品向大眾開放。而博物館館藏是不會輕易出售的，所以這些藝術品或長期或永遠退出了交易流通領域，剩餘的流通中的藝術品數量構成一定時期下藝術品供給量的軟約束。

3. 強迫流通的外力因素

國外藝術品收藏市場流行一個「3D」定律，當有藏家「Death（死亡）」「Divorce（離婚）」「Debt（債務）」發生的時候，會促使藝術品出現換手。從供給的角度看，當經濟危機導致收藏者出現債務時，或者收藏家出現死亡和離異事件時，一些難得一見的佳作會集中出現在拍賣場上。這是因為經濟危機出現時，被動的債務清償會引發大量富有的私人藏家被迫將自己的私人藏品提供出來進行變現還債，而離婚導致的財產分割和死亡后的財產繼承也會讓作為財產的高價值藝術品流向市場需求價值實現。

此外，一直困擾藝術品市場的贗品問題也會影響藝術品的實際流通數量，特別是在藝術品市場價格上漲時，對於市場熱門的藝術品種和藝術家，贗品可能在一夜之間增加數倍。而一些唯利是圖的商家和拍賣公司也將贗品作為真跡進行出售，這無形之中增加了藝術品的供給量。

第三節　繪畫藝術品的需求及其影響因素

一、繪畫藝術品的需求及其特點

對繪畫藝術品的需求，指在一定時間期限內，在各種價格條件下，消費者願意並且能夠購買的繪畫藝術品數量。故實現需求必須滿足兩個前提條件：一是消費者對繪畫藝術品有購買的意願，二是消費者具有購買相應繪畫藝術品的支付能力。因此，凡是能夠影響以上兩個條件的因素都會對繪畫藝術品的需求產生影響。具體來說，針對消費者的支付能力，影響因素主要是消費者的可支配收入；針對藝術品需求意願，影響因素有消費者偏好、藝術品自身的及相關的同類藝術品的市場價格、消費者預期及他人的需求。

繪畫藝術品的需求有以下一些特點：

一是社會需求量與社會經濟增長相適應。馬克思、恩格斯在《德意志意識形態》中提到每一個歷史階段的社會生產方式不僅決定於上一歷史階段傳承下來的物質生產條件，又作為物質生產環境制約著人類的全部生活及社會實踐活動，同時也影響人們進行精神創造、精神生產活動以及提供的精神產品的特殊性，從而影響並規定下一個歷史階段的生產生活條件。社會精神文化的發展是和社會的物質經濟基礎緊密相連的，社會物質生活是社會文化活動的基礎。社會的物質生產效率越高，人們就有更高的收入和更多的的閒暇時間來消費文化產品。如果從與社會恩格爾系數的關係來看，精神文化消費同該系數呈負相關，及只有當人們用於衣食住行等方面必需品的開支占總收入的比例越低，人們才會花費更多的支出用於文化消費。

二是社會需求量與消費者文化水平相適應。文化消費行為屬於一種人類精神文化活動，在該消費過程，要想體會文化藝術產品中所包含的文化和精神，感知到其所傳遞的藝術家的情感和思想，並從中得到愉悅、產生共鳴，消費者必須要先具備文化背景知識和理解能力。所以，消費者是否能夠真正進行精神和文化的消費，還同其自身的文化素養水平緊密相連。從整個社會來看，其對文化產品的需求旺盛與否與其成員的總體文化素質是否較高也是緊密相連的。一個人的文化素養與其習慣、興趣、愛好和消費息息相關，真正從精神層面進行文化消費是需要消費者具備相應的鑒賞、認知、體悟能力的。

三是社會需求類別由低層級向高層級發展。從整個社會的消費者來看，其所處的階層不同，其所受的教育、表現出的文化水平和興趣愛好就不同，消費

能力也不同，故對文化消費的需要也就不同。一方面，曲高和寡，我們很難要求一個只有小學文化程度的人會對玄妙的經典音樂、深奧的文章、抽象的寫意畫等文化藝術產品產生興趣，而他通常是更容易理解和感受的通俗文化的主要消費群體。另一方面，對於有著較高文化修養的知識分子來說，他們會更容易對高雅文化產生興趣。拿書畫收藏來說，入門級的普通收藏愛好者從自己的愛好和理解力出發，更偏向於收藏一些工細、繁復、色彩豐富的畫作，而頂級收藏家卻更能感受到寫意、抽象、水墨畫作之所謂氣韻生動和藝術家的精氣神。所以，消費者的文化素養層次決定了其進行精神文化消費的不同層級。值得一提的是，在社會變革期或經濟迅猛發展期，由於藝術品價格完全由市場決定，社會新富階層往往通過購買昂貴的頂級藝術品等行為本身來標榜或強調自己的社會精英、文化精英的地位，這種行為實際是對精神文化消費層級規律的利用，並不完全由其真實的文化素養所決定。但不管怎樣，隨著社會成員文化素質的逐步提高，社會的文化消費也呈現出由低層到高層的發展趨勢。從精神文化消費的情況也可反觀社會文化進步的情況。

二、消費者可支配收入對繪畫藝術品需求的影響

可支配收入是影響藝術品需求的重要因素，是藝術品需求啟動的前提條件和硬約束。對於一般商品而言，消費者對其需求與自身收入成正相關。對於繪畫藝術品來說基本趨勢也是這樣。每個人都有其生理、安全、社會等各方面相互交織的需求，但從總趨勢看來，人們對自身需求的滿足都是循序漸進、由低級向高級逐步升高的。當低級需求變得很強烈或不能被滿足時，高級需求就難以被激發而變得相對弱化。而當高級需求增多並強化時，低級需求就相對減少並弱化。對藝術品的需求就屬於馬斯洛需求理論中精神需求這一較高階層，故繪畫藝術品的需求有別於一般生活必需品，一是它必須要在購藏者的收入滿足了基本生存需求后才可能啟動；二是當收入在高位持續增加時，購藏者對藝術品的需求會隨著精神需求的快速增加而增加，而生活必需品的需求在達到飽和後將增速緩慢。典型的例子就是馬未都的收藏傳奇。20世紀80年代初期，中國大眾的收入極低，物質生活匱乏，生活用的工業產品價高且緊缺，而藝術品又不能吃又不能用，難以滿足人們基本物質需求，於是有人賣掉家裡的瓷器、字畫去買電視冰箱。1982年，馬未都用打算買彩電的1,600元錢買下宋元鈞瓷內鑲的四扇屏，藏界素有「家有萬貫，不如鈞瓷一片」之說，后來他家裡被盜，竊賊偷走了他的電視機和音響，卻把電視機旁的四扇屏挪到一邊留下。其他人收入的低下和對生活物資的追逐，造成了文物資源的充裕，讓馬未都用工

資和寫小說的稿費淘到大量物美價廉的寶貝，成了后起的京城玩家①。時至今日，馬未都的藏品身價數以億計，而大量的工業化消費品卻出現了滯銷。

三、消費者偏好對繪畫藝術品需求的影響

消費者偏好是指在一定的社會環境中消費者對商品的消費存在著不同的習慣和喜好。當消費者對某種商品的依賴或喜好程度增加時，對該商品的需求會增加；反之，則該商品需求減少。區別於人們對一般的生活消費品質量優劣的直觀感受有所趨同，人們對於藝術的理解和偏好往往受到更多的諸如文化背景、社會環境、宗教信仰等因素的影響。因此，社會地位、閱歷、文化素養、民族習慣、年齡、性格、職業等不相同的購藏者，對繪畫藝術品的認知、體悟和欣賞能力也各不相同。

從時間來看，購藏者的消費偏好會隨著時代的變遷、社會的發展而發生變化。如世界著名畫家梵高，其強烈的個性和過於超前的創作意識使其在生前一直不被當時的人們喜歡，從而嚴重影響了人們對其作品的需求。而在其去世后其強烈的個性和在形式上獨特的追求，讓他的作品持續被后人所追捧。這是一個硬幣的兩面，一方面，藝術家想要在當世就得到追捧，就必須去迎合當時消費者的口味和需求。但另一方面，藝術家對消費者的迎合，往往意味著對自身創造力以及打破常規的藝術追求之放棄。正是這種超乎功利的對藝術的追求和對自我的表達，使得藝術家常常不被所處時代認可但被后世追崇。

從空間來看，藝術品購藏者的消費者偏好也呈現地域性的區別，主要表現為藝術家普遍在家鄉本地更受追捧。大多數畫家的作品題材和風格地域特徵明顯，在本地影響最大。作為繪畫藝術品的收藏者，一方面社會文化背景的接近使得本地畫家的題材、風格更顯親切和易於理解，且更易辨識真偽；另一方面，購買當地著名的畫家作品帶來的炫耀價值遠高於那些當地人不熟知的外地畫家。而從投資者角度來看，由於書畫家作品在本地流通的數量更大，本地人對其風格和技法更瞭解，故本地書畫家作品的流通性更強且贗品的比例更小。對於畫家來說，地域性名家，行內又稱為二三線畫家或中小名頭畫家，更易在本地拍得高價。而那些大名頭的一線畫家因為聲名遠播，影響範圍要廣泛得多，流通性往往會超出其故鄉地域的限制，其作品更多地流向文化、經濟中心城市，甚至超越國界地流通。

---

① 耿國彪. 馬未都：收藏是心靈的另一扇窗子 [J]. 綠色中國，2006（Z2）：88-95.

四、其他人需求對繪畫藝術品需求的影響

行為經濟學家的研究表明,人作為一種社會群體類動物,不同人對商品的需求並非相互獨立而是相互影響,這便是需求的外部性。當一個人對商品的需求量隨著其他人購買量的增加而增加,稱之為「正外部性」;反之,當一個人對商品的需求量隨著其他人購買量的減少而增加,則稱之為「負外部性」。「負外部性」的典型表現是「虛榮效應」。這種「虛榮效應」指人們對於那些能夠顯示高貴身分的商品的追求,這源自人們在向他人炫耀稀有物品時所產生的巨大榮耀感。通常情況下,人們的富裕程度越高,其消費中炫耀的成分就越大。只有當其擁有的某種商品不能被很多人擁有時,其所有者才會感到高人一等,所以「虛榮商品」一定高度稀缺或者極其昂貴。個人消費天價藝術品,幾乎都與這種炫耀心理有關,而藝術品高端價格的形成過程,正是藝術品由普通商品向虛榮商品轉化的過程。

與「虛榮效應」相對應,「攀比效應」是消費者需求的「正外部性」的典型表現。所謂「攀比效應」,是指當消費者發現很多人購買某種商品時,會增強自己的購買欲望,從而使該商品的社會總需求量大大增加。這種攀比心理使得消費者會基於對所處地位的認同來選擇相應人群作為參照,並與其趨同。「攀比效應」的出現需要兩個前提,一是對某種商品的消費形成了趨勢,二是消費者能比較容易地獲得該商品。隨著藝術品熱的興起,那些中低價位的藝術品,正好滿足了這類人群的時尚追求。但值得注意的是,正是由於許多出於攀比心理購買藝術品的購藏者缺乏足夠的文化知識儲備,同時又不願或沒有能力購買高價藝術品,他們跟風購買藝術品直接導致了贗品的泛濫。[①]

五、其他因素對繪畫藝術品需求的影響

自身價格及相關商品價格因素。對一般的商品來說,其價格越高,消費者的購買意願或能力就相對越低。但正如前述「虛榮效應」中所描述的,高端的稀缺的繪畫藝術品往往在人們炫耀心理的追逐下由普通商品轉化為虛榮商品,一旦發生此轉變,該藝術品的自身價格就不再與其需求量成反向關係,而是因為其炫耀價值隨價格上升而上升,故而需求也隨價格上升而增加。而對於中低端繪畫藝術品,其組成了市場供應量中的絕大多數,稀缺性較低,可替代

---

① 劉曉丹. 藝術品價格原理:破解藝術品市場的價格之謎 [M]. 北京:中國金融出版社,2013:25.

性較強，故可替代的相關商品的價格水平就變得重要。當替代藝術品價格下降時，該藝術品市場被替代市場佔有，需求量減少；當一類藝術品的替代性商品價格上升時，購藏者基於對性價比的考慮，會放棄替代品而選擇該類藝術品，從而增加對該類藝術品的需求。

消費者預期因素。消費者對於商品未來價格走勢的預期也會影響其當前對該商品的需求。對一般消費性的商品而言，當消費者預期商品未來價格會上漲時，會考慮到支付同樣價錢在現在會比將來能購買到更多產品，所以會增加當前的需求；對於繪畫藝術品來說，預期價格上漲也會導致當期需求增多，只是藝術品不是消耗品而是一種類資產性質的商品，故購藏者更看重的是未來資產的增值，這就是在投資市場中普遍存在的「買漲不買跌」現象在藝術品市場中的體現。同時，當市場中的藝術品購藏者對市場的預期一致時，通過採取購買行動或不購買，藝術品的價格會向市場預期的價格靠近，即出現「預期的自我實現」，從而又通過強化人們的預期來改變購藏者的需求量。

第五節　中國繪畫藝術品價格的均衡分析

均衡價格理論的建立為現代西方價格理論奠定了堅實的基礎，並為之搭建起基本框架，分為一般均衡和局部均衡兩類價格理論。一般均衡價格理論由瓦爾拉創立，后人僅在其創建的基礎上進行了部分修正，該理論假定各種商品的價格、供求等都是相互作用、彼此影響的，一種商品的價格和供求均衡，只有在一切商品的價格和供求都達到均衡時才能決定。局部均衡價格理論由馬歇爾建立，他廣泛地把邊際效用論、生產費用論以及供求論納入同一個折中理論體系中。在此價格理論中，考察的是在其他條件不變的假定下，一種商品的價格是怎樣由供給和需求決定的，並指出均衡價格就是一種商品的需求價格和供給價格相一致時的價格。相比較而言，局部均衡的假定更利於實現對特定商品的價格形成進行具體分析，因而是現代西方價格理論中較多採用的理論分析工具。本章中的均衡分析如未特別說明的也是指局部均衡分析。

一、普通商品均衡分析假設條件

西方經濟學對供求的均衡理論主要建立在以下幾個假設之上：

1.「理性人」假設

在西方古典經濟學中最基礎的一個假設就是，假定所有社會經濟活動的參

與者都是完全理性的，即每個市場參與者都是利己的，希望投入最小的成本而獲得最大的收益。這個假設說明：首先，人的任何經濟行為通常主觀上都是為了實現個人利益，而不是為了實現社會利益，而且經濟活動的每一個參與者都能夠清楚地判斷自己的獲利和損失，並力圖獲得最大的個人利益；其次，將自己的利益最大化是每個人經濟行為的唯一動機。

2. 完全信息假設

新古典經濟學中的均衡理論，特別是一般均衡理論認為，經濟主體作為市場參與者，已知市場中的每一個不確定變量的概率分佈。一方面，消費者對於每個時點上的市場各商品的全部可能價格、存貨以及自己的偏好都能夠瞭解，並且在此基礎上計算出超額需求；另一方面，廠商知道生產成本、價格和投入產出間的可能組合配置，此所謂完全信息狀態。在此種狀態下，所有的消費者和供給者都能夠零成本獲取商品在任何時點上的真實供求狀態，從而使得市場最終形成均衡價格。這是一個靜態的理想狀態，除了信息完備和市場參與者可無償使用外，每一參加者的信息需求都是有限的①。

3. 完全競爭市場假設

完全競爭市場只是一種理想的市場狀態。不管是瓦爾拉的一般均衡理論還是馬歇爾的局部均衡價格理論均是建立在完全競爭市場假設之上的。這樣的理想狀態的市場須滿足下列幾個條件：一是市場上存在大量的買方和賣方，參與者難以獨立影響商品價格；二是產品都是同質化的；三是生產要素能自由流動，生產者可自由進出某一行業；四是市場信息是完全的。瓦爾拉分析證明，只有在完全競爭市場的條件下，消費者和廠商才能分別實現效用最大化及利潤最大化，從而整個社會資源配置的效率達到最大化，即達到一般均衡。馬歇爾則認為，單一商品的均衡價格是由需求和供給兩方市場力量共同決定的。這種均衡是相對穩定的，當市場背離該狀態時可自發恢復均衡；當供給或需求曲線移動就會形成新的均衡。

4. 無交易成本或交易費用假設

這裡的交易成本又稱交易費用，指經濟社會中的交易主體之間為了達成交易所需支付的費用，主要可分為兩類：一類是建立交易市場機制所需投入的成本，一類是指交易過程中所需支付的成本。在新古典經濟學的均衡分析中均假定市場交易成本為零，或小到與交易價格本身比較可以忽略，在此情況下，市

---

① 百度百科「完全信息」[EB/OL]. http://baike.baidu.com/link?url=KBAhJDt8y9jxo_99PtxMO_zdG7FSsBayWGMXX2eXunSEyZRUhIMabL_AdA5WnhB4Nxb3l3WD06JLQjMNDCGdwFXV5D-onlFI_2yhY3Im7M2dXC59UHN0TiUMD5HBVVbr.

場才能發揮作用。

二、繪畫藝術品市場供求分析的特殊假設條件

具體到繪畫藝術品市場交易，這是一個非常複雜且特殊的商品市場，在這個市場中，參與主體往往均不符合「理性人」假設；交易雙方難以獲得完全信息而常處於信息不對稱狀態；由於藝術品的異質性特點及供給的壟斷，市場不符合完全市場假設；交易成本往往很高。具體分析如下：

首先，繪畫藝術品市場的參與主體往往並不符合經濟學中「理性人」的假設。從一級市場的供給主體來看，真正的藝術家往往在創作繪畫藝術品時首先追求的是藝術上的表達和創新，而非經濟目的或者說經濟利益最大化目的，是感性而非理性的，其在交易時往往因對自己的作品更有感情而偏向於獲得高於理性定價的價格。從二級市場的供給主體來看，除了做投資生意的商人，很多藏家賣出藏品的目的常常是為了回收資金以換取更想收藏的藏品，但他們往往因對自己收藏過的藏品存在感情而難以理性判斷其價值。從市場需求方來看，富豪階層的炫耀性需求常常導致其並不瞭解繪畫藝術品而盲目追求高價作品；有一些有雄厚經濟實力的愛國人士購買繪畫藝術品並不是為自己謀利，而是用以捐贈國家或博物館。另外，藝術品交易最常用的拍賣交易市場上，常常出現藝術品交易競買人在熱烈的現場氛圍下遠超自己心理價位而進行跟風鬥富出價的情形。

其次，繪畫藝術品市場中信息不對稱的現象嚴重。繪畫藝術品不同於一般的商品，其真偽、年代、材質均對其價格有較大影響，特別是在二級市場中，由於繪畫藝術品已然脫離畫家本人進行獨立流通，其真偽的鑒定一直是阻礙市場參與主體對價格進行客觀評估的最大問題。繪畫藝術品是畫家利用視覺符號創造性表達自己對事物認識的一種物化結果，帶有明顯的個人風格特徵，又幾乎不會出現完全一樣的情形。二級市場中，如果沒有專業知識和市場經驗，一般人很難把握畫家在其一幅幅異質性的繪畫作品中的既不完全相同又具有一定延續和統一性的繪畫特徵，因此很難對作品真偽做出準確判斷。即便是很多受過特殊訓練的專業人士也承認有「打眼」的時候，相應的也有「撿漏」的時候[1]。「撿漏」「打眼」之說和買假不退的行規，既給古玩藝術品交易帶來博弈的樂趣，也造成了藝術品投資的最大風險。此外，由於市場主體對繪畫藝術

---

[1] 「撿漏」「打眼」是古玩行的專用語言，花較少的錢買了真品或價值高的東西叫「撿漏」，花較多的錢買了贗品或沒價值的東西叫「打眼」。

品中藝術成分的評價帶有極大的主觀色彩，不同文化背景、知識結構、文化修養、種族、年齡、職業甚至性別的市場參與者會對同一幅繪畫藝術品的價格作出不同判斷，但相互無法獲知相互的估價信息。所以繪畫藝術品的市場參與者，無法確知市場中不確定變量的概率分佈。一方面，消費者對於每個時點上的可能價格、存貨及自己的偏好無法準確瞭解；另一方面，繪畫藝術品供應者也無法確知價格和得到不同收益水平的概率，故信息不對稱現象在繪畫藝術品市場特別是二級市場是一種常態。

最後，藝術品市場難以滿足完全競爭市場的假設條件。完全競爭市場只是一種理想的市場狀態，但相較於一般的工業化產品的市場狀況，繪畫藝術品市場更難以滿足完全競爭市場這一假設條件。一方面，繪畫藝術品具有異質性，即市場上難以找出完全一樣的兩幅畫來，所以儘管繪畫藝術品市場中存在著大量的買方和賣方，但一旦具體到某一幅繪畫作品時，由於沒有其他同樣的繪畫作品，故其賣方唯一確定，而買方也相當有限，所以賣方的要價和買方的出價直接影響這幅繪畫作品，市場呈現出壟斷市場的特徵。另一方，繪畫藝術品市場的流動性很差。在繪畫藝術品的一級市場，因受畫家個人的創作週期、身體精神狀況的影響，新的作品被創造出來的時間而往往較長。而二級市場上繪畫藝術品的流動性又受到購藏者再次將購買的畫作進行售賣的時間長短之約束。由於從購藏者角度看，其購買繪畫藝術品的目的可分為兩類，一類是因喜愛而收藏，第二類是為了投資獲利。前者往往意味著永不進入市場流通，而後者因藝術品投資週期較長而再次出售的時間一般也在一年以上。所以，繪畫藝術品特別是指同一幅作品的交易是不會頻繁進行的，故其流動性是比較差的，特別是一些購藏者群體較小、知名度較低的畫家創作的作品流動性就更差。另外，遇到經濟危機或者社會發生動盪時，繪畫藝術品的流動性也會進一步降低。所以，繪畫藝術品市場並不具備完全競爭市場的幾乎所有特徵。只是越是已故大師的繪畫藝術品作品、越是市場流通量較大的作品，越不容易受到流動性差或人為炒作的影響，越是容易形成客觀的市場價格。

以上問題說到底都源於藝術品的不可複製性、特異性，這造成了繪畫藝術品交易市場上的供求分析很難直接套用原有經濟模型進行，但本書為了達到利用西方經濟學的分析工具更加形象化地分析市場供求對繪畫藝術品價格影響之目的，認為在進行一定針對性和合理性的假設后，還是可以對中國繪畫藝術品市場進行均衡分析的。具體假設如下：①忽略繪畫藝術品之間作者、題材內容、表現手法等具體差異，而只根據其市場供求特徵的不同而進行分類分析，此假設可以解決單件藝術品或某些畫家作品市場流通量過小，難以總結規律的

問題；②假設繪畫藝術品均為真跡，此假設忽略了信息不對稱問題，去掉了贗品問題對繪畫藝術品價格形成的干擾；③先假設繪畫藝術品市場參與者為經濟學意義上的「理性人」，再針對繪畫藝術品市場常見、典型的心理現象對繪畫藝術品價格的影響進行分析，通過供求曲線的非典型性變化來形象化表現繪畫藝術品市場中市場參與方心理因素對價格形成的影響。

三、繪畫藝術品的供給彈性

彈性這個概念在物理學中用以指一個物體對外部力量的反應程度。微觀經濟學借用此概念對供給進行研究，供給彈性（elasticity of supply）即指供給量對價格變動的反應程度，一般表示為 e_p。假設商品供應量為 Q_s，價格為 P，商品供應量與價格之間存在的函數關係表示為 $Q_s=F(P)$，那麼商品的供給彈性定義為供給量變動百分比除以價格變動百分比：

$$e_p = \frac{\Delta Q_s/Q_s}{\Delta P/P} = \frac{dQ_s}{dP} \cdot \frac{P}{Q_s} = \frac{dF(P)}{dP} \cdot \frac{P}{F(P)} \quad\quad (式5.1)$$

對於工業化生產的一般商品來說，供給彈性的大小取決於被替代的可能性、改變供給的時間期間長短以及需追加生產要素的邊際成本。根據供給量對價格反應程度的不同，根據供給價格彈性系數的大小可以把商品供給劃分為五類：完全無彈性、缺乏彈性、單位彈性、富有彈性和完全彈性。具體定義如下：

①完全無彈性（$|e_p|=O$）：無論價格如何變動，商品供給量都不隨價格變動；②缺乏彈性（$|e_p|<1$）：商品供給量變動幅度小於其價格變動幅度；③單位彈性（$|e_p|=1$）：商品供給量的變動幅度剛好等於其價格變動幅度。出現單位彈性往往是一個很巧合的事件，其持續性差，偶然性強；④富有彈性（$|e_p|>1$）：商品供給量變動的幅度大於其價格變動幅度；⑤完全彈性（$|e_p|=\infty$）：商品價格有微小變化就會引起供給量的巨大變化。這是和完全無彈性相對應的另一個極端情況，這在商品始終存在一定稀缺性的現實社會只是一個永遠不會出現的理論值。

具體到繪畫藝術品，如果從供給能力的角度來考察，作品存世量是實際供給的潛在約束，從長期來看，其供給彈性主要表現為兩種情況，即「缺乏彈性」和「完全無彈性」。對已故作家的繪畫作品，其存世量已無增加的可能，故對繪畫藝術品中金字塔尖的已故藝術大師的稀世名作來說，其供給完全無彈性；而在世作家中的一流名家的精品畫作存世量也非常有限，同時由於這部分畫作的收藏群體常常是非常有經濟實力的藏家，收藏週期很長，短期內市場流

通量也不可能有明顯變化,故這類型的繪畫藝術品供給也接近完全無彈性。對於金字塔中部的大部分數量較大且有一定相互替代性的二三流的地域性名家,其供給往往表現出缺乏彈性的特徵。而對於金字塔底部的大量的低端無名畫家或畫匠批量化生產的繪畫作品或者說繪畫產品來說,由於其同質化明顯、作品替代性高、對藝術內涵要求低、提供者眾多,故其供給往往是富有彈性的,但正如本書第二章對繪畫藝術品的特別界定,這樣的繪畫作品更接近普通消費品特性,而並非本書研究的繪畫藝術品。

此外,需要特別指出的是,由於在上一小節中我們對繪畫藝術品供給研究作了特別的假設,即忽略繪畫藝術品之間作者、題材內容、表現手法等具體差異,而只根據其市場供求特徵的不同而進行分類分析,故此處的彈性概念不同於一般的同質化商品供應對價格的反映程度,而是指具有類似市場供給特徵的一類不同的繪畫藝術。按照存量、增量以及繪畫藝術品稀缺性等特點分類,對繪畫藝術品的長期供給彈性分類如下表所示:

表 5.1　　　　　　　　繪畫藝術品長期供給彈性分類

類型	形態	供給彈性	價格對供給量的影響	
			價格上漲	價格下降
存量藝術品	稀缺型	已故藝術家作品	完全無彈性	不能增加	不能減少
	非稀缺型	當代藏品	缺乏彈性	難以增加	難以減少
增量藝術品	稀缺型	當代精品新作	缺乏彈性	難以增加	難以減少
	非稀缺型	當代普通新作	富有彈性	迅速增加	迅速減少

結合供給方的供給意願,在已故名名家的繪畫藝術品及在世畫家精品畫作的存量市場中,由於該市場只能由藏家提供存量藏品,所以該市場流通的繪畫藝術品數量以實際的存世數量為限,當市場價格較低時,只有少數藏家願意提供藏品出來售賣,隨著價格增高,市場供給數量逐漸增多,但供給價格彈性越來越小,直到價格達到 PN 時,市場供給量等於存世數量,此后的供給對價格將表現出完全無彈性,即不管市場價格多高,供給方也無法提供更多的藝術品,如圖 5.1 所示。

在在世名家普通繪畫藝術品市場中,除了由藏家提供存量藏品,還有在世畫家提供增量作品,當市場價格較低時,只有少數藏家願意提供藏品出來售賣,隨著價格增高,市場供給數量逐漸增多,但供給價格彈性越來越小,直到價格達到 PN 時,存量繪畫藝術品被藏家提供完畢,只有依靠畫家創作新作品

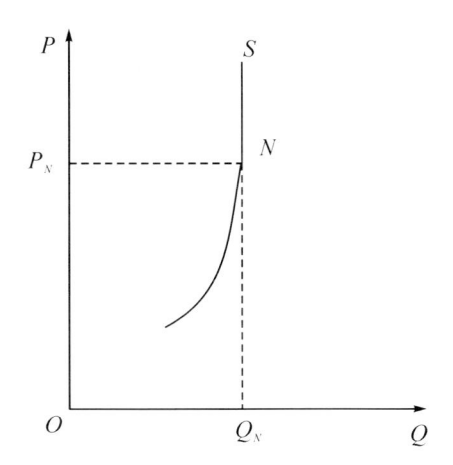

圖 5.1　已故名家繪畫藝術品市場及在世名家精品畫作市場的供給曲線

來提高供給量，而畫家的創作又受到創作週期的限制，只能緩慢增加，所以此后的供給對價格將表現出缺乏彈性，即不管市場價格多高，供給方也只能按照缺乏彈性的供給曲線來提供增量繪畫藝術品，如圖 5.2 所示。

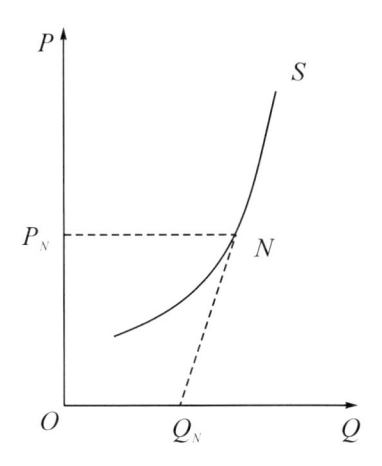

圖 5.2　在世名家普通繪畫藝術品市場的供給曲線

四、繪畫藝術品的需求彈性

在西方微觀經濟學中，需求彈性（elasticity of demand）衡量的是需求量對影響其變動的對應因素的反應程度，一般用變動百分比的比例來表示。由於對

於需求的影響因素主要有價格和收入，所以常見的需求彈性主要為需求價格彈性以及需求收入彈性。

如果我們直接表述為需求彈性，即是指需求價格彈性，即需求量對價格的變動的反應程度，一般用字母 E_P 來表示。假設商品需求量為 Q_D，價格為 P，商品供應量與價格之間存在的函數關係表示為 $Q_D = F(P)$，則某種商品的需求價格彈性可定義為：

$$E_P = \frac{\Delta Q_D / Q_D}{\Delta P / P} = \frac{dQ_D}{dP} \cdot \frac{P}{Q_D} = \frac{dF(P)}{dP} \cdot \frac{P}{F(P)} \qquad （式5.2）$$

需求價格彈性和供給價格彈性一樣都分為完全無彈性、缺乏彈性、單位彈性、富有彈性和完全彈性五種情況。具體到繪畫藝術品市場中，當購藏者對一件藝術品志在必得時，此時對該藝術品的需求完全無彈性。這種情況往往發生在高端藝術品市場中的著名作品上，如圖5.3所示。對於這類藝術品，由於其極端稀缺性，所以正常情況下，當其價格處於較低水平時會有巨大的需求存在，如圖5.3所示，當其價格低於 P_A 時，對該類藝術品的需求趨向無限，即需求彈性呈現完全彈性狀態。而隨著價格的增加，有支付能力和意願的購藏者逐漸減少，需求價格彈性逐漸減低，直到價格上升到 PN 時，只剩下對價格不敏感的頂級藏家的需求，所以在 PN 之上，需求量不再隨著價格的上升而下降，而是保持在 QN。如前面章節所述，頂級繪畫藝術品的稀缺性和引人注目的作用還常常引來購藏者的炫耀性購買，特別是在拍賣場上，價格的上升有時反而吸引更多的購藏者參與競買，如圖5.4所示。

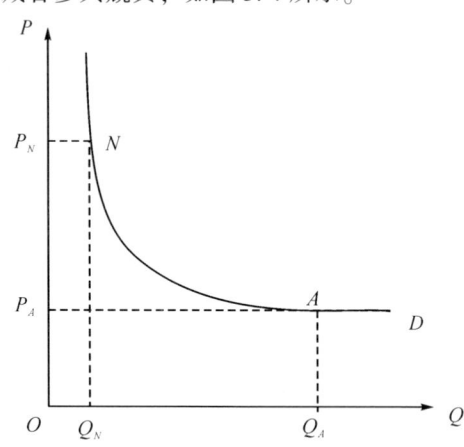

圖5.3　高端繪畫藝術品的需求曲線

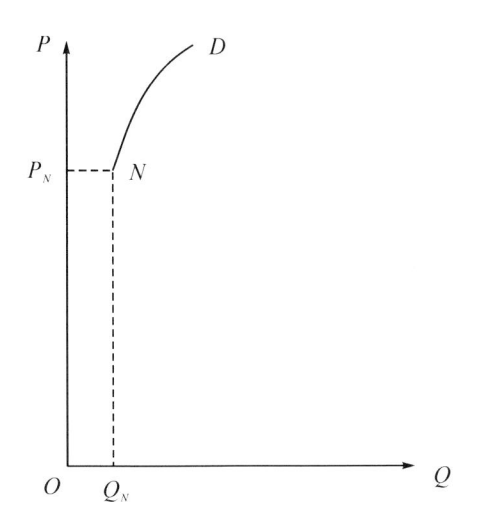

图5.4　顶级绘画艺术品的炫耀性需求曲线

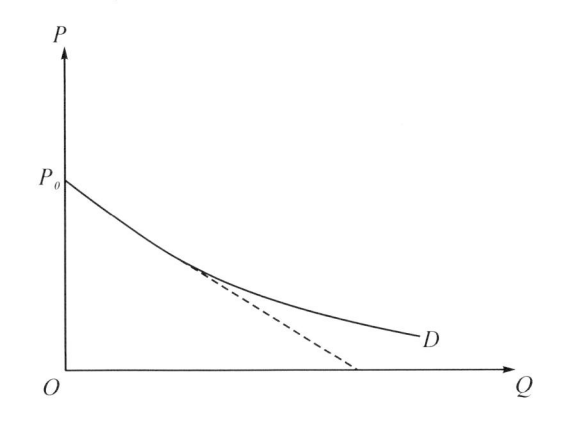

在中端绘画艺术品市场，由于存在较多同风格、同水平、同作者或同派系的替代品可供购藏者选择，其需求表现出富有弹性，而当价格高于某个值时，市场需求为零，如图5.5所示。此外，在社会动盪时期、文化断档期和民众收入水平低下的时期，购藏者对绘画艺术品的需求往往非常脆弱，故多在低价位阶段表现出富有弹性。

图5.5　中端绘画艺术品需求曲线

类似于前述的需求价格弹性，需求收入弹性的定义为商品需求量对于消费者的收入变化所产生的反应程度，一般表示为e_I。假设商品需求量为Q_D，消

費者收入為 I，商品供應量與價格之間存在的函數關係表示為 $Q_I = F(I)$，那麼商品的需求收入彈性定義為：

$$e_I = \frac{\Delta Q_D / Q_D}{\Delta I / I} = \frac{dQ_D}{dI} \cdot \frac{I}{Q_D} = \frac{dF(I)}{dI} \cdot \frac{I}{F(I)} \quad\quad (式5.3)$$

根據反應程度不同，也將需求收入彈性 e_I 分為完全無彈性（$|e_I|=0$）、缺乏彈性（$|e_I|<1$）、單位（$|e_I|=1$）彈性、富有彈性（$|e_I|>1$）和完全彈性（$|e_I|=\infty$）。如前所述，藝術品滿足的是人們的精神需求，並非基礎的必要的物質需求，所以只有當收入完全能夠滿足自己的物質生活以後，且人們開始重視文化消費時需求量才會受人們收入的明顯影響，如圖5.6所示。在人們的收入低於 I_A 時，購藏者主要將收入花費在生活必需品上，故對繪畫藝術品的需求量隨收入的增加而增加緩慢，即缺乏彈性；而當人們收入超過購買生活必需品以及儲蓄的需求 I_A 後，購藏者對繪畫藝術品的需求開始變得富有彈性，即開始隨著收入的增加而快速增加。

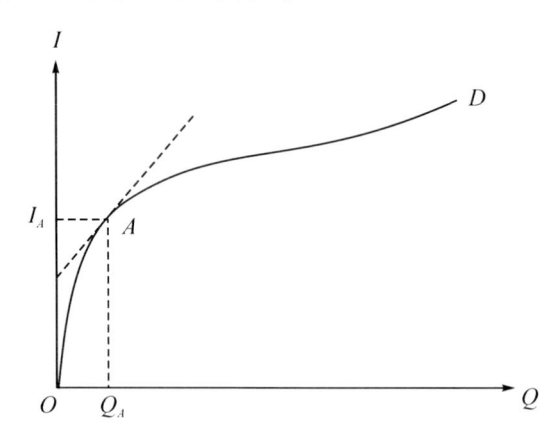

圖5.6 繪畫藝術品需求隨收入的變化

五、繪畫藝術品市場均衡價格形成

局部均衡理論框架下，市場經濟體制下的商品價格是在由供給和需求共同決定的均衡狀態下形成的，繪畫藝術品也不例外。對普通商品來說，價格與需求量、供給量分別成反向和正向關係，供需兩種力量相互作用下形成的雙方均能接受的價格即均衡價格，對應交易量為均衡數量。繪畫藝術品也有達到均衡價格和數量的時候，只是針對繪畫藝術品的供需的特殊性，我們需要將市場進行分類後分別考察。

繪畫藝術品是異質性非常突出的特殊商品，但為了分析的簡便性和有效性，筆者按照繪畫藝術品的創作者是否是全國甚至全世界知名的頂級名家、作者是否已故以及作品是否是業內公認的精品或者代表作三項最重要標準，將繪畫藝術品市場分為頂級、收藏級、商品級三類市場，如表 5.2 所示。其中，所交易的繪畫藝術品三項標準均滿足的，為頂級繪畫藝術品市場；三項標準任意滿足兩條的，為收藏級繪畫藝術品市場；三項標準中只滿足一條的，為商品級繪畫藝術品市場。若三條都不滿足的，絕大部分的作品還屬於本書所說的能在二級市場特別是拍賣市場流通的繪畫藝術品，故此處不討論。

表 5.2　　　　　　　　　　繪畫藝術品市場分類

市場分類	頂級名家	已故	精品或代表作
頂級繪畫藝術品市場	滿足	滿足	滿足
收藏級繪畫藝術品市場	滿足	滿足	不滿足
	滿足	不滿足	滿足
	不滿足（但至少為二三流名家）	滿足	滿足
商品級繪畫藝術品市場	滿足	不滿足	不滿足
	不滿足（但至少為二三流名家）	滿足	不滿足
	不滿足（但至少為二三流名家）	不滿足	滿足

先看商品級繪畫藝術品市場。在圖 5.7 中，供給曲線用 S 標註，需求曲線用 D 標註，而兩條曲線均衡點標註為 E，P_E 為均衡價格，Q_E 為均衡數量。由於在此市場中交易的繪畫藝術品數量多、內容題材豐富、稀缺性相對較低、可替代性相對較高，故均衡價格形成於供需均較富彈性的階段，特別是在國家人均 GDP 達到 8,000 美元時藝術品市場逐步開始呈現出供求雙方皆繁榮的景象，就是這一市場的真實寫照。商品級繪畫藝術品市場與普通商品市場的情況相當，還體現不出繪畫藝術品市場的特殊性。

再來看頂級繪畫藝術品市場，其交易標的物為代表各時代最高藝術水準的頂級名家創作的藝術品精品或代表作品，它們兼具審美使用價值、學術價值、文物價值，是經過了時間的檢驗而隨著時代變遷逐步綻放異彩的人類文化的瑰寶。在當今世界，這樣的藝術品往往是通過藝術品拍賣會進行交易的，它們一定是拍賣會宣傳、營銷的重點，故往往極度稀缺並足夠吸引眼球。這類繪畫藝

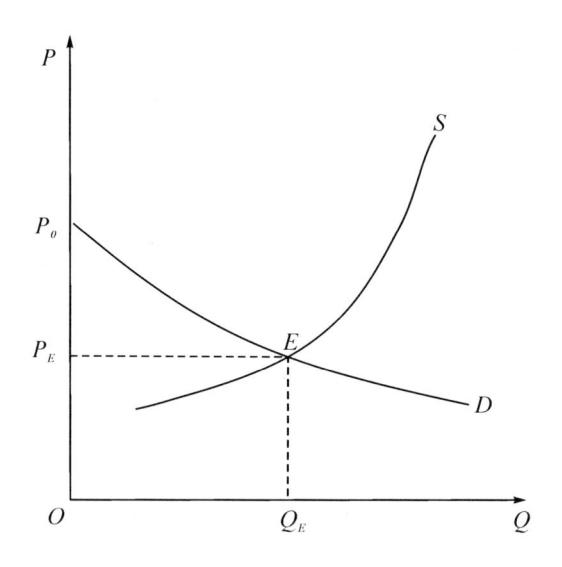

图 5.7　商品级绘画艺术品市场的价格均衡

术品的供给量稀少，完全无弹性，成交价的形成主要取决于需求，随着经济的发展和购藏者经济实力的提升，这形成了天价艺术品产生且价格屡创历史新高的主要原因。以同一件艺术品的多次拍卖纪录为例，李可染创作的《韶山革命圣地毛主席旧居》在 1996 年嘉德秋拍拍出 154 万元的价格，而在 16 年后的 2012 年嘉德春拍则拍出了 1.242 亿元的高价；徐悲鸿创作于 1951 的《九州无事乐耕耘》，就由于其农耕题材的特殊性、表现手法的纯熟和代表性、传达时代思想的契合性，以及其标志纪念性，于 1996 年中国嘉德春拍中以 192.5 万元成交，创造了当时中国绘画类拍卖的最高价。而 15 年后的 12 月 5 日，当此画再次现身北京保利拍卖会时，最终以 2.668 亿元的天价成交，打破了徐悲鸿作品的拍卖成交价格记录。

　　正常情况下，这类绘画艺术品的成交直接取决于以下三方面因素：一是供给方的拍卖保留价（auction reserve price），二是需求方的理性判断，三是需求方竞争的激烈程度和拍卖现场的氛围对需求方理性判断的影响。假设拍卖保留价为 PR，则当需求方出价 $P1$ 低于该价格时，不能成交。而当需求方的出价 $P2$ 高于拍卖保留价时，如果竞买人竞争仍然激烈，则最后的成交价 $P3$ 取决于在最后一轮竞争中那个选择放弃的竞买人的出价，如图 5.8 所示。

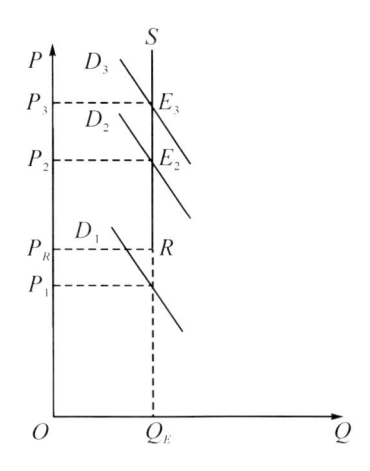

圖 5.8　頂級繪畫藝術品市場的價格均衡

如果考慮頂級繪畫藝術品的炫耀性以及作為稀缺資源的保值增值性，常會出現購藏者會出現「買漲不買跌」的投資性及「買高不買低」炫耀性需求。此種情況中，繪畫藝術品的需求量與價格反而出現正相關，如圖 5.9 所示。

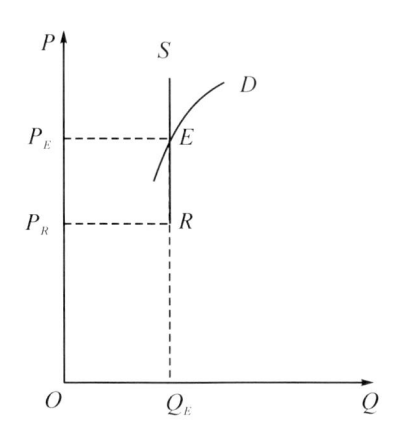

圖 5.9　考慮炫耀性需求后頂級繪畫藝術品市場的價格均衡

介於商品級和頂級繪畫藝術品市場之間，收藏級繪畫藝術品市場的價格形成情況也介於這兩種市場情況之間，即供給、需求比商品級市場更缺乏彈性，但又比頂級市場富有彈性。此外，由於收藏級的繪畫藝術品的炫耀性效用比頂級繪畫藝術品差，故在收藏級市場中出現炫耀性需求也不明顯。

根據時間區間的長短，馬歇爾將均衡分成三類：第一類是暫時性的市場均

衡。在此類情況下，時間短暫得令生產者無法改變生產量，供給僅限於手頭上現有的商品量，因而是「固定」的，均衡價格將主要取決於需求狀態。第二，正常的短期均衡。在這種情況下，廠商可以通過調整可變要素，變動現有生產設備的利用率來增加或減小產量。因而供給和需求對均衡價格的形成起著同等重要的作用。第三，正常的長期均衡。在這種情況下，廠商完全可以通過增減廠房、設備來調整生產規模，使之適應需求狀態，因而供給狀態對均衡價格的形成起主導作用。需要說明的是，藝術品不同於工業化生產的商品，一是由於其供應量受存世量和在世畫家創作週期的約束，不管是暫時、短期還是長期，在最具典型性的頂級和收藏級繪畫藝術品市場，供給彈性均屬於要麼完全無彈性、要麼缺乏彈性的狀態，需求成為影響繪畫藝術品價格的最重要因素。所以，越是頂級的繪畫藝術品，其需求即其購買方的需要和支付能力越是決定最終價格的關鍵因素，這樣就越容易出現價格對價值的偏離，這正是馬克思所說的決定如古董、名家藝術品等不能由勞動再生的特殊商品價格的「非常偶然的情況」。

第五節　外部宏觀因素對繪畫藝術品價格的影響

繪畫藝術品的價格形成和變動除了受藝術品市場供求等微觀因素的影響，還受國家經濟環境中宏觀因素的影響。此外，作為新興的投資市場，藝術品的市場價格的波動還表現出與其他傳統投資市場的一定相關性。這些都是本章要研究的內容。需要說明的是，對於藝術品市場數據的選擇，本書採用的主要是公開的藝術品拍賣數據，原因有三：一是獲取容易，二是數據透明、真實性高；三是藝術品拍賣會中的拍品往往能夠代表典型藝術品。此外，由於從2000年開始，中國才有對藝術品拍賣交易的較完整權威的記錄，所以本節涉及的數據主要是從2000年到2014年的公開數據。

一、國內生產總值對中國藝術品市場價格影響

人均GDP是經濟學界公認的衡量一個國家或地區經濟發展階段和富裕程度的重要參考指標。對於藝術品來說，由於其消費屬馬斯洛需求理論中所講的較高層次的精神需求性消費，故其購藏需求一定是建立在一個基本的物質基礎之上的。美國、日本、韓國的人均GDP分別在1943年、1971年和1991年達

到9,000美元以上①。與此相對應，美國、日本和韓國的文化產業和藝術品市場分別於上述時間節點前後出現繁榮。通過這些國家的經驗可知，當一國的人均GDP接近1萬美元時，該國的文化產業以及藝術品市場才會出現高漲②。此外，根據世界範圍內藝術品市場在發達國家的發展規律來看，一個國家藝術品的市場初步啟動的條件是人均GDP達到1,000美元以上；此後到人均GDP達到4,000美元是藝術品市場逐步形成期，部分先富階層進入藝術品收藏群體；藝術品市場加快發展的時期出現在人均GDP達到6,000美元時；藝術品市場繁榮期需要人均GDP達到8,000美元；當人均GDP達到10,000美元時，天價藝術品的產生將成為一種市場的常態。形成對藝術品收藏的興趣，藝術市場才能最終得以形成和發展。

如圖5.10，中國人均GDP於2003年首次突破1,000美元，全國的社會消費結構開始出現從生活必需的物質依賴特徵向對追求精神需求而過渡。2009年，全國人均GDP突破4,000美元，中國藝術品市場開始呈現快速增長之勢。到2013年，中國人均國民生產總值已經達到7,500美元，中國藝術品市場總體交易規模居世界前列。從一線城市及沿海發達地區的情況來看，2003年北京的人均GDP已達到4,200美元，2008年北京進入了經濟加速發展階段，人均GDP突破6,000美元；2007年前後，深圳、上海、北京先後實現了人均GDP 8,000美元的突破，藝術品市場交易開始活躍；2009年左右，上海、北京人均GDP超過10,000美元，而正是在2009年，有4件藝術品的成交價超過億元。按照世界銀行的分類標準，上述地區經濟發展水平已經達到世界中等收入國家及地區的水平。依據國際藝術品市場的發展規律，國內的藝術市場正處於快速發展階段。由於藝術品消費的特殊性，藝術品市場與國家的宏觀經濟形勢的相關性也表現出與其他市場不同的趨勢。如圖5.11所示，藝術品拍賣年總成交額增速的波動幅度遠大於全國人均GDP增速，前者在2004年增幅達到近200%，而後者僅17%；前者在2012年跌幅達到40%，而後者仍保持9.3%的增幅。總的來說，中國藝術品拍賣年總成交額的增速與全國人均GDP增速保持著一定滯后的同步。

---

① （英）麥迪森. 世界經濟二百年回顧［M］. 北京：改革出版社，1997.
② 程曉敏. 宏觀經濟週期對藝術品市場價格的影響［D］. 昆明：雲南財經大學，2014：27.

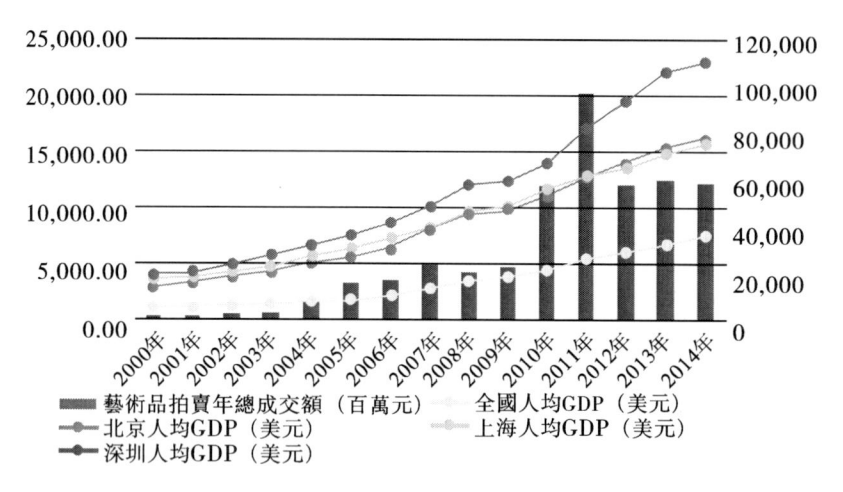

图 5.10　2000—2014 年人均 GDP 和艺术品市场拍卖额

来源：根据雅昌艺术网和国家统计局公布数据整理。

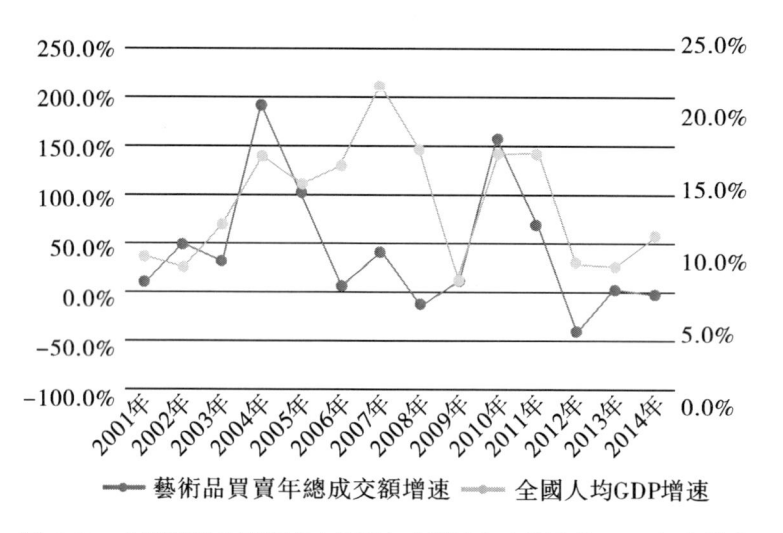

图 5.11　中国艺术品拍卖成交总额年度增速与全国人均 GDP 年度增速

数据来源：根据雅昌艺术网和国家统计局公布数据整理。

二、货币价值对中国艺术品价格的影响

货币价值是货币本身的价值或者是它所代表的价值。马克思指出商品价格是价值的货币表现，价格的变动由商品本身的价值和用以表现其价值的货币的价值二者相对变动关系来决定。即只有在货币价值不变、商品价值增高时，或在商品价值不变、货币价值降低时，商品价格才会增大；反之，亦然。

在商品價值量不變的前提下，商品價格隨貨幣價值的變化而反向運動。當市場上流通的是金屬貨幣時，由於金屬貨幣本身具有價值，故流通中的貨幣量可以自動通過金屬貨幣的被儲藏或被使用而適應商品流通的需要，進而不會因貨幣價值變化或貨幣量的增減而引起商品價格水平變化。而當市場上流通的是信用貨幣時，在商品總價值不變的情況下，商品價格則取決於貨幣數量的超發情況，並於流通中貨幣數量超過或低於所需商品價值量成正向關係。

實行信用貨幣制度的現代國家，為了刺激經濟、保持經濟活力，都有超發貨幣的衝動。在此背景下，一定程度的通貨膨脹成為經濟發展的伴生現象。通貨膨脹的概念在經濟學界的解釋並不完全相同，一般指在採用信用貨幣制度的國家中，流通中的貨幣數量超過該經濟體實際需求而引發的貨幣貶值和物價水平全面且持續上漲的現象，或者說是貨幣價值持續下降的現象。可見，通貨膨脹是指物價總水平或一般物價水平的上升，而這裡的物價總水平或一般物價水平是指全部商品、服務交易價格總額的加權平均數，常用消費者物價指數（consumer price index）CPI這一反映物價變動的指標來觀察通貨膨脹水平。

由於藝術珍品作為一種稀缺的不可再生的文化資源，其價值會隨著時間的延續而增加，故具有保值增值的投資屬性。鑒於此，在藝術品市場中，人們對未來通貨膨脹預期的增強往往能帶動藝術品市場需求的增長。

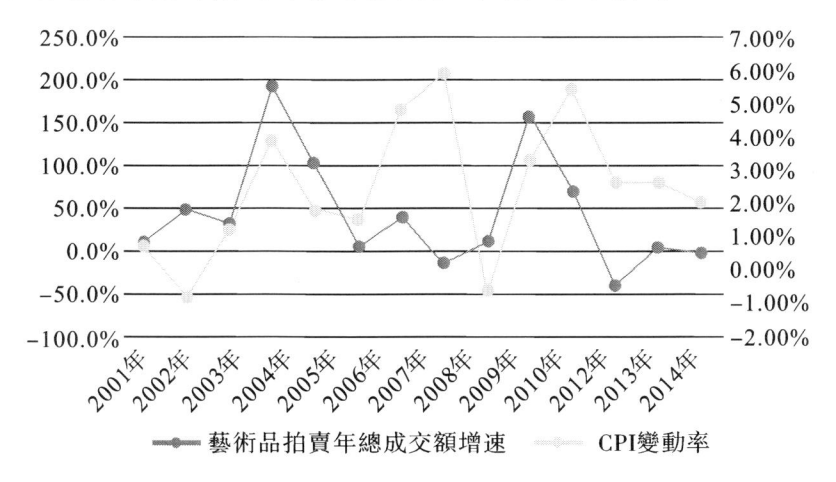

圖 5.12　2001—2014 年的 CPI 和藝術品拍賣年總成交額變動率

數據來源：根據雅昌藝術網和國家統計局公布數據整理。

圖 5.12 為 2001 年到 2014 年的通貨膨脹率和拍賣市場成交額變動率之間波動關係圖，總的看來，藝術品成交額與 CPI 的變動方向都趨於一致，說明通貨膨脹率的變動與藝術品市場需求變動顯著相關。人們對通貨膨脹的預期增

強,一方面會使藝術品的供給方因更希望持藝術品而惜售,另一方面會使藝術品的需求方加大對藝術品的需求,故通貨膨脹率的上升往往導致藝術品價格上漲,從而又從側面印證了持有藝術品的確可以抵禦通貨膨脹。結合國際經驗來看,比如考察運作方式成熟且最具代表性的藝術品投資計劃——英國鐵路養老基金,基金的運行始於 20 世紀 70 年代的英國,當時的通貨膨脹率高達 20% 以上,股票、房產市場一片慘淡。為了抵禦通貨膨脹,也為了驗證自己的統計成果,英國鐵路養老基金會的財務主管列文從每年可支配的總流動資金中撥出 3% 以品類組合的方式進行藝術品投資,投資週期設定為 25 年左右。截至 1992 年 1 月,基金會已將其購入的 2,232 件作品中的 82.5% 的藝術品成功出售。這些作品的年化報酬率為 13.93%,扣除通貨膨脹因素后為 6.07%。將 1987—1990 年與 1994—1997 年兩次處置藝術品所獲收益匯總,該基金最終交出了 1.68 億英鎊的總收入和 11.3% 的年均收益率的優秀答卷。

總體而言,歐美國家投資藝術品更多看重收藏和投資過程中的精神回報,所以投資週期一般很長。而反觀中國,國內藝術品市場近年來的迅速繁榮使得藝術品購藏者或者說投資者越來越浮躁和短視,越來越以財務回報為主,藝術享受為輔,甚至出現了大量並不懂藝術品的投機者。他們的藝術品投資週期大多低於 2 年,投機性強,市場行情好的時候可獲得超額收益;行情不好的話則難以達到預期收益,甚至出現虧損,風險很大。可見,只有對藝術品投資得當,藝術品才能具有抵禦通貨膨脹的效用。

三、利率對中國藝術品價格的影響

利息是貨幣所有者貸出貨幣而從借入貨幣人處獲得的報酬,利率即一定期限內利息與貸出資本額之比。利率可起到調節貨幣流通並通過調節貨幣流通從而影響價格運動的作用。高利率可鼓勵儲蓄、抑制貸款、抑制投資、減少消費;低利率則可減少儲蓄、鼓勵貸款、鼓勵投資、促進消費。利率對經濟的影響並非單向的,而是需結合當時所處經濟環境進行綜合考察。

利率可分為名義利率和實際利率兩類,前者指未考慮通貨膨脹因素的標稱利率,如銀行存貸款利率;後者指考慮了通貨膨脹因素的可用於觀測貨幣實際購買力的利率。兩者關係為(1+名義利率)=(1+實際利率)×(1+通貨膨脹率)。具體到藝術品投資市場,實際利率反映的是投資者持有藝術品的機會成本,直接影響投資者的投資決策。由於中國的存貸款利率管制,從 21 世紀初期以來,中國長期處於通貨膨脹率超過名義利率的狀態,即實際利率為負數。這使得藝術品持有成本更低,更多富裕起來的人民開始選擇購買藝術品。

同時，如前所述，真正的藝術品具有獨創性、異質性、稀缺性，是人類文化的精粹，能夠經受住時間的考驗，從而抵抗通貨膨脹。在當前通貨膨脹的大環境下，越來越多的購藏者會發現藝術品的抗通貨膨脹性，必然造成供給方的惜售和需求方的增加，從而推高藝術品的市場價格。

四、匯率對中國藝術品價格的影響

匯率指本國貨幣與別國貨幣的匯兌比率，其作用在於將進出口商品的價格進行轉換，以利於國際貿易和資本流動。匯率反映的是各國間的貨幣關係，從而反映各國商品價格間的對比關係，以及在此基礎上各國生產成本和收益的對比關係。從匯率與價格之間的關係來看，一是雙向互動關係，即國內外物價上漲相對值變化會影響兩國間的匯率，而匯率的變動也會對國家進出口價格產生影響。其提高或下降對應該國貨幣相對於他國貨幣升值或貶值、出口產品降低或提高國際競爭力、進口商品國內需求增加或下降[①]。

中國曾經實行過非常嚴格的外匯集中管理制度，即由國家統一對外匯以及對外貿易進行經營和計劃性管理。所有國內企業的外匯收入必須賣給國家，有用匯需求時再按照計劃進行分配，且既不對外舉債，也不接受外來投資，此時的人民幣匯率僅僅發揮核算工具的作用。直到改革開放以後，中國外匯管理體制逐步向減少指令性計劃、增加市場機制發揮基礎性資源配置作用的方向進行改革。截至2014年年末，外匯管理已在多個方面取得階段性成果：一是簡政放權和依法行政取得重要進展，二是重大領域改革取得實質性突破，三是外匯管理方式產生重大轉變。隨著逐筆匹配核銷等傳統管理手段退出歷史舞臺，外匯管理事前審批大幅減少，監管重心轉向事中事後管理，跨境資本流動監測預警能力不斷強化，逐步構建宏觀審慎管理框架下的外債和資本流動管理體系[②]。

表5.2　　　　　　　　2000—2015年年底中國外匯中間價

時間	100美元兌人民幣	100元人民幣兌美元	變動率	藝術品當年成交總額（億元）
2000年12月31日	827.81	12.08		12.50

---

① 溫桂芳.新市場價格學[M].北京：經濟科學出版社，1999：142.
② 範棣.少數派的財富報告：崛起時代為何我們致富難[M].北京：東方出版社，2015：219-221.

表5.2(續)

時間	100美元兌人民幣	100元人民幣兌美元	變動率	藝術品當年成交總額（億元）
2001年12月31日	827.66	12.08	0.018%	13.74
2002年12月31日	827.73	12.08	−0.008%	20.30
2003年12月31日	827.67	12.08	0.007%	26.63
2004年12月31日	827.65	12.08	0.002%	77.53
2005年12月31日	807.02	12.39	2.556%	156.21
2006年12月29日	780.87	12.81	3.349%	165.94
2007年12月28日	730.46	13.69	6.901%	231.71
2008年12月31日	683.46	14.63	6.877%	201.47
2009年12月31日	682.82	14.65	0.094%	222.81
2010年12月31日	662.27	15.10	3.103%	573.52
2011年12月30日	630.09	15.87	5.107%	968.46
2012年12月31日	628.55	15.91	0.245%	576.00
2013年12月31日	609.69	16.40	3.093%	598.65
2014年12月31日	611.9	16.34	−0.361%	583.13
2015年12月31日	649.36	15.40	−5.769%	501.41

（數據來源：中國外管局官網及雅昌藝術網公開數據。）

　　從20世紀90年代至今，藝術品市場在中國改革開放的浪潮中也日漸開放化、國際化。從表5.2可看出，人民幣兌美元的匯率在21世紀的開始五年裡一直保持平穩，而對應年份的藝術品成交總額也處於低水平的緩慢發展中。而在2005—2014年長達十年的時間裡，人民幣兌美元的匯率持續增長，即人民幣持續升值，國際購買力增強，國際熱錢流入。此期間，中國經濟迅速發展，內地文物收藏理念逐漸普及，再加上人民幣升值的預期和通貨膨脹預期相交疊，使得長期海外中國文物藝術品價格高於內地的現象出現了逆轉，從而開始形成海外文物藝術品銷往中國內地的狀況。這些回流文物具備了真品含量高、精品多、新鮮感強、價位彈性大等優勢，從而吸引各界收藏人士到內地拍賣會上舉牌競買。在這十年裡，拍賣場上的重量級頂級拍品幾乎都是海外回流藝術品，其中包括中國嘉德於2006年拍出的成交價為5,280萬元的乾隆粉彩開光八仙過海圖盤口瓶，於2010年春拍拍出的1.008億元成交的張大千名作《愛

痕湖》，以及北京保利於 2009 年拍出的成交價為 6,171 萬元的宋徽宗《寫生珍禽圖》等。

2015 年以后，隨著人民幣相對美元出現貶值，更多的人開始搶購兌換美元，引起外匯儲備明顯縮水。在此之前，因外匯儲備的豐盈，國人境外購物可直接刷信用卡支付，最大支付額度甚至可達每筆 1,000 萬元人民幣，而目前中國政府開始對海外支付進行限制，刷卡支付額度大幅下降。這勢必嚴重影響到國人到海外淘寶的規模和熱情。而人們對人民幣貶值的預期，增加了國內拍賣行境外徵集的難度，中國文物藝術品的海外回流受到多重阻力。當然，由於藝術品的獨創性特點，其價格的不確定性較高，故只有當人民幣貶值幅度較大或人們持續保持貶值預期的情況下，這種對海外回流的負面影響才會凸顯出來①。

五、稅收對中國藝術品價格的影響

除了上述宏觀因素的影響，近年來，稅收政策上客觀存在的避稅效果對促進中國藝術品市場的繁榮及藝術品價格上漲也起到推波助瀾的作用。這種影響主要體現在企業做帳、私下交易、海關稅收、企業稅收減免等方面。

首先，在企業做帳的問題上，由於中國目前沒有特定的會計科目也沒有明確的會計準則來規範企業購買和投資藝術品的入帳，故很多企業基於藝術品的長期持有特徵而將藝術品列入固定資產科目，為企業增大成本，減少利潤創造了條件，從而達到避稅效果。在通過固定資產的不斷折舊，企業的總資產額度被降低，衝減帳面利潤的同時，藝術品實際是在增值，當折舊為零資產後，藝術品可以被人以處置變現，反而常常會實現投資增值。這一來一去，企業的收入除了避稅就還增加了一筆客觀的投資收益。其次，藝術品私下交易市場常常由於規模小且交易零散、偶然而遊離在稅收監管之外，有關書畫、古玩的所得稅規定往往僅停留在紙面上，難以得到實際實施，故長期以來藝術品交易雙方均沒有納稅意識，並將藝術品交易作為一種類似於私人二手貨交易的非常規交稅的交易。最后，從海關稅收來看，長期以來，中國為鼓勵海外文物回流收取關稅並不算高，並且實施「復出境政策」，但對於一些價值高昂的海外文物，其關稅仍然較高，特別是對於一些專業做藝術品貿易生意的企業、畫廊來說。字畫類藝術品體積輕便、利於攜帶，這一令其便於在海關處蒙混過關的特點也對字畫類藝術品的市場繁榮貢獻了力量。

---

① 季濤. 人民幣貶值對藝術品市場的影響 [J]. 東方收藏，2015（9）：4.

綜上，從積極意義上講，稅收模糊地帶助長了藝術品交易的繁榮和藝術品價格的攀升，但從消極意義上講，中國對藝術品交易稅收的缺失使中國缺乏了規範藝術品交易市場的一個重要手段，也為一些不法商販逃稅打開了通道。

第六章　中國繪畫藝術品定價方法及驗證估價模型研究

第一節　常用藝術品定價方法及其分類

　　首先，從對藝術品定價的主體和角度來分類，可以將定價方法分為成本導向型、需求導向型和競爭導向型三類。這樣的定價思路更接近於一般文化商品的生產廠家的定價策略，更適合在對新興年輕藝術家創作的藝術品進行推廣時的定價，或藝術家本人對自己作品進行出售時的定價。而從藝術品定價是否使用數學方法來分類，又可將定價分為定性估價法、定量估價法及定性定量相結合的估價法。定性估價法主要包括簡單估算法和專家估價法兩大類，而定量估價法包括重複出售定價法、特徵價格指數定價法、二元博弈法、包絡分析法，定量定性相結合的估價法有基於未確知測度理論模型的定價方法。相比較而言，國外發達國家的藝術品市場運行時間更長、機制更完善，有記錄的交易數據更多，故其對藝術品定價的定量研究基礎更紮實、研究文獻更多。中國國內的藝術品定價法研究主要是傳統的簡單的定性估算法，以及利用國外上述的數量化、微觀定價方法對中國藝術品市場的研究。

　　由於從某種角度上講，繪畫藝術品特別是一些稀世珍品是具有資產屬性，故我們可試著借鑑資本市場的現代資產定價法來研究繪畫藝術品定價。和其他很多理論體系一樣，現代資產定價理論可因邏輯推演不同而分為歸納法和演繹法兩類。前者又被稱為模糊定價法，主要是基於大量歷史數據對金融產品未來價格變動趨勢進行預估，包括技術分析法和人工智能法；后者主要指那些基於一系列假設條件的下進行嚴密數學推導出的定價模型和理論，可以用於精確定價。從資產定價理論的發展歷程來看，主流經濟學家們推崇的是的演繹法，而

基於相信歷史會再現的以技術分析法為代表的歸納法卻不受主流經濟學界接受，但其在以數理金融學為代表的演繹法難以解決實踐問題的現狀下，仍然因可提供價格外的增量信息和實用性而具有頑強生命力。

一、賣方策略定價法

畫廊或經紀人在推出新興藝術家時，或新興的藝術家本人在推出自己的新作時，往往會將其作品的定價作為重要事項進行反覆考量，以切合市場的真實需求，使得利益最大化。他們往往採取以下幾種策略進行定價：

一是成本導向定價法。這是一種單以藝術品的創作過程和創作成本為策略依據的定價方法，並不考慮市場供求等因素，包括成本加成定價法和目標成本加成定價法。前者接近於物質產品的定價方式，就是簡單地將生產創作成本加上一定比例的預期利潤作為銷售價格。這種方法對物質投入較大的文化藝術產品是可行的，但對像繪畫藝術品這樣的輕物質藝術品並不合適。而且此種定價方式對供求關係因素的忽略可能會造成藝術品實際上難以適應市場的變化。目標成本加成定價法，是依據預期的未來某個時間段內單位藝術產品的成本，再加上一定比例的預期利潤進行定價。此種定價方式更加適用於擁有較大市場規模並且預期銷售穩定的大型畫廊對一批藝術家作品的定價。

二是需求導向定價法。這是根據市場需求因素如消費者的文化背景、消費觀念、消費偏好等為依據，對文化藝術品進行定價。這是隨著新興營銷觀念的產生而興起的一種緊抓消費者的定價方法，包括觀念價值定價法和市場運作細分定價法。前者是指是從藝術品消費者對產品價值的認知或理解角度進行定價，當該藝術品的實際定價與購藏者心裡所認同的觀念價值基本相同時，購藏者就會接受併購買它。因此，畫廊、經紀人或藝術家本人在推廣藝術品時採取換位思考的方式來估計該藝術品在目標購藏者群體心目中的觀念價值，並以此標準制定藝術品價格。市場運作細分定價法就是在市場運作過程中，畫廊、經紀人或藝術家本人根據不同藝術品購藏者消費層次、需求強度以及市場供求狀況來為藝術品制定細分的差異化的價格。藝術品購藏者的成長背景、生活環境、文化薰陶、從事工作、年齡階段、社會階層、收入水平和消費方式等，以及主觀上的興趣愛好、氣質特性、價值觀念等因素都會影響對藝術品的選擇和需求。市場運作細分定價法可把上述因素對市場進行細分並區別定價。

三是競爭導向定價法。以競爭為定價之導向，就是同時考慮市場上供需雙方的情況，以同類藝術品的定價作為自身定價依據，更偏重於藝術品經營主體在市場上與其他同類藝術品和經營主體進行競爭。此定價法可分為三種情況：

第一種是隨行就市定價法。即以市場上同類藝術品的平均售價或成交價格水平作為定價標準或最重要參考，是一種簡單易行又較為實用的賣家定價策略。特別是對於初次售賣的存在成本難以核算、市場供求彈性都不足的那類藝術品，這種模仿和尾隨的定價策略更易促成交易。第二種是主動競爭定價法：與隨行就市定價法相反，是藝術品的經營主體採取主動挑動市場價格變化，爭取成為市場價格制定者的定價策略。這要求藝術品的經營者如畫廊、經紀人具有一定的經濟實力，在藝術品供應上具有一定的壟斷地位，並能有效影響和挖掘該類藝術品的需求。第三種是投標定價法。這在現實中對應的是藝術品拍賣市場。在這個市場中，供給方提供的藝術品是唯一的、獨創的，就具體藝術品的供給來說具有絕對的壟斷地位，而需求方眾多，故「價高者得」的交易方式最適合頂級稀有的古玩、字畫等藝術品的具體價格的實現。

二、簡單估算法

在對藝術品價格的研究中，中國研究者較常採用簡單估算法來定性和定量研究，這些估算方法實際類似於上述定價策略中的競爭導向定價法的第一種情況，主要包括類比法、平均價格法以及代表作定價法。

1. 類比法

這種方法的主要步驟為：首先，在市場中根據同作者、同年代、同題材、同派系、同級別等標準來尋找某一件藝術品的同類藝術品；其次，將該件藝術品與已出售的同類型藝術品進行比較；最後，得出估值區間的上限和下限。就繪畫藝術品的估值來說，由於其具有獨創性和唯一性，故只能在市場中按照一定標準來尋找類似作品進行比較，最后依靠專家對該幅繪畫藝術品的具體特徵和品質進行品鑒，從而在類似作品的價格基礎之上根據個體差異進行價格區間的評估。比如對於相同畫家的作品，還可按照畫家在作品中付出的創作精力和作品本身的品質不同將作品分為代表作、精品、一般作品和應酬之作。若以一般作品的價格作為基準價，該畫家的代表作價格可評估為基準價的150%～200%；精品價格為基準價的120%～150%；應酬之作的價格為基準價的50%～80%。這種估值方法簡便而直觀，但受專家主觀因素限制，因而欠缺科學性和客觀性。

2. 平均價格法

此種估價法主要是通過對同一位藝術家在市場上已有的成交價格的平均數進行計算，從而估算該藝術家其他沒有交易記錄的作品價格。比如，通過拍賣市場中的公開交易數據，我們可以計算出同一位畫家在一定時間段內其繪畫藝

術作品的單位面積均價，再將不同時間段內的均價連接起來可大概判斷該畫家作品價格的變化趨勢，從而粗略推算出該畫家某一繪畫作品的可能價格。這種方法可以較為直觀地觀察同一類繪畫藝術品的價格總體變化，對於具體某件繪畫藝術品的價格估算往往誤差巨大。

3. 代表作定價法

用此種方法進行定價，首先需要在市場中尋找每一個時間段內能夠代表全部作品的一系列代表性作品，然后用這些代表作的平均價格來計算藝術品價格指數，然后利用價格指數評估單個藝術品的價格。雖然國外有學者利用拍賣數據來構建價格指數，看起來利用了複雜的數學模型，但其實質卻是對類比法和平均價格法的融合利用，其對於藝術品進行的分類和對代表作的選擇仍然存在較大的主觀任意性，並不適合作為給藝術品定價的一般方法。

三、專家估價法

顧名思義，專家估價法就是以專家作為信息來源，依靠專家的經驗以及專業知識對藝術品價格及其趨勢進行直觀判斷和綜合分析。顯而易見，這是一種高度依靠專家個人能力和水平的估價方法，還受專家的道德水準和主觀直覺的影響。具體而言，如果將專家估價法運用到藝術品定價上，可採取的具體實施方式主要包括個人判斷方式、專家會議研討方式和德爾菲法的方式。

1. 個人判斷方式

這主要是指僅依靠個別專家的專業性和歷史經驗而得出對某件藝術品的個人價格判斷。這是對專家個人依賴程度最高的一種方式，其優勢是如果選擇了道德水平高、真正懂行又具有敏銳市場洞察力的專家，其進行了毫無保留的評價和判斷，其估價就具有較高權威性。缺點就是相反的，如果選的是不真正懂行又無道德底線的專家，其可能會依據自己想要達到的目的而在很大程度上誤導購藏者。

2. 專家會議研討方式

此方式就是將相關的專家組織起來開會，在會議上對擬估價的藝術品的真偽、價值、市場價格進行討論，各抒己見，而最后按照一定的歸納總結的規則進行結果的計算，從而得到一個可以反映多個專家意見的估價結果。此種方式從一定程度上避免了僅根據個別專家的判斷下定論所可能產生的問題和風險，但也不能杜絕專家的集體道德風險、個別專家的濫竽充數，以及個別專家基於在同行面前有所保留或相互影響的主觀影響因素的產生。

3. 德爾菲法（Delphi Method）

德爾菲法也可稱為專家規定程序調查法。這是一種通過設置某種程序來最大程度利用具有專業知識的人員經驗進行判斷和預測的方式，由美國蘭德公司於 20 世紀 60 年代引入預測領域。其所謂的規定程序，就是在徵詢專家們的定價和預測意見時，採用的是一種背對背的、不得相互討論和相互聯繫，而專家通過匿名方式提交預測和判斷意見的徵詢方式。徵詢和反饋程序會進行數輪，最后趨於一個集中的共識和很高準確性的集體判斷結果。此種背對背徵詢和匿名反饋的方法可以避免專家的判斷受到專家之間個人恩怨的主觀情緒影響，目前更多應用於團隊溝通和對工作難題的解決辦法探討。

四、重複出售定價法

重複出售定價法是指利用在市場上多次出售的藝術品價格數據進行定價的方法，可細分為雙重銷售法和重複銷售法。前者是最早由美國著名經濟學家威廉·杰克·鮑莫爾（William Jack Baumol）於 1986 年提出的一種與代表作不同的方法①。鮑莫爾對 1652 年至 1961 年成功出售次數至少在兩次以上的繪畫藝術品的價格進行考察，利用連續複利回報率公式計算繪畫藝術品的回報率，並與其他金融資產的風險和收益進行比較，得出了兩者風險相似但金融資產的回報率更高的結論。而重複銷售法是指通過搜集一段時間內的所有藝術品重複交易價格數據，然后對此期間內出售情況賦以虛擬變量，最后通過對普通最小二乘法進行迴歸估值的方法計算該區間內的藝術品價格，從而構建藝術品價格指數。這兩種類型的重複出售定價方法都是使用相同藝術品重複交易的數據，作品相同，可比性高，減少使用不同藝術品進行類比的主觀性和模糊性。但使用該方法有一個最大的限制條件，即數據獲取的困難，特別是由於每一件真正的藝術品都具有獨創性，藝術品收藏週期較長，相同藝術品再次出現在市場中進行交易往往已距上次交易間隔數年之久，再考慮到中國藝術品市場發展歷程短，有數據記錄的交易數據更是匱乏，僅從 2000 年后藝術品拍賣市場興起、專業網站和研究機構以后才有數據可查，這種依靠對相同藝術品重複交易數據的研究和統計進行定價的方式並不適合對中國繪畫藝術品價格的研究。

五、特徵價格模型法

提到特徵價格模型法或者特徵價格指數法，即指 Hedonic 模型法，又稱為

---

① BAUMOL W J. Unnatural Value：Art as Investment as a Floating Crop Game [J]. American Economic Review，1986（76）：10-14.

效用估價法。該定價模型名稱中的「Hedonic」實際是借用的意思為愉快的希臘語單詞「hedonikos」來指代消費者從消費某件商品或服務中所獲得的效用。特徵價格模型法的基本建模思路為，商品自身的一系列特殊屬性決定了其帶給消費者的效用，而該商品本身的價格高低，則可以分解成商品各方面的特徵或屬性對應的隱含價格之和，故只要能分別找到各屬性所對應的隱含價格函數，就能得到該商品最終的價格函數。

一般認為，20世紀20年代，沃（Waugh，1928）最早利用迴歸方程分析蔬菜質量差異與其價格變動的關係，估計了各項屬性的隱含價格函數關係，並對多元統計技術進行了重要的早期探索。也有人認為，首次使用特徵價格方法進行研究並對其命名為「hedonic」的學者是美國汽車行業專家考特（A. T. Court）。他於1939年根據汽車的不同特性建立汽車價格函數，並進一步把模型推廣到對其他異質性電子機械商品的價格、需求的分析中[①]。還有學者認為，Haas才是最先使用特徵價格模型的人，因為早在1922年就在其碩士文章中使用特徵價格模型的概念和基本原理對農地價格進行了研究。

為了克服重複銷售法使用中獲取重複交易數據的困難，從20世紀70年代開始，陸續有國外的學者將Hedonic模型法引入對藝術品這種極致的異質性特殊商品的價格研究和分析中。開始時，這些學者主要將研究對象定位為整個藝術品市場，如安德森（Robert. C. Anderson，1974）等學者就以古典繪畫市場、英國十八十九世紀藝術品市場、印象派市場等為研究對象。他們根據消費者需求的不同，將繪畫藝術品的屬性分為裝飾性屬性、美學屬性以及經濟屬性，而每一類屬性又可細分為諸多小的特徵類別。他們以這些特徵因素為自變量，對藝術品的成交價格之對數進行迴歸，發現的影響價格最為顯著的因素包括藝術品出售的時間、作品尺寸大小以及作品創作者的名氣和聲望[②]。

20世紀90年代以后，國外學者把研究對象轉到單位畫家的繪畫藝術品市場上。弗雷和波默林（Frey and Pommerehne，1989）繼安德森之後，選取1971年到1981年100位著名藝術家的數據，對當代繪畫藝術品市場作了進一步探討。他們之所以使用當代藝術品數據是為了利用包括畫廊、展覽中的更多信息，並且他們在研究中第一次將作品的審美方面的特質加入價格函數中進行研

---

① COURT A T. Hedonic Price Indexes with Automobile Examples [J]. The Dynamics Automobile Demand, 1939: 99–117.

② ANDERSON R C. Paintings as an Investment [J]. Economic Inquiry, 1974 (12): 13–26.

究，並得出了相應的結論①。其他學者的研究大多是為了比較藝術品和其他資本投資標的之間預期收益率的差別，而並不以建立一套適合藝術品市場的價格指數為目的。中國學者使用特徵價格模型進行研究的時間較短，且主要集中在對房地產、汽車價格和環境評估的研究中，直到 2009 年，陸霄虹在其博士文章中將特徵價格模型引入對中國繪畫藝術品價格的研究中。

總的來說，與前述的重複銷售定價法相比，特徵價格模型法對多次交易數據不作要求，也是符合且能體現藝術品異質性特點的價格估值方法，為建立一套宏觀的或針對具體畫家的藝術品價格指數提供了合適的路徑，並且將藝術品單次及重複銷售的信息鏈接起來，它能使我們在估算藝術品價格時考慮和利用更多的信息。但同時也應注意，如何在繁多的評級指標中選擇確定模型所需的解釋變量，以使估算結果更加精準，是合理利用該模型時必須認真思考的問題。筆者將在后面的小節中對該模型作具體的應用。

六、其他藝術品估價法

1. 二元選擇模型定價法

米歇爾·貝克曼（Michael Beckman，2004）將藝術品競買人相互串通對藝術品成交價造成的影響作為研究目的並採用二元選擇模型進行了研究。

2. 包絡分析法

這種分析法主要是用於對多元輸入和多元輸出的決策單元進行評價。1978年，運籌學家查恩斯（A. Charnes）和庫伯（W. W. Cooper）創建了這種方法，在之後此種分析法被廣泛應用於各類業績評價。有國外學者採用該方法對影響藝術品價格中的拍賣行這一因素進行了分析，發現拍賣藝術品的場所也能顯著影響藝術品價格的形成。

3. 基於未確知測度理論模型的定價方法

20 世紀 90 年代，王光遠教授提出了該理論的基本框架。這是一種評價過程中既離不開專家評審，又必須通過合理方式來控製專家主觀臆斷評審的考慮而進行評價的方法，它不同於灰色理論和隨機信息理論，是一種新型的不確定性理論，成果較多應用在環境測評、科技獎勵評價等領域的結果評測中。中國有學者把該理論應用到藝術品定價中，在藝術品影響、外在客觀屬性和市場競爭力三個方面構建評價指標體系，並對影響因素進行了優化處理，然后將藝術

---

① FREY B S. POMMEREHNE W W. Art investment: An empirical inquiry [J]. Southern Economic Journal, 1989 (56): 396-409.

品評價和定價納入基於熵權的未確知測度模型框架中，以期建立客觀科學的藝術品定價模型。但該方法的基礎仍然是基於專家評價系統，故仍然存在評價體系的主觀性所導致的信息失真問題。

第二節　中國繪畫藝術品價格評估指標體系

鑒於繪畫藝術品的精神產品特徵，其生產離不開畫家的創造性的精神勞動，其消費離不開消費者情感的共鳴和精神層面的主觀感受，而繪畫藝術品的異質性和獨創性特徵直接影響其價格的形成，故對繪畫藝術品價格的評估也就離不開一套科學的評估指標的建立。

一、建立指標體系的原則

為了對繪畫藝術品作出正確評價，首先必須堅持將價值決定價格作為理論依據，從影響繪畫藝術品價值的本質特徵出發，建立一套科學合理的評價指標體系，力求充分反映畫家在藝術史中的地位、影響力、藝術感染力、藝術創新能力以及未來的發展潛力。此外，為了保障指標體系所作出的評價結果是科學、準確和實用的，還需注意以下幾個原則：

一是全面性和重要性相結合的原則。在構建評價指標體系時需要考慮的因素有很多，對應的指標也很多，我們必須先進行全面的考察，以免漏掉重要指標。但如果事無鉅細都列為評價指標，又凸顯不出關鍵指標，且可能因指標間的關聯性或因果關係而重複考慮某些因素。故建立指標體系前應對影響價格的因素進行全面梳理，但確定指標時應謹慎選擇重要、獨立、關係協調和層次分明的屬性和因素。

二是理論性和實踐性相結合的原則。理論性要求設計指標體系的理論依據要科學、嚴密，選取指標應以客觀統計指標為主，以主觀評價指標為輔，並盡量選取權威機構公布數據。實踐性主要指選取指標應盡量少、方法應盡量簡便易行。

三是以定量指標為主以定性指標為輔的原則。定量指標對事實的陳述更真實、包括的真實信息更多，故在選擇評價指標時應盡量使用可以定量的因素，但對於繪畫藝術品這類精神產品，在不少情況下難以對所有信息進行定量分析，必須借助專業人士的評價來進行，所以我們在設計指標體系時也需要一些定性指標來輔助，如使用專家打分法來對某些特徵進行評價。

四是動態與靜態相結合的原則。中國的繪畫藝術品市場隨著中國社會、經濟的發展而變化，特別是 2000 年后處於一個急速發展、急速變化的過程。如果要建立一套科學有效的指標體系，就不僅僅需要選擇反映當前市場情況的靜態指標，還應包括含有預測性、先導性、趨勢性的動態指標。

二、現有學者的研究成果

對於由決定或者影響繪畫藝術品價格的因素組成的價格評估指標體系，一直是眾多學者研究的對象，由於中國繪畫藝術品特別是中國畫相較於外國的油畫還有一些特殊之處，故本書中也主要引用和借鑑對中國藝術品評價指標的一些研究成果。如夏葉子（2005）在其著作《藝術品投資學》中，試圖為現當代藝術品建立一套科學而完整的價格評估體系，如表 6.1 所示[①]：

表 6.1　　　　　　　　　當代藝術品價格評估指標體系

1. 常規因素	1. 知名度	1. 作者的知名度；2. 作品的知名度；3. 題材的知名度；4. 藝術形式的知名度
	2. 作品題材	1. 歷史性題材；2. 現實主義題材；3. 純藝術性題材；4. 小品
	3. 作品的社會意義	
	4. 作品的文化含量	
	5. 作品的技術含量	1. 作品的科技含量；2. 作品的勞動量；3. 作品的工藝性；4. 作品的技法
	6. 存世量和生產量	1. 現代作品的存世量；2. 當代作品的生產量
	7. 週轉量	
	8. 作品的大眾傳播性	
2. 畫種		
3. 藏品的系列性與配套性		
4. 藏品的內在質量	1. 藏品介質、材料檔次；2. 藏品輔料的檔次；3. 藏品的裝潢、裝裱	
5. 文化趨勢	1. 流行趨勢；2. 審美趨勢；3. 風格、流派	
6. 藏品在主流社會中的地位		

---

① 夏葉子. 藝術品投資學 [M]. 北京：中國水利水電出版社，2005：108-113.

表6.1(續)

7. 作品的文物性	
8. 市場趨勢	
9. 其他	1. 藏品的品相；2. 藏品的尺寸；3. 藏品的入藏地點；4. 藏品的交易次數；5. 藏品的配套法律文件；6. 藏品的流傳記錄

祝君波（2006）在其著作《藝術品拍賣與投資實戰教程》中將影響和決定藝術品價格形成的因素分成了三類，如表6.2所示[①]：

表6.2　　　　　　　影響和決定藝術品價格的因素

1. 外部因素	1. 受宏觀經濟環境的影響；2. 受和平環境的影響；3. 受其他投資收益的影響；4. 受其他城市價位的影響；5. 受開放政策和交易方式的影響；6. 受供求規律的影響
2. 商品性因素	1. 藝術品的名家與非名家；2. 藝術品的真僞；3. 藝術品的精品與非精品；4. 藝術品的稀與多；5. 藝術品保存完好與有缺損；6. 藝術品玩賞性的強與弱
3. 人爲因素	1. 受個人財產多寡因素的影響；2. 受買家情感因素的影響；3. 受市場炒作因素的影響；4. 受衝動銷售的影響；5. 受捧場因素的影響

馬健（2008）出版的《收藏品拍賣學》書中，爲構建收藏品評估的基本框架，建立了收藏品評估的三級指標體系，如表6.3所示：

表6.3　　　　　　　收藏品評估的指標體系

一級指標	二級指標	三級指標
1. 基本指標	1. 基礎性	1. 作者；2. 年代；3. 題材；4. 體裁；5. 規格；6. 質地；7. 產地；8. 著錄情況；9. 展覽情況；10. 流傳情況
	2. 炫耀性	1. 該收藏品的替代性；2. 真僞問題爭議性；3. 權威專家學者評價；4. 原收藏者的影響力；5. 大衆媒體宣傳報告；6. 銷售機構運作情況
	3. 投機性	收藏品的短期價格波動性

[①] 祝君波. 藝術品拍賣與投資實戰教程 [M]. 上海：上海人民美術出版社，2006：59-75.

表6.3(續)

一級指標	二級指標	三級指標
2. 市場指標	1. 宏觀情況	1. 社會消費品零售總額；2. 進出口總值；3. 居民消費價格指數；4. 貨幣供應量
	2. 市場情況	1. 市場資金狀況；2. 同類藝術品換手率；3. 同類藝術品流通量；4. 同類藝術品的成交量；5. 同類藝術品成交率；6. 同類藝術品的漲跌幅
	3. 買家情況	1. 偏好；2. 購買群體特徵；3. 買家的購買力

西沐（2010）在《中國藝術品市場概論》中，將中國藝術品市場價格的決定因素分為「外在環境因素」和「市場內在因素」兩類並進行了細分，詳見表6.4：

表6.4　　　　中國藝術市場價格的決定因素

1. 外在環境因素	1. 宏觀環境	1. 經濟環境；2. 法治環境
	2. 微觀環境	1. 信息傳遞程度；2. 附加價值高低；3. 競爭環境的優劣程度
2. 市場內在因素	1. 市場價值決定因素	1. 藝術功底的深厚程度；2. 藝術個性的強度；3. 創作題材的廣泛程度；4. 出新的程度
	2. 學術價值決定因素	
	3. 文化價值決定因素	
	4. 歷史價值決定因素	

三、建立適合中國繪畫藝術品價格評估的指標體系

建立一套適合中國繪畫藝術品的估價指標體系的過程，實質是對決定和影響繪畫藝術品價值和價格的因素進行梳理排序的過程，雖然指標體系的建立有一定的主觀性，但盡量全面、有層次地影響因素梳理，有利於市場參與者對一些非標準化、數字化的因素加以衡量和考慮，從而得出更加理性的價格估值。在本小節。筆者將根據前面章節對繪畫藝術品價值、理論價格以及市場價格的分析，結合其他學者的研究成果，對決定和影響中國繪畫藝術品價值與價格的因素進行梳理，具體內容見表6.5：

表 6.5　繪畫藝術品價值和價格的決定、影響因素

1. 價值量/理論價格的決定因素	1. 複雜勞動轉化為簡單勞動的系數	1. 畫家名氣及在藝術史中的地位；2. 畫家的德行；3. 創作耗費的時間；4. 技巧熟練程度；5. 技藝難易程度；6. 天賦和創造性高低；7. 重新獲得的難度；8. 創作年代；9. 收藏者的名氣和地位；10. 品相好壞/是否妥善保存		
	2. 簡單勞動的單位價值量	1. 交易所處國家；2. 交易所處社會；3. 交易所處年代		
2. 市場價格形成	1. 決定因素	繪畫藝術品價值量		
	2. 影響因素	供求關係	微觀因素	1. 供給意願；2. 供應能力；3. 需求意願；4. 需求能力；5. 價格預期；6. 心理因素
			宏觀因素	1. 人均國民生產總值；2. 貨幣價值；3. 利率；4. 匯率；5. 稅收等其他因素

第三節　定量分析與驗證：Hedonic 模型分析

前面小節我們已經對 Hedonic 特徵價格模型的研究及應用情況進行了簡要介紹，在本節中主要是對模型的理論基礎、繪畫藝術品價格適用模型種類、模型參數選取、模型的適用性以及中國繪畫藝術品市場特徵價格方程進行研究和分析。需要說明的是，雖然特徵價格模型是基於效用價格論的產物，和本書支持繪畫藝術品價值決定其價格的觀點看似不容，但實際上在計算價值量時，諸多影響複雜勞動轉化為簡單勞動的因素，將體現為繪畫藝術品自身的某種特徵，故筆者認為，從此角度來講，通過 Hedonic 特徵價格模型的分析，可以對價值量決定因素的關聯程度在統計和現象層面進行反向驗證，並為繪畫藝術品這類異質商品尋找一個具有直觀操作性的參考性較強的估價模型。

一、模型理論基礎

特徵價格理論認為，人們對商品產生的需求是基於對商品具有屬性或效用的需求，所以商品價格是由其各方面屬性滿足消費者的程度和多少所決定的。換句話說，消費者為了獲得商品的某些特殊屬性給自己帶來的效用，而支付價格作為對價。Hedonic 特徵價格模型的理論基礎主要為美國學者蘭卡斯特

(Lancaster，K. J.) 1966 年提出的消費者偏好理論，以及美國經濟學家羅森（Rosen，S.）於 1974 年提出的市場均衡理論。

蘭卡斯特的消費者偏好理論脫胎於新古典經濟學的消費理論，但與傳統經濟學家從消費者個體行為角度考察消費者偏好和效用所不同。蘭卡斯特從不同商品之間的特徵和差異出發，認為商品的出售實際是其所擁有的一系列特徵和效用集合的出售，特別是對異質類商品而言。如果用傳統模型來分析只能單個商品單個價格地進行總括分析，而不能對影響效用的特徵進行分析，從而不能真正體現商品的不同特徵變化對價格的影響。為瞭解決這樣的問題，蘭卡斯特將商品的特質和一系列價格進行對應分析，稱這些難以直接在市場中觀測到的隱含價格叫做特徵價格，其總和就構成了商品的價格。

第二個重要的理論基礎是羅森的市場供需均衡模型，這使特徵價格理論的發展最終形成了一個基本完備的理論體系。該均衡模型以消費者效用和生產者利潤同時實現最大化為目標，在完全競爭市場假設下對異質商品的長短期均衡進行分析研究。根據羅森提出的相關理論，通過如多元迴歸等計量經濟學技術手段，可以對異質商品各項特徵對應的隱含價格進行分離，並指出各個特徵所進行的組合才直接構成對消費者效用的影響，而商品的出售情況實際可以用這些特徵對應的需求函數來表示。該方法為眾多學者對特徵價格理論的進一步數量化研究和建模奠定了基礎。

二、模型選取

特徵價格方程表現為商品價格與不同的一系列屬性之間的函數，建立方程模型的步驟主要是首先分析並確定商品的各種屬性 $X_i(i = 1, 2, \cdots, n)$，然後進行數據搜集和處理以得到價格。模型的基本表達方式如表 6.6 所示：

$$P = f(X_1, X_2, \cdots, X_i) \qquad\qquad (式6.1)$$

可以供以研究繪畫藝術品市場特徵價格的方程可表示為兩種函數表達式：

一種是靜態表達形式。

正如前文所述，繪畫藝術品的價格取決於其所具有的如作者名氣、作品尺寸、創作時間、題材等眾多屬性對購藏者產生的效用，所以對繪畫藝術品估價的過程實際是對其每一個獨立特徵屬性的效用進行評估的過程。按照蘭卡斯特的理論，每一個特徵屬性所帶來的效用均應遵循邊際效用遞減規律，即對某一屬性獲取量的增加會導致該屬性對應隱形價格增加值的減少。

假定繪畫藝術品的屬性保持不變，其價格 P 是其一系列屬性 X_i 的函數，其中包括如作品尺寸這樣的連續變量，也包括有無鈐印這樣的離散變量。在最

簡單的情況下，可使用線性方程的方式表示特徵價格：

$$P = \alpha + \beta_1 X_1 + \beta_2 X_2 + \cdots + \beta_i X_i \qquad (式6.2)$$

上式中的 β_i 為繪畫藝術品每種特徵屬性所對應的系數，可以理解為購藏者願意為相對應的特徵屬性支付的價格。雖然線性的特徵價格方程具有形式簡單、易於應用的優點，但由於其並不符合現實中以及羅森效用價格論中的邊際效用遞減規律，故其可適用的範圍非常有限。

為了追求更準確和更適用的估價結果，一般採取指數形式的特徵價格方程式進行估價：

$$P = \alpha X_1^{\beta_1} X_2^{\beta_2} \cdots X_i^{\beta_i} \qquad (式6.3)$$

對上式等號兩邊同時取對數，可轉化為線性迴歸方程：

$$\ln P = \ln \alpha + \beta_1 \ln X_1 + \beta_2 \ln X_2 + \cdots + \beta_i \ln X_i \qquad (式6.4)$$

上式中的參數 α 和系數 β_i 可通過多元迴歸的計量方式得出，和式6.2中的系數意義不同，這些系數 β_i 不再是屬性 X_i 的對應價格，而是作為繪畫藝術品價格對該特徵屬性的彈性。在這個方程式中，P 和 X_i 不能為零，這一限制構成了此類方程表達式的局限。

二是動態表達形式。

在靜態的表達形式中，考察的是購藏者在某一相對固定不變的時間區間內對繪畫藝術品的估價問題，在此期間繪畫藝術品的特徵屬性給購藏者帶來的效用是相對固定的，結合前述章節的研究，即在簡單勞動內涵和勞動量相對不變的一段時間內。隨著時間的變化、社會朝代的更迭，同一件繪畫藝術品給購藏者帶來的效用可能發生變化。針對這種情況，需要對原來的靜態形式作一定調整，再假定購藏者對各項特徵屬性的需求價格彈性，即6.4式中的指數不變，那麼就可以在式中增加一項來體現隨時間的變化，以計算各年的價格，方程式如下：

$$P = \alpha_0 X_1^{\alpha_1} X_2^{\alpha_2} \cdots X_i^{\alpha_i} e^{\beta_1 D_1 + \beta_2 D_2 + \cdots + \beta_j D_j} \qquad (式6.5)$$

具體來看，式中參數 α_i 為0到1之間的特徵屬性的需求價格彈性，$[0, T]$ 為可用於觀察到時間間隔區間，一般根據拍賣紀錄集中在春拍和秋拍，故常按半年來記。$D_j (j = 0, 1, 2 \cdots t)$ 為虛擬變量，當在時間段 $t \in [0, T]$ 時值為1，其餘為0。這裡的 β_j 表示的是在時間段 t 內繪畫藝術品價格變化數值。因此，在基準期，所有 D_j 均為0，此時繪畫藝術品價格表示為：$P = \alpha_0 X_1^{\alpha_1} X_2^{\alpha_2} \cdots X_i^{\alpha_i}$；在第 $t \in [0, T]$ 期，只有 $D_t = 1$，其餘 D_t 為0，此時繪畫藝術品價格表示為：$P = \alpha_0 X_1^{\alpha_1} X_2^{\alpha_2} \cdots X_i^{\alpha_i} e^{\beta_t}$。對式6.5兩邊取導可得對數線性迴歸方程：

$$\ln P = \ln \alpha_0 + \alpha_1 \ln X_1 + \alpha_2 \ln X_2 + \cdots + \alpha_i \ln X_i + \beta_1 D_1 + \beta_2 D_2 + \cdots + \beta_t D_t \qquad (式6.6)$$

上述屬性系數 α_i 和價格隨時間變化的系數 β_j 可以通過多元迴歸的方式得出，然后將得出的各估計數值代入式 6.5 中就可最終算出繪畫藝術品在每一時間區間內的價格。

總的看來，我們研究繪畫藝術品價格，可以在線性函數模型、對數線性函數模型以及半對數函數模型中進行選擇。具體到對中國繪畫藝術品的研究，我們需要在複雜多樣的特徵價格模形的函數形式中選擇一種最適合的函數形式，這是事半功倍的關鍵。主要考慮到以下三點原因：一是根據現有研究表明，採用公開的拍賣價格數據會存在嚴重偏度，而使用對數線性函數模型可以很好地改善這一問題；二是使用對數線性函數模型得出的系數估計值代表的是變量間的變化比例，故可以從直觀上觀察兩個變量間的彈性關係；三是根據現有研究成果，使用對數線性函數模型的擬合度更高。另外需說明的是，迴歸模型中使用的價格數據皆為實際交易價格。鑒於以上原因，在本書中，我們對前述對數線性函數動態模型進行整理，選取如下形式模型對中國的繪畫藝術品進行研究：

$$\ln p_t = \alpha_0 + \sum_{i=1}^{n} \alpha_i \ln x_i + \sum_{j=0}^{t} \beta_j d_j + \varepsilon_t \qquad (式 6.7)$$

三、特徵指標變量選取

利用特徵價格模型對中國繪畫藝術品進行研究，還需引入恰當的相關變量且準確測量，以免遺漏變量或測量錯誤導致估計結果偏離正確值。從目前國內外的研究來看，影響藝術品價格的屬性常常被分為經濟類屬性、審美類屬性和裝飾類屬性，但結合本書對繪畫藝術品價值是價格形成源泉的研究，以及對繪畫藝術品是精神勞動產品觀點的認可，筆者認為應該按照從對價格決定到影響、從內到外的方式梳理價格特徵屬性如表 6.6 所示：

表 6.6　在特徵模型中決定或影響繪畫藝術品價格的特徵及分類

特徵分類	繪畫藝術品特徵屬性
作者信息屬性	畫家的名氣、行業地位、創作週期、創作年代、是否在世
作品信息屬性	尺寸、題材、材質、藝術表現手法、保存狀況、拍賣前的估價、歷史價格、出售年份
信息可靠度屬性	著錄和展覽的層次和次數、拍品收藏者的名氣、是否署名、是否有鈐記、拍賣行和出售地、在拍賣圖錄上的位置
供求關係屬性	購買力、宏觀經濟環境因素、文化潮流

除了上表中總結的變量，還有一些學者將社會發展水平、社會文化素質作為特徵因素進行考察（常華兵，2006）；有學者認為首先對藝術品價格構成影響的基礎因素是藝術品自身質量，其次是創作者的知名度，還包括作品存世量的多少、審美潮流、年代遠近以及市場承受能力等因素。而對於中國傳統繪畫中同一作者不同題材的問題，也有學者進行研究，進而對不同題材進行了排序並給出了差價。一般情況下，山水價格高於人物，人物價格又高於花鳥，在同一作者的前提下，花鳥題材的價格是山水畫的30%~40%，人物畫的價格介於這兩者之間①。

對於油畫價格的影響因素，有學者梳理、總結了美國商業畫刊等權威機構的調查結果（張景儒，1999），認為從發達國家的繪畫藝術品交易歷史數據可看出，從最重要到次重要的價格影響因素排序為：作品內容、作品藝術價值、支付能力、色彩因素、畫家知名度、投資潛力、是否認識畫家本人、畫框質量、畫廊知名度、畫廊銷售技巧、作品真偽、支付方式、廣告宣傳，它們的重要程度占比分別為65%、34%、32%、28%、27%、21%、17%、10%、6%、4%、4%、3%、2%。該研究還發現，繪畫藝術品市場的整體發展受到經濟週期發展的制約，每一個十年期的經濟週期中的第二到六年是藝術品市場交易的高峰時期②。

從近年來中國學者對中國繪畫藝術品的研究來看，常用的影響價格的特徵因素主要總結如表6.7所示：

表6.7　　　　近年學者常用特徵因素指標統計表

	張景儒（1999）	湯傳杰（1999）	羅邦泰（2001）	常華兵（2006）	倪進（2007）	陸霄紅（2009）	王藝（2010）	魯智剛（2012）	鄧偉（2014）	向寧（2015）	指標選中占比
創作時間			√		√	√	√	√		√	6/10
題材	√				√	√	√	√		√	6/10
經濟發展水平	√		√			√		√			5/10
藝術家名氣	√				√	√	√	√			5/10
出售時間					√	√	√	√		√	5/10
尺寸					√		√	√		√	4/10
歷史價格		√				√	√			√	4/10
仲介機構					√		√	√		√	4/10
歷史地位			√						√		3/10
流行趨勢			√	√					√		3/10
材質						√	√		√		3/10

---

① 倪進. 論書畫藝術品的價格定位［J］. 東南大學學報（哲學社會科學版），2007（11）：80.

② 張景儒. 我所見到的美國藝術品市場［J］. 美術大觀，1999（7）：13-24.

表6.7(續)

	張景儒(1999)	湯傅杰(1999)	羅邦泰(2001)	常華兵(2006)	倪進(2007)	陸霄紅(2009)	王藝(2010)	魯智剛(2012)	鄧偉(2014)	向寧(2015)	指標選中占比
藝術水平			√		√					√	3/10
人為炒作	√			√							2/10
展覽和出版		√								√	2/10
存世量			√						√		2/10
成交區域						√	√				2/10
實用價值	√				√						2/10
文化含量	√										1/10
精神含量	√										1/10
真偽		√									1/10
社會文化素質					√						1/10
作品歸屬		√									1/10
投資潛力	√										1/10
表現手法						√					1/10
署名或鈐印								√			1/10

　　本書主要參考上述學者的意見，並考慮中國繪畫藝術品市場交易數據的可獲取性和可靠性，以及選取變量的代表性和相關性，筆者對於表6.7中總結的變量進行了剔除、合併和優化，最終選用了以下指標作為影響或決定各畫家創作的繪畫藝術品價格的特徵指標。

　　1. 定量連續變量

　　繪畫藝術品的面積變量x_1。從對判斷藝術家在創作繪畫藝術品時所耗費的勞動量多少的角度來看，同一畫家所創作的同一題材和表達方式的繪畫作品，面積越大的所耗費的勞動量越大。將這一因素作為重要變量，其計量結果不僅符合畫家往往將畫作尺寸作為潤筆的計量單位的現實情況，也可以驗證本書價值決定價格的重要論點。

　　畫家的名氣變量替代指標歷史平均成交價格x_2。在前面章節中，筆者論述了當畫家的複雜的創造性勞動被轉化為簡單勞動時，社會大眾對畫家知名度和藝術成就的習慣性認定可直接決定轉化係數的高低，在一定的社會經濟生產水平下，也就直接決定了畫作價值的高低，故該因素應為繪畫藝術品價格的決定性因素，本書的模型研究應該考慮該因素的影響程度。只是在引入此因素時，由於對畫家的知名度和名氣的認定有主觀性，故筆者考慮使用其他可以表現人們對畫家名氣認定的指標進行替代，盡量將內部評價外部化、可視化。根據此原則，筆者將各位畫家的歷史成交價格的均值作為對其名氣的認定的指標。由於成交價均值統計的時間區間越大越不能反映出大眾對畫家知名度認知的變化，故在本書中具體採用的是上一期平均成交價格作為歷史平均成交

價格。

社會經濟發展水平指標人均 GDP 變量 x_3。在對社會經濟發展水平等可能會對繪畫藝術品價格產生影響的宏觀因素的變量選擇上，人均 GDP 作為通常用於衡量一個地區經濟發展水平的指標，直接影響社會對簡單勞動價值量的習慣認定。考慮到經濟運行情況對微觀市場交易的影響往往具有滯后性，且藝術品拍賣交易集中在春秋兩季，所以在本書中，筆者採用的關於 GDP 的變量是滯后一期的 GDP 數據。

貨幣供應量指標 M2 變量 x_4。隨著中國繪畫藝術品市場中購藏者對投資和保值增值目標的看重，貨幣的供應量的大小將直接影響繪畫藝術品的市場需求的多少。所以在本書的模型研究中，筆者特意加入了該外部宏觀影響因素，以對繪畫藝術品市場是資金推動型市場的評價進行驗證。文中對於在春季拍賣會成交的作品採用當年 3 月的 M2 數值，對於在秋拍成交的作品採用當年 9 月的 M2 數值，數據來源為人民銀行網站公布數據。其中，2001 年 9 月數據空缺，改用 2001 年 10 月數據。

2. 定量離散變量

繪畫藝術品的畫齡變量 x_5。畫齡即出售繪畫藝術品的時間減去畫家創作該畫作的時間，這一特徵指標對於同一畫家來說，既包含了畫家創作繪畫藝術品時所處的創作階段信息，又包含了繪畫藝術品的出售時間信息，能夠反映畫家藝術成就和名氣的形成對價格的影響過程，以及複雜勞動轉化為簡單勞動的轉化系數隨人們對藝術家藝術成就的認識變化而變化的過程。

3. 虛擬變量

除了上述的定量變量，還有很多影響因素較難以用數據來量化表達，而對於確定繪畫藝術品的價值和價格很重要，比如畫家的知名度和歷史地位；而有一些因素對繪畫藝術品的價格有一定影響，但也難以用定量的變量加以描述，比如畫作題材、表現手法、著錄情況、拍賣行以及成交地點等信息。由於這些信息難以用連續數據進行量化，但又對繪畫藝術品價格存在某種影響，故本書將它們作為虛擬變量引入模型：

畫作種類變量 z_1。本書研究的是中國繪畫藝術品的價格，而中國繪畫藝術品的種類主要包括國畫和油畫兩大類，對於不同的畫種，其決定和影響價格的因素有所不同，故本書考慮區別對待不同畫種進行研究。畫作種類變量設為：

$$z_1 = \begin{cases} 1, & 國畫 \\ 0, & 油畫 \end{cases}$$

拍賣會季節變量 z_2。由於本書獲取的繪畫藝術品公開交易數據都是來源於

藝術品拍賣市場的數據，而在拍賣市場中，重要拍品的交易一般都集中在春季和秋季兩季拍賣會。分別處於上半年和下半年的春、秋兩季拍賣會因資金環境的年度變化，拍賣會的成交額、成交率和成交價往往呈現出秋強春弱的格局，故在本研究中也將此種變化考慮進來一併研究：

$$z_2 = \begin{cases} 1, & 春季 \\ 0, & 秋季 \end{cases}$$

拍賣地變量 a_i。繪畫藝術品的非生活必需品以及精神消費品的特性決定了其購藏群體必將集中在經濟、文化發達的地區。中國經濟、文化發展水平呈地區發展不均衡的態勢，從東部向中西部逐級降低。故不管是繪畫藝術品的交易規模還是交易價格水平，北京以中國經濟、政治、文化中心的身分在中國藝術品交易市場中處於領頭羊地位，其次是國際貿易中心香港和經濟中心江浙地區。所以我們選取了3個虛擬變量來表示四類拍賣機構地域：北京、中國港澳臺地區、江浙和其他。

$$a_1 = \begin{cases} 1, & 北京 \\ 0, & 其他 \end{cases} \quad a_2 = \begin{cases} 1, & 中國港澳臺 \\ 0, & 其他 \end{cases} \quad a_3 = \begin{cases} 1, & 江浙 \\ 0, & 其他 \end{cases}$$

根據上述章節中對變量和模型的選擇，本書採用 Hedonic 模型對繪畫藝術品價格進行實證研究的具體特徵價格方程式如下：

$$\ln p_{ij} = \alpha_0 + \alpha_1 \ln x_{1ij} + \alpha_2 \ln x_{2ij} + \alpha_3 \ln x_{3i(j-1)} + \alpha_4 \ln x_{4ij} \\ + \alpha_5 \ln x_{5ij} + \beta_1 z_{1ij} + \beta_2 z_{2ij} + \beta_3 a_{1ij} + \beta_4 a_{2ij} + \beta_5 a_{3ij} + \varepsilon_{ij} \quad (式6.8)$$

其中，$\ln p_{ij}$ 為第 i 位畫家在交易時間 j 賣出的繪畫藝術品成交價格所對應的對數值。$\ln x_{1ij}$、$\ln x_{2ij}$、$\ln x_{4ij}$ 為第 i 位畫家的繪畫藝術品在時間 j 交易時對應變量的對數值；而 $\ln x_{3i(j-1)}$ 為第 i 位畫家的繪畫藝術品在 ($j-1$) 這一交易期間的滯后一期的中國人均 GDP 對數值。

四、數據來源和分析工具

本書在特徵價格模型的實證分析中所使用的數據主要來自拍賣市場的公開信息：一是權威網站上公布的拍賣成交數據。2000年后，藝術品市場全面復甦並開始加速發展，2000年10月，「雅昌藝術網」成立。截至目前，該網站已一躍成為中國乃至全球最重要、最權威和最活躍的藝術門戶網站，成為我們獲取國內外藝術資訊的首選平臺。在該網站的「雅昌拍賣」頻道以及「雅昌藝術市場監測中心」頻道，可以查詢到幾乎自1993年中國首批拍賣公司建立和舉行首場拍賣會以來的所有拍賣成交數據，特別是在2000年該網站成立后，很多知名拍賣公司的大型拍賣會均會在雅昌藝術網上發布拍賣電子圖錄並公布

成交數據，借此優勢，雅昌藝術網獲取了大量的原始數據並在整理后對外公布。每一件繪畫藝術品拍品的信息包括內容有：拍賣會信息、拍賣機構、畫作名稱、創作年代、畫作尺寸、制式、材料、畫作圖片、作者簡介、著錄及展覽信息、拍賣公司估價及成交價格等。因此，大部分本書所需的數據均可在此網站上獲取，但由於部分數據因作品本身所展現內容和獲取信息不完全的限制，其創作時間、畫作圖片或著錄信息有所缺失。所以遇到信息缺失的時候還需要獲得其他途徑的信息補充。

第二個數據來源主要是各個拍賣公司在每次拍賣會前製作的拍賣圖錄，在圖錄中除了沒有成交價格，其他信息都有，所以圖錄可以和雅昌網上的信息互作補充。只是拍賣圖錄的搜集費時費力且往往難以搜集齊備。對於仍然缺失的信息，我們可以有針對性地從第三條途徑獲取信息，這主要指其他網路信息。

對於雅昌網中大量的樣本數據，本書採取網路爬蟲技術進行提取和搜集，然後對不符合要求的數據進行剔除，並對獲取的不規範的信息進行調整，用微軟辦公軟件 EXCEL 對數據進行了錄入、整理和分類，並導入數據到計量經濟分析工具 SPSS 軟件中進行模型的多因素迴歸分析。

五、樣本的選擇

從成交數量與金額規模角度考慮，本書在特徵價格模型中採用的是中國交易規模最大的近現代國畫、當代國畫和油畫三類繪畫藝術品中的歷史拍賣交易數據，拍賣交易時間區間從 2000 年春拍到 2016 年春拍。我們從雅昌藝術網中「近現代名家指數」「當代書畫 50 指數」「國畫 400 指數」和「油畫 100 指數」的樣本畫家中選擇樣本畫家，並結合各畫家作品的成交數量與金額，共選取近現代國畫、當代國畫和油畫畫家各 10 位進行研究，如表 6.8 所示：

表 6.8　　　　　　　　　　樣本藝術家

近現代國畫	當代國畫	油畫
張大千、齊白石、傅抱石、徐悲鴻、潘天壽、黃賓虹、吳昌碩、林風眠、任伯年、吳湖帆	崔如琢、黃永玉、範曾、魏紫熙、李可染、關山月、黃冑、劉大為、婁師白、陳大羽	吳冠中、陳逸飛、常玉、靳尚誼、吳大羽、陳丹青、何多苓、羅中立、王沂東、楊飛雲

本書首先運用網路爬蟲技術在「雅昌藝術網」中對上述畫家的作品成交數據進行了搜集和提取，提取時設置的條件主要有：①由「雅昌藝術市場監測中心」創建雅昌藝術家指數所選取的樣本拍賣機構產生並提供；②成交時間為 2000 年春拍到 2016 年春拍期間；③有著錄記錄的，可在較大程度上保證

交易標的系真跡。初步獲取交易數據共 27,948 組。剔除以下幾類繪畫藝術品交易數據：①未成交；②創作時間不明；③尺寸不明；④信息錯誤；⑤書法作品；⑥冊頁；⑦繪畫書法合卷，並對剩餘數據格式進行規範整理后，最後得到繪畫藝術品交易數據共 11,226 組。其中，上列近現代國畫家的作品交易數據共 6,829 組，當代國畫家作品交易數據共 3,654 組，油畫家作品交易數據共 743 組。

六、迴歸結果

如前所述，本書共選用變量 10 個，並選擇在中國 2000 年春拍到 2016 年春拍的期間內分別對每位畫家的作品成交價做擬合迴歸方程。結果如表 6.8 所示。其中，需說明的是，「＊＊＊」「＊＊」「＊」「．」用於標註預測變量的顯著性，分別代表各檢驗 P 統計值處於「0 到 0.001」「0.001 到 0.01」「0.01 到 0.05」和「0.05 到 0.1」概率區間，對應從高到低的四檔顯著性。檢驗的 P 統計值小於 0.05 時，我們認為該模型變量通過檢驗，即 P 統計值落在前三個顯著性的概率區間內，顯著性標註出現「＊＊＊」「＊＊」和「＊」的情況。

表 6.8　　各樣本畫家繪畫藝術品交易數據的迴歸結果

張大千的畫作（共 2,041 組交易數據）：				
Residuals：				
Min	1Q	Median	3Q	Max
−4.857,1	−0.647,2	−0.029,0	0.650,1	3.293,1
Coefficients：（1 not defined because of singularities）				
	Estimate	Std. Error	t value	Pr（>|t|）
(Intercept)	0.208,92	0.657,91	0.318	0.750,86
lnx1	0.956,03	0.030,98	30.862	< 2e−16 ***
lnx2	0.532,73	0.052,83	10.083	< 2e−16 ***
lnx3	−0.097,21	0.034,36	−2.829	0.004,71 **
lnx4	0.569,51	0.083,41	6.828	1.14e−11 ***
lnx5	−0.302,19	0.073,66	−4.102	4.25e−05 ***
z1	NA	NA	NA	NA
z2	0.213,54	0.048,06	4.443	9.35e−06 ***

表6.8(續)

	a1	−0.216,98	0.170,45	−1.273	0.203,18
	a2	0.229,05	0.175,94	1.302	0.193,11
	a3	−0.104,59	0.185,43	−0.564	0.572,80

Residual standard error：1.055 on 2030 degrees of freedom

Multiple R-squared：0.528,9，Adjusted R-squared：0.526,8

F-statistic：253.2 on 9 and 2030 DF，p-value：< 2.2e−16

Analysis of Variance Table

Response：lnP

	Df	Sum Sq	Mean Sq	F value	Pr（>F）
lnx1	1	1,240.70	1,240.70	1,115.416,5	< 2.2e−16***
lnx2	1	1,109.92	1,109.92	997.837,0	< 2.2e−16***
lnx3	1	0.20	0.20	0.177,5	0.673,605,6
lnx4	1	54.83	54.83	49.288,9	3.001e−12***
lnx5	1	40.46	40.46	36.375,6	1.928e−09***
z2	1	23.97	23.97	21.546,7	3.674e−06***
a1	1	50.35	50.35	45.270,0	2.225e−11***
a2	1	14.19	14.19	12.755,3	0.000,363,3***
a3	1	0.35	0.35	0.318,1	0.572,803,4
Residuals	2,030	2,258.01	1.11		

吳湖帆的畫作（共450組交易數據）：

Residuals：

Min	1Q	Median	3Q	Max
−3.694,2	−0.748,6	−0.025,7	0.857,4	3.643,4

Coefficients：（1 not defined because of singularities）

	Estimate	Std. Error	t value	Pr（>∣t∣）
（Intercept）	1.207,37	1.823,26	0.662	0.508,19
lnx1	0.896,45	0.077,67	11.541	< 2e−16***
lnx2	0.241,22	0.131,70	1.832	0.067,68

表6.8(續)

lnx3	−0.030,44	0.113,50	−0.268	0.788,70
lnx4	0.974,56	0.235,25	4.143	4.12e−05***
lnx5	−1.218,68	0.394,82	−3.087	0.002,15**
z1	NA	NA	NA	NA
z2	0.128,55	0.116,62	1.102	0.270,90
a1	−0.195,65	0.390,10	−0.502	0.616,25
a2	0.675,84	0.424,99	1.590	0.112,50
a3	0.286,84	0.397,37	0.722	0.470,78

Residual standard error：1.202 on 440 degrees of freedom

Multiple R-squared：0.422,6，Adjusted R-squared：0.410,8

-statistic：35.79 on 9 and 440 DF, p-value：< 2.2e−16

Analysis of Variance Table

Response：lnP

	Df	Sum Sq	Mean Sq	F value	Pr (>F)
lnx1	1	129.71	129.714	89.814,3	< 2.2e−16***
lnx2	1	252.75	252.746	175.002,0	< 2.2e−16***
lnx3	1	6.79	6.787	4.699,2	0.030,711,5*
lnx4	1	20.74	20.745	14.363,7	0.000,171,7***
lnx5	1	14.97	14.965	10.362,0	0.001,381,6**
z2	1	0.51	0.507	0.351,3	0.553,689,1
a1	1	33.62	33.618	23.277,0	1.937e−06***
a2	1	5.35	5.354	3.706,9	0.054,830,9.
a3	1	0.75	0.753	0.521,0	0.470,779,4
Residuals	440	635.47	1.444		

吳冠中的畫作（共147組交易數據）：

Residuals：

Min	1Q	Median	3Q	Max
−3.824,9	−0.389,3	0.031,8	0.432,9	1.613,1

表6.8(續)

Coefficients: (1 not defined because of singularities)			
	Estimate	Std. Error	t value	Pr (>｜t｜)
(Intercept)	-0.037,35	1.350,42	-0.028	0.977,97
lnx1	0.825,78	0.100,34	8.230	1.31e-13***
lnx2	0.432,41	0.134,87	3.206	0.001,67**
lnx3	-0.127,47	0.089,71	-1.421	0.157,59
lnx4	0.553,33	0.192,30	2.877	0.004,65**
lnx5	0.392,50	0.143,92	2.727	0.007,22**
z1	NA	NA	NA	NA
z2	0.053,75	0.130,29	0.413	0.680,58
a1	0.613,41	0.395,32	1.552	0.123,05
a2	1.298,11	0.394,47	3.291	0.001,27**
a3	0.691,34	0.439,72	1.572	0.118,20

Residual standard error: 0.763,6 on 137 degrees of freedom

Multiple R-squared: 0.616,4, Adjusted R-squared: 0.591,3

F-statistic: 24.47 on 9 and 137 DF, p-value: < 2.2e-16

Analysis of Variance Table

Response: lnP

	Df	Sum Sq	Mean Sq	F value	Pr (>F)
lnx1	1	28.311	28.311	48.555,3	1.231e-10***
lnx2	1	66.436	66.436	113.941,4	< 2.2e-16***
lnx3	1	0.001	0.001	0.001,5	0.969,058,1
lnx4	1	7.697	7.697	13.201,1	0.000,394,6***
lnx5	1	6.851	6.851	11.750,4	0.000,803,6***
z2	1	0.184	0.184	0.315,4	0.575,319,4
a1	1	9.786	9.786	16.784,2	7.131e-05***
a2	1	7.677	7.677	13.167,2	0.000,401,2***
a3	1	1.441	1.441	2.471,9	0.118,203,3

表6.8(續)

| Residuals | 137 | 79.880 | 0.583 | | |

吳昌碩的畫作（共1,097組交易數據）：

Residuals：

Min	1Q	Median	3Q	Max
-4.619,6	-0.464,1	0.012,7	0.539,9	2.731,2

Coefficients：(1 not defined because of singularities)

	Estimate	Std. Error	t value	Pr（>｜t｜）
(Intercept)	3.109,12	1.108,54	2.805	0.005,13**
lnx1	0.817,29	0.041,24	19.816	< 2e-16***
lnx2	0.814,30	0.077,66	10.486	< 2e-16***
lnx3	-0.069,81	0.035,07	-1.991	0.046,75*
lnx4	-0.040,33	0.099,97	-0.403	0.686,74
lnx5	0.161,56	0.233,14	0.693	0.488,47
z1	NA	NA	NA	NA
z2	0.054,98	0.054,80	1.003	0.315,98
a1	-0.320,81	0.199,97	-1.604	0.108,94
a2	-0.081,39	0.224,79	-0.362	0.717,35
a3	-0.228,79	0.205,64	-1.113	0.266,13

Residual standard error：0.897,6 on 1,087 degrees of freedom

Multiple R-squared：0.431,5，Adjusted R-squared：0.426,8

F-statistic：91.68 on 9 and 1,087 DF，p-value：< 2.2e-16

Analysis of Variance Table

Response：lnP

	Df	Sum Sq	Mean Sq	F value	Pr（>F）
lnx1	1	297.54	297.54	369.326,8	< 2e-16***
lnx2	1	355.94	355.94	441.810,1	< 2e-16***
lnx3	1	3.69	3.69	4.579,3	0.032,58*
lnx4	1	0.01	0.01	0.017,2	0.895,72

表6.8(續)

lnx5	1	0.54	0.54	0.664,4	0.415,17
z2	1	0.80	0.80	0.994,1	0.318,95
a1	1	4.34	4.34	5.384,7	0.020,50*
a2	1	0.91	0.91	1.131,6	0.287,68
a3	1	1.00	1.00	1.237,9	0.266,13
Residuals	1,087	875.73	0.81		

傅抱石的畫作（共430組交易數據）：

Residuals：

Min	1Q	Median	3Q	Max
-4.311,2	-0.517,9	0.023,1	0.503,5	2.651,8

Coefficients：(1 not defined because of singularities)

	Estimate	Std. Error	t value	Pr (>│t│)
(Intercept)	-2.426,203	1.276,464	-1.901	0.058,02
lnx1	0.966,473	0.056,952	16.970	< 2e-16***
lnx2	0.613,226	0.111,159	5.517	6.05e-08***
lnx3	-0.025,144	0.050,874	-0.494	0.621,39
lnx4	0.414,639	0.171,115	2.423	0.015,81*
lnx5	0.679,248	0.244,864	2.774	0.005,78**
z1	NA	NA	NA	NA
z2	-0.104,090	0.080,842	-1.288	0.198,60
a1	-0.247,426	0.575,585	-0.430	0.667,51
a2	-0.001,843	0.581,430	-0.003	0.997,47
a3	-0.377,528	0.589,358	-0.641	0.522,15

Residual standard error：0.807,6 on 420 degrees of freedom

Multiple R-squared：0.649,6，Adjusted R-squared：0.642,1

F-statistic：86.53 on 9 and 420 DF，p-value：< 2.2e-16

Analysis of Variance Table

Response：lnP

表6.8(續)

	Df	Sum Sq	Mean Sq	F value	Pr（>F）
lnx1	1	223.954	223.954	343.344,0	< 2.2e-16 ***
lnx2	1	266.120	266.120	407.988,3	< 2.2e-16 ***
lnx3	1	0.311	0.311	0.476,7	0.490,296
lnx4	1	6.790	6.790	10.410,3	0.001,351 **
lnx5	1	4.990	4.990	7.650,9	0.005,925 **
z2	1	0.812	0.812	1.245,3	0.265,088
a1	1	1.552	1.552	2.379,3	0.123,706
a2	1	3.182	3.182	4.879,0	0.027,725 *
a3	1	0.268	0.268	0.410,3	0.522,148
Residuals	420	273.955	0.652		

陳逸飛的畫作（共114組交易數據）：

Residuals：

Min	1Q	Median	3Q	Max
-3.573,4	-0.494,6	0.039,7	0.441,8	1.973,3

Coefficients：（1 not defined because of singularities）

	Estimate	Std. Error	t value	Pr（>|t|）
（Intercept）	4.821,99	1.901,86	2.535	0.012,73 *
lnx1	0.950,04	0.104,34	9.105	7.21e-15 ***
lnx2	0.613,00	0.167,17	3.667	0.000,39 ***
lnx3	0.055,93	0.098,95	0.565	0.573,16
lnx4	-0.110,65	0.243,25	-0.455	0.650,17
lnx5	0.261,16	0.133,57	1.955	0.053,27
z1	NA	NA	NA	NA
z2	0.308,96	0.168,31	1.836	0.069,29
a1	0.251,87	0.314,85	0.800	0.425,58
a2	-0.038,95	0.334,24	-0.117	0.907,46
a3	0.420,33	0.370,51	1.134	0.259,22

表6.8(續)

Residual standard error: 0.805,6 on 103 degrees of freedom

Multiple R-squared: 0.609,5, Adjusted R-squared: 0.575,4

F-statistic: 17.86 on 9 and 103 DF, p-value: < 2.2e-16

Analysis of Variance Table

Response: lnP

	Df	Sum Sq	Mean Sq	F value	Pr (>F)
lnx1	1	71.382	71.382	109.979,4	< 2.2e-16 ***
lnx2	1	24.296	24.296	37.432,8	1.727e-08 ***
lnx3	1	0.685	0.685	1.056,0	0.306,53
lnx4	1	0.202	0.202	0.311,5	0.577,99
lnx5	1	2.694	2.694	4.151,3	0.044,17 *
z2	1	2.349	2.349	3.619,5	0.059,90 .
a1	1	0.647	0.647	0.996,9	0.320,41
a2	1	1.251	1.251	1.927,4	0.168,04
a3	1	0.835	0.835	1.287,1	0.259,22
Residuals	103	66.852	0.649		

徐悲鴻的畫作（共719組交易數據）：

Residuals:

Min	1Q	Median	3Q	Max
−2.363,89	−0.529,57	0.015,63	0.536,04	2.759,75

Coefficients: (1 not defined because of singularities)

	Estimate	Std. Error	t value	Pr (>|t|)
(Intercept)	2.533,396	1.545,572	1.639	0.102
lnx1	1.131,399	0.048,120	23.512	< 2e-16 ***
lnx2	0.469,619	0.079,278	5.924	4.91e-09 ***
lnx3	−0.062,332	0.040,175	−1.551	0.121
lnx4	0.835,826	0.136,587	6.119	1.55e-09 ***
lnx5	−1.574,457	0.397,514	−3.961	8.23e-05 ***

表6.8(續)

z1	NA	NA	NA	NA
z2	0.008,725	0.063,111	0.138	0.890
a1	0.120,499	0.266,378	0.452	0.651
a2	0.176,058	0.275,269	0.640	0.523
a3	0.041,218	0.282,926	0.146	0.884

Residual standard error: 0.831,5 on 709 degrees of freedom

Multiple R-squared: 0.648,9, Adjusted R-squared: 0.644,4

F-statistic: 145.6 on 9 and 709 DF, p-value: < 2.2e-16

Analysis of Variance Table

Response: lnP

	Df	Sum Sq	Mean Sq	F value	Pr (>F)
lnx1	1	413.094,1	3.09	597.539,7	< 2.2e-16 ***
lnx2	1	460.29	460.29	665.815,7	< 2.2e-16 ***
lnx3	1	0.14	0.14	0.206,4	0.649,7
lnx4	1	20.26	20.26	29.311,4	8.444e-08 ***
lnx5	1	11.03	11.03	15.953,5	7.170e-05 ***
z2	1	0.02	0.02	0.031,1	0.860,0
a1	1	0.00	0.00	0.000,3	0.985,8
a2	1	0.88	0.88	1.277,4	0.258,8
a3	1	0.01	0.01	0.021,2	0.884,2
Residuals	709	490.14	0.69		

李可染的畫作（共468組交易數據）：

Residuals：

Min	1Q	Median	3Q	Max
-4.198,0	-0.620,7	-0.056,4	0.554,6	5.275,7

Coefficients: (1 not defined because of singularities)

	Estimate	Std. Error	t value	Pr (>|t|)
(Intercept)	-5.553,20	1.530,55	-3.628	0.000,317 ***

表6.8(續)

lnx1	1.489,37	0.088,541	6.821	< 2e-16 ***
lnx2	0.136,08	0.113,78	1.196	0.232,326
lnx3	-0.034,76	0.057,06	-0.609	0.542,628
lnx4	1.031,07	0.184,79	5.580	4.13e-08 ***
lnx5	0.419,51	0.135,49	3.096	0.002,081 **
z1	NA	NA	NA	NA
z2	0.086,04	0.090,62	0.949	0.342,883
a1	1.316,78	0.956,71	1.376	0.169,384
a2	1.287,36	0.961,77	1.339	0.181,386
a3	1.469,84	0.969,27	1.516	0.130,097

Residual standard error: 0.950,6 on 458 degrees of freedom

Multiple R-squared: 0.567,8, Adjusted R-squared: 0.559,3

F-statistic: 66.86 on 9 and 458 DF, p-value: < 2.2e-16

Analysis of Variance Table

Response: lnP

	Df	Sum Sq	Mean Sq	F value	Pr (>F)
lnx1	1	219.54	219.544	242.964,7	< 2.2e-16 ***
lnx2	1	276.83	276.831	306.363,6	< 2.2e-16 ***
lnx3	1	0.34	0.345	0.381,6	0.537,066
lnx4	1	34.20	34.196	37.844,3	1.672e-09 ***
lnx5	1	9.59	9.593	10.616,3	0.001,204 **
z2	1	0.66	0.657	0.727,3	0.394,206
a1	1	0.01	0.013	0.014,9	0.902,886
a2	1	0.46	0.460	0.509,5	0.475,706
a3	1	2.08	2.078	2.299,6	0.130,097
Residuals	458	413.85	0.904		

黃賓虹的畫作（共460組交易數據）：

Residuals：

表6.8(續)

Min	1Q	Median	3Q	Max
−7.318,4	−0.426,9	0.113,7	0.571,0	2.529,6

Coefficients：(1 not defined because of singularities)

	Estimate	Std. Error	t value	Pr (>|t|)
(Intercept)	7.395,51	1.656,27	4.465	1.01e−05 ***
lnx1	0.924,73	0.066,65	13.875	< 2e−16 ***
lnx2	0.712,71	0.121,83	5.850	9.45e−09 ***
lnx3	−0.023,28	0.076,49	−0.304	0.761,0
lnx4	0.286,72	0.212,03	1.352	0.177,0
lnx5	−1.843,22	0.321,20	−5.739	1.76e−08 ***
z1	NA	NA	NA	NA
z2	0.242,41	0.098,65	2.457	0.014,4 *
a1	0.359,17	0.372,82	0.963	0.335,9
a2	0.483,23	0.397,48	1.216	0.224,7
a3	0.393,56	0.388,03	1.014	0.311,0

Residual standard error：1.03 on 450 degreesof freedom

Multiple R−squared：0.542,6，Adjusted R−squared：0.533,4

F−statistic：59.31 on 9 and 450 DF，p−value：< 2.2e−16

Analysis of Variance Table

Response：lnP

	Df	Sum Sq	Mean Sq	F value	Pr (>F)
lnx1	1	214.88	214.880	202.567,3	< 2.2e−16 ***
lnx2	1	308.26	308.264	290.601,2	< 2.2e−16 ***
lnx3	1	0.01	0.009	0.008,8	0.925,412
lnx4	1	0.64	0.640	0.603,2	0.437,777
lnx5	1	33.47	33.468	31.550,2	3.409e−08 ***
z2	1	7.21	7.206	6.792,8	0.009,456 **
a1	1	0.20	0.200	0.188,4	0.664,458

表6.8(續)

a2	1	0.49	0.490	0.462,3	0.496,902
a3	1	1.09	1.091	1.028,7	0.311,003
Residuals	450	477.35	1.061		

關山月的畫作（共222組交易數據）：

Residuals：

Min	1Q	Median	3Q	Max
-3.374,7	-0.443,5	0.085,5	0.569,4	1.720,2

Coefficients：(1 not defined because of singularities)

	Estimate	Std. Error	t value	Pr(>|t|)
(Intercept)	3.466,63	1.637,05	2.118	0.035,37*
lnx1	0.858,91	0.089,29	9.619	< 2e-16***
lnx2	0.767,04	0.156,88	4.889	2e-06***
lnx3	0.054,92	0.072,25	0.760	0.448,02
lnx4	-0.082,67	0.248,15	-0.333	0.739,36
lnx5	0.074,55	0.125,10	0.596	0.551,86
z1	NA	NA	NA	NA
z2	-0.049,46	0.114,68	-0.431	0.666,72
a1	-0.612,70	0.197,51	-3.102	0.002,18**
a2	-0.473,85	0.254,80	-1.860	0.064,31
a3	-0.444,92	0.255,18	-1.744	0.082,69.

Residual standard error：0.801,4 on 212 degrees of freedom

Multiple R-squared：0.574,1, Adjusted R-squared：0.556

F-statistic：31.75 on 9 and 212 DF, p-value：< 2.2e-16

Analysis of Variance Table

Response：lnP

	Df	Sum Sq	Mean Sq	F value	Pr(>F)
lnx1	1	59.862	59.862	93.204,0	< 2e-16***
lnx2	1	115.464	115.464	179.774,9	< 2e-16***

表6.8(續)

lnx3	1	0.100	0.100	0.156,2	0.693,05
lnx4	1	0.306	0.306	0.476,8	0.490,64
lnx5	1	1.090	1.090	1.697,7	0.194,00
z2	1	0.273	0.273	0.424,6	0.515,34
a1	1	3.742	3.742	5.826,0	0.016,64*
a2	1	0.760	0.760	1.183,0	0.277,99
a3	1	1.952	1.952	3.039,9	0.082,69.
Residuals	212	136.161	0.642		

常玉的畫作（共36組交易數據）：

Residuals：

Min	1Q	Median	3Q	Max
−1.165,25	−0.346,50	−0.006,09	0.373,72	0.903,22

Coefficients：（2 not defined because of singularities）

	Estimate	Std. Error	t value	Pr（>｜t｜）
(Intercept)	7.583,2	6.544,6	1.159	0.257,113
lnx1	0.715,8	0.165,7	4.321	0.000,201***
lnx2	0.712,8	0.281,8	2.530	0.017,821*
lnx3	3.211,1	4.743,3	0.677	0.504,401
lnx4	−2.564,5	4.124,7	−0.622	0.539,524
lnx5	−0.252,7	0.684,5	−0.369	0.714,973
z1	NA	NA	NA	NA
z2	−0.521,1	0.310,6	−1.678	0.105,344
a1	0.313,1	0.676,4	0.463	0.647,275
a2	0.281,2	0.637,6	0.441	0.662,890
a3	NA	NA	NA	NA

Residual standard error：0.559,6 on 26 degrees of freedom

Multiple R-squared：0.664,8，Adjusted R-squared：0.561,7

F-statistic：6.447 on 8 and 26 DF，p-value：0.000,123,6

表6.8(續)

Analysis of Variance Table					
Response: lnP					
	Df	Sum Sq	Mean Sq	F value	Pr (>F)
lnx1	1	3.097,1	3.097,1	9.891,4	0.004,127**
lnx2	1	11.624,1	11.624,1	37.124,5	1.938e-06***
lnx3	1	0.036,0	0.036,0	0.114,9	0.737,320
lnx4	1	0.388,6	0.388,6	1.241,0	0.275,477
lnx5	1	0.083,2	0.083,2	0.265,7	0.610,558
z2	1	0.851,4	0.851,4	2.719,2	0.111,179
a1	1	0.007,2	0.007,2	0.023,1	0.880,274
a2	1	0.060,9	0.060,9	0.194,4	0.662,890
Residuals	26	8.140,9	0.313,1		

楊飛雲的畫作（共97組交易數據）：

Residuals：

Min	1Q	Median	3Q	Max
-1.675,94	-0.242,50	0.034,93	0.266,43	1.672,89

Coefficients：(1 not defined because of singularities)

	Estimate	Std. Error	t value	Pr (>|t|)
(Intercept)	7.670,66	1.466,13	5.232	1.21e-06***
lnx1	1.060,30	0.067,07	15.809	<2e-16***
lnx2	0.116,38	0.157,03	0.741	0.460,7
lnx3	-0.093,63	0.065,64	-1.426	0.157,4
lnx4	0.323,82	0.150,54	2.151	0.034,3*
lnx5	-0.020,81	0.063,07	-0.330	0.742,3
z1	NA	NA	NA	NA
z2	0.060,91	0.106,65	0.571	0.569,4
a1	-0.346,56	0.205,05	-1.690	0.094,7.
a2	-0.361,22	0.361,33	-1.000	0.320,3

表6.8(續)

a3	-0.518,45	0.245,13	-2.115	0.037,4*

Residual standard error: 0.486,4 on 84 degrees of freedom

Multiple R-squared: 0.824,8, Adjusted R-squared: 0.806,1

F-statistic: 43.95 on 9 and 84 DF, p-value: < 2.2e-16

Analysis of Variance Table

Response: lnP

	Df	Sum Sq	Mean Sq	F value	Pr (>F)
lnx1	1	88.440	88.440	373.864,1	< 2.2e-16***
lnx2	1	2.399	2.399	10.140,8	0.002,035**
lnx3	1	0.250	0.250	1.055,4	0.307,209
lnx4	1	1.230	1.230	5.198,4	0.025,142*
lnx5	1	0.176	0.176	0.745,1	0.390,476
z2	1	0.022	0.022	0.093,2	0.760,911
a1	1	0.001	0.001	0.004,8	0.945,165
a2	1	0.001	0.001	0.005,5	0.941,021
a3	1	1.058	1.058	4.473,0	0.037,396*
Residuals	84	19.871	0.237		

齊白石的畫作（共1,054組交易數據）：

Residuals：

Min	1Q	Median	3Q	Max
-3.977,3	-0.560,3	-0.045,2	0.506,2	3.374,8

Coefficients：(1 not defined because of singularities)

	Estimate	Std. Error	t value	Pr (>|t|)
(Intercept)	-1.386,41	0.900,62	-1.539	0.124,0
lnx1	0.999,45	0.042,47	23.533	< 2e-16***
lnx2	0.598,07	0.070,21	8.518	< 2e-16***
lnx3	-0.082,38	0.036,97	-2.228	0.026,1*
lnx4	0.614,51	0.112,91	5.443	6.54e-08***

表6.8(續)

lnx5	-0.157,69	0.173,49	-0.909	0.363,6
z1	NA	NA	NA	NA
z2	0.021,35	0.053,53	0.399	0.690,1
a1	-0.379,54	0.275,36	-1.378	0.168,4
a2	-0.227,65	0.284,37	-0.801	0.423,6
a3	-0.519,20	0.288,08	-1.802	0.071,8 .

Residual standard error：0.859,3 on 1,043 degrees of freedom

Multiple R-squared：0.614,2, Adjusted R-squared：0.610,8

F-statistic：184.5 on 9 and 1,043 DF, p-value：< 2.2e-16

Analysis of Variance Table

Response：lnP

	Df	Sum Sq	Mean Sq	F value	Pr (>F)
lnx1	1	408.06	408.06	552.674,5	< 2.2e-16 ***
lnx2	1	788.95	788.95	1,068.561,6	< 2.2e-16 ***
lnx3	1	0.00	0.00	0.003,9	0.950,24
lnx4	1	22.77	22.77	30.846,6	3.543e-08 ***
lnx5	1	0.26	0.26	0.347,2	0.555,83
z2	1	0.11	0.11	0.152,3	0.696,38
a1	1	0.27	0.27	0.367,6	0.544,42
a2	1	2.98	2.98	4.038,0	0.044,74 *
a3	1	2.40	2.40	3.248,3	0.071,78 .
Residuals	1,043	770.08	0.74		

範曾的畫作（共640組交易數據）：

Residuals：

Min	1Q	Median	3Q	Max
-6.080,7	-0.284,2	0.089,0	0.365,0	2.658,5

Coefficients：(1 not defined because of singularities)

	Estimate	Std. Error	t value	Pr (>|t|)

表6.8(續)

(Intercept)	1.536,110	0.783,166	1.961	0.050,3.
lnx1	0.984,589	0.034,752	28.332	<2e-16***
lnx2	0.896,021	0.078,149	11.466	<2e-16***
lnx3	-0.036,498	0.037,780	-0.966	0.334,4
lnx4	0.027,530	0.118,322	0.233	0.816,1
lnx5	-0.092,999	0.042,264	-2.200	0.028,1*
z1	NA	NA	NA	NA
z2	0.009,876	0.054,945	0.180	0.857,4
a1	-0.092,207	0.163,938	-0.562	0.574,0
a2	-0.578,224	0.234,390	-2.467	0.013,9*
a3	-0.313,131	0.220,916	-1.417	0.156,9

Residual standard error: 0.676,7 on 627 degrees of freedom

Multiple R-squared: 0.728, Adjusted R-squared: 0.724,1

F-statistic: 186.5 on 9 and 627 DF, p-value: < 2.2e-16

Analysis of Variance Table

Response: lnP

	Df	Sum Sq	Mean Sq	F value	Pr (>F)
lnx1	1	359.97	359.97	786.159,3	< 2e-16***
lnx2	1	401.57	401.57	877.004,3	< 2e-16***
lnx3	1	0.24	0.24	0.532,6	0.465,80
lnx4	1	0.000.00	0.005,6	0.940,36	
lnx5	1	2.06	2.06	4.506,2	0.034,16*
z2	1	0.01	0.01	0.015,3	0.901,50
a1	1	1.87	1.87	4.089,5	0.043,57*
a2	1	1.89	1.89	4.124,0	0.042,70*
a3	1	0.92	0.92	2.009,1	0.156,86
Residuals	627	287.10	0.46		

潘天壽的畫作（共170組交易數據）：

表6.8(續)

Residuals:				
Min1Q	Median	3Q	Max	
−4.137,6	−0.493,5	0.051,0	0.641,4	2.426,2
Coefficients: (2 not defined because of singularities)				
	Estimate	Std. Error	t value	Pr (>|t|)
(Intercept)	6.059,30	2.602,19	2.329	0.021,1 *
lnx1	1.124,30	0.122,54	9.175	< 2e−16 ***
lnx2	0.534,66	0.185,57	2.881	0.004,5 **
lnx3	−0.030,68	0.128,01	−0.240	0.810,9
lnx4	0.682,74	0.375,91	1.816	0.071,2
lnx5	−2.329,86	0.376,13	−6.194	4.7e−09 ***
z1	NA	NA	NA	NA
z2	0.219,71	0.172,64	1.273	0.205,0
a1	0.030,40	0.217,83	0.140	0.889,2
a2	0.138,23	0.314,15	0.440	0.660,5
a3	NA	NA	NA	NA
Residual standard error: 1.08 on 161 degrees of freedom				
Multiple R-squared: 0.597,2, Adjusted R-squared: 0.577,2				
F-statistic: 29.83 on 8 and 161 DF, p-value: < 2.2e−16				
Analysis of Variance Table				
Response: lnP				
	Df	Sum Sq	Mean Sq	F value	Pr (>F)
lnx1	1	102.321	102.321	87.751,8	< 2.2e−16 ***
lnx2	1	128.863	128.863	110.514,0	< 2.2e−16 ***
lnx3	1	0.835	0.835	0.715,7	0.398,8
lnx4	1	0.375	0.375	0.321,8	0.571,3
lnx5	1	43.670	43.670	37.451,5	6.878e−09 ***
z2	1	1.996	1.996	1.711,8	0.192,6

表6.8(續)

a1	1	0.018	0.018	0.015,6	0.900,7
a2	1	0.226	0.226	0.193,6	0.660,5
Residuals	161	187.731	1.166		

林風眠的畫作（共127組交易數據）：

Residuals：

Min	1Q	Median	3Q	Max
−2.174,36	−0.359,31	−0.017,44	0.414,89	1.988,49

Coefficients：(1 not defined because of singularities)

	Estimate	Std. Error	t value	Pr（>∣t∣）
(Intercept)	−0.296,79	1.576,33	−0.188	0.850,987
lnx1	0.886,25	0.117,93	7.515	1.30e−11***
lnx2	0.855,20	0.204,25	4.187	5.53e−05***
lnx3	−0.186,13	0.099,75	−1.866	0.064,575
lnx4	0.504,56	0.232,61	2.169	0.032,118*
lnx5	−1.416,73	0.172,31	−8.222	3.26e−13***
z1	NA	NA	NA	NA
z2	−0.042,55	0.133,99	−0.318	0.751,384
a1	2.693,95	0.748,92	3.597	0.000,474***
a2	2.941,92	0.751,20	3.916	0.000,152***
a3	2.505,91	0.756,59	3.312	0.001,235**

Residual standard error：0.721,3 on 116 degrees of freedom

Multiple R-squared： 0.688,7，Adjusted R-squared： 0.664,5

F-statistic：28.51 on 9 and 116 DF，p-value：< 2.2e−16

Analysis of Variance Table

Response：lnP

	Df	Sum Sq	Mean Sq	F value	Pr（>F）
lnx1	1	25.654	25.654	49.316,2	1.583e−10***
lnx2	1	63.958	63.958	122.948,0	< 2.2e−16***

表6.8(續)

lnx3	1	1.020	1.020	1.959,9	0.164,192
lnx4	1	0.524	0.524	1.007,1	0.317,690
lnx5	1	32.628	32.628	62.722,4	1.591e−12 ***
z2	1	0.043	0.043	0.083,5	0.773,084
a1	1	0.034	0.034	0.065,9	0.797,819
a2	1	3.910	3.910	7.515,7	0.007,086 **
a3	1	5.707	5.707	10.970,0	0.001,235 **
Residuals	116	60.344	0.520		

黃冑的畫作（共1,232組交易數據）：

Residuals：

Min	1Q	Median	3Q	Max
−4.369,8	−0.452,9	0.011,6	0.441,0	2.285,0

Coefficients：（1 not defined because of singularities）

	Estimate	Std. Error	t value	Pr（>|t|）
(Intercept)	3.753,68	0.655,55	5.726	1.29e−08 ***
lnx1	1.254,27	0.033,26	37.715	< 2e−16 ***
lnx2	0.855,80	0.051,64	16.574	< 2e−16 ***
lnx3	−0.058,65	0.029,84	−1.965	0.049,61 *
lnx4	−0.255,73	0.092,95	−2.751	0.006,02 **
lnx5	0.404,08	0.087,72	4.607	4.52e−06 ***
z1	NA	NA	NA	NA
z2	−0.010,31	0.042,52	−0.243	0.808,36
a1	0.091,30	0.171,45	0.533	0.594,46
a2	−0.194,02	0.211,37	−0.918	0.358,86
a3	−0.138,84	0.191,13	−0.726	0.467,74

Residual standard error：0.737,9 on 1,222 degrees of freedom

Multiple R-squared： 0.695,4, Adjusted R-squared： 0.693,2

F-statistic：310 on 9 and 1,222 DF, p-value：< 2.2e−16

表6.8(續)

Analysis of Variance Table				
Response：lnP				
	Df	Sum Sq	Mean Sq	F value	Pr（>F）
lnx1	1	781.967,8	1.96	1,436.236,0	< 2.2e-16 ***
lnx2	1	712.12	712.12	1,307.956,4	< 2.2e-16 ***
lnx3	1	4.23	4.23	7.774,6	0.005,381 **
lnx4	1	2.51	2.51	4.614,8	0.031,893 *
lnx5	1	12.24	12.24	22.481,5	2.371e-06 ***
z2	1	0.01	0.01	0.015,0	0.902,464
a1	1	5.50	5.50	10.095,7	0.001,523 **
a2	1	0.18	0.18	0.325,4	0.568,513
a3	1	0.29	0.29	0.527,6	0.467,741
Residuals	1,222	665.32	0.54		

任伯年的畫作（共281組交易數據）：

Residuals：

Min	1Q	Median	3Q	Max
-4.790,8	-0.588,0	0.015,2	0.748,9	3.977,4

Coefficients：（1 not defined because of singularities）

	Estimate	Std. Error	t value	Pr（>|t|）
（Intercept）	1.636,89	3.387,48	0.483	0.629,332
lnx1	0.752,81	0.074,00	10.174	< 2e-16 ***
lnx2	0.216,36	0.115,33	1.876	0.061,721
lnx3	-0.204,78	0.121,88	-1.680	0.094,076
lnx4	0.760,88	0.200,43	3.796	0.000,181 ***
lnx5	-0.266,59	0.724,62	-0.368	0.713,231
z1	NA	NA	NA	NA
z2	0.059,51	0.151,66	0.392	0.695,059
a1	0.324,05	0.634,92	0.510	0.610,202

表6.8(續)

a2	1.079, 34	0.664, 82	1.624	0.105, 644
a3	0.918, 52	0.649, 83	1.413	0.158, 663

Residual standard error: 1.238 on 271 degrees of freedom

Multiple R-squared: 0.384, 4, Adjusted R-squared: 0.364

F-statistic: 18.81 on 9 and 271 DF, p-value: < 2.2e-16

Analysis of Variance Table

Response: lnP

	Df	Sum Sq	Mean Sq	F value	Pr (>F)
lnx1	1	133.49	133.490	87.041, 6	< 2.2e-16 ***
lnx2	1	73.83	73.828	48.139, 3	2.919e-11 ***
lnx3	1	0.52	0.521	0.339, 9	0.560, 345, 3
lnx4	1	24.90	24.900	16.235, 7	7.271e-05 ***
lnx5	1	0.19	0.188	0.122, 3	0.726, 840, 5
z2	1	0.00	0.002	0.001, 6	0.968, 483, 1
a1	1	22.57	22.570	14.716, 9	0.000, 155, 5 ***
a2	1	1.01	1.014	0.661, 0	0.416, 930, 8
a3	1	3.06	3.064	1.997, 9	0.158, 663, 0
Residuals	271	415.61	1.534		

靳尚誼的畫作（共50組交易數據）：

Residuals：

Min	1Q	Median	3Q	Max
-1.962, 57	-0.343, 04	0.023, 86	0.425, 85	2.353, 68

Coefficients：（2 not defined because of singularities）

	Estimate	Std. Error	t value	Pr (>|t|)
(Intercept)	-5.014, 109	3.294, 132	-1.522	0.135, 652
lnx1	0.931, 373	0.169, 971	5.480	2.37e-06 ***
lnx2	0.119, 543	0.153, 797	0.777	0.441, 456
lnx3	-0.016, 400	0.131, 867	-0.124	0.901, 631

表6.8(續)

lnx4	1.389,860	0.325,481	4.270	0.000,113 ***
lnx5	-0.280,837	0.153,677	-1.827	0.074,917
z1	NA	NA	NA	NA
z2	-0.301,646	0.271,426	-1.111	0.272,897
a1	0.009,258	0.333,157	0.028	0.977,966
a2	NA	NA	NA	NA
a3	-0.962,850	0.553,713	-1.739	0.089,558

Residual standard error: 0.865,1 on 41 degrees of freedom

Multiple R-squared: 0.683,6, Adjusted R-squared: 0.621,8

F-statistic: 11.07 on 8 and 41 DF, p-value: 3.682e-08

Analysis of Variance Table

Response: lnP

	Df	Sum Sq	Mean Sq	F value	Pr (>F)
lnx1	1	23.647,2	23.647,2	31.596,0	1.495e-06 ***
lnx2	1	22.707,3	22.707,3	30.340,1	2.160e-06 ***
lnx3	1	0.177,3	0.177,3	0.236,9	0.629,010,7
lnx4	1	13.089,9	13.089,9	17.489,9	0.000,148,2 ***
lnx5	1	3.240,2	3.240,2	4.329,4	0.043,747,3 *
z2	1	0.445,9	0.445,9	0.595,8	0.444,617,9
a1	1	0.714,9	0.714,9	0.955,2	0.334,119,8
a3	1	2.263,1	2.263,1	3.023,8	0.089,557,6
Residuals	41	30.685,4	0.748,4		

何多苓的畫作（共61組交易數據）:

Residuals:

Min	1Q	Median	3Q	Max
-1.309,10	-0.343,95	0.070,96	0.414,61	1.710,54

Coefficients: (1 not defined because of singularities)

	Estimate	Std. Error	t value	Pr (>|t|)

表6.8(續)

(Intercept)	−2.775,38	2.585,63	−1.073	0.288,4
lnx1	0.791,73	0.140,08	5.652	8.01e−07 ***
lnx2	−0.116,88	0.384,56	−0.304	0.762,5
lnx3	0.052,89	0.110,89	0.477	0.635,5
lnx4	1.163,17	0.460,41	2.526	0.014,8 *
lnx5	0.146,57	0.091,98	1.593	0.117,5
z1	NA	NA	NA	NA
z2	−0.072,57	0.178,26	−0.407	0.685,7
a1	−0.077,47	0.377,81	−0.205	0.838,4
a2	−0.476,11	0.810,40	−0.588	0.559,6
a3	−0.387,43	0.407,69	−0.950	0.346,6

Residual standard error：0.663,1 on 49 degrees of freedom

Multiple R-squared：0.614,8, Adjusted R-squared：0.544,1

F-statistic：8.69 on 9 and 49 DF, p-value：1.192e−07

Analysis of Variance Table

Response：lnP

	Df	Sum Sq	Mean Sq	F value	Pr (>F)
lnx1	1	11.453,4	11.453,4	26.045,0	5.421e−06 ***
lnx2	1	15.360,0	15.360,0	34.928,5	3.219e−07 ***
lnx3	1	0.048,7	0.048,7	0.110,7	0.740,783
lnx4	1	4.789,9	4.789,9	10.892,1	0.001,806 **
lnx5	1	1.702,0	1.702,0	3.870,2	0.054,824
z2	1	0.017,5	0.017,5	0.039,9	0.842,500
a1	1	0.576,3	0.576,3	1.310,5	0.257,871
a2	1	0.049,8	0.049,8	0.113,3	0.737,842
a3	1	0.397,1	0.397,1	0.903,1	0.346,613
Residuals	49	21.547,9	0.439,8		

魏紫熙的畫作（共322組交易數據）：

表6.8(續)

Residuals：				
Min	1Q	Median	3Q	Max
-2.787,24	-0.343,18	-0.026,03	0.440,59	1.831,99

Coefficients：（1 not defined because of singularities）

	Estimate	Std. Error	t value	Pr（>│t│）
(Intercept)	1.437,19	1.024,61	1.403	0.161,7
lnx1	0.991,40	0.054,75	18.109	< 2e-16***
lnx2	0.557,19	0.092,11	6.049	4.17e-09***
lnx3	-0.137,96	0.060,19	-2.292	0.022,6*
lnx4	0.226,83	0.129,23	1.755	0.080,2
lnx5	0.586,66	0.109,00	5.382	1.45e-07***
z1	NA	NA	NA	NA
z2	-0.073,41	0.077,20	-0.951	0.342,4
a1	-0.220,57	0.268,71	-0.821	0.412,4
a2	0.234,78	0.734,12	0.320	0.749,3
a3	-0.622,93	0.289,16	-2.154	0.032,0*

Residual standard error：0.673,7 on 312 degrees of freedom

Multiple R-squared：0.612，Adjusted R-squared：0.600,8

F-statistic：54.68 on 9 and 312 DF，p-value：< 2.2e-16

Analysis of Variance Table

Response：lnP

	Df	Sum Sq	Mean Sq	F value	Pr（>F）
lnx1	1	106.911	106.911	235.558,2	< 2.2e-16***
lnx2	1	94.085	94.085	207.299,4	< 2.2e-16***
lnx3	1	1.084	1.084	2.389,2	0.123,193
lnx4	1	3.266	3.266	7.195,9	0.007,696**
lnx5	1	12.952	12.952	28.537,5	1.775e-07***
z2	1	0.201	0.201	0.443,5	0.505,918

表6.8(續)

a1	1	2.168	2.168	4.777,8	0.029,573*
a2	1	0.567	0.567	1.248,3	0.264,738
a3	1	2.106	2.106	4.640,9	0.031,984*
Residuals	312	141.605	0.454		

黃永玉的畫作（共301組交易數據）：

Residuals：

Min	1Q	Median	3Q	Max
−2.679,30	−0.296,70	0.042,82	0.435,12	2.731,97

Coefficients：（1 not defined because of singularities）

	Estimate	Std. Error	t value	Pr（>|t|）
(Intercept)	−1.985,02	3.102,41	−0.640	0.522,79
lnx1	1.012,94	0.056,59	17.899	< 2e−16***
lnx2	0.991,47	0.177,05	5.600	4.97e−08***
lnx3	−3.453,00	2.312,83	−1.493	0.136,53
lnx4	2.705,67	1.923,97	1.406	0.160,71
lnx5	0.225,39	0.080,80	2.790	0.005,63**
z1	NA	NA	NA	NA
z2	0.254,88	0.141,00	1.808	0.071,69
a1	−0.129,19	0.214,75	−0.602	0.547,92
a2	0.401,05	0.250,17	1.603	0.110,00
a3	−0.317,06	0.254,94	−1.244	0.214,63

Residual standard error：0.754,4 on 290 degrees of freedom

Multiple R-squared： 0.685,3，Adjusted R-squared： 0.675,5

F-statistic：70.17 on 9 and 290 DF，p-value：< 2.2e−16

Analysis of Variance Table

Response：lnP

	Df	Sum Sq	Mean Sq	F value	Pr（>F）
lnx1	1	180.008	180.008	316.326,6	< 2.2e−16***

表6.8(續)

lnx2	1	162.537	162.537	285.624,8	< 2.2e−16 ***
lnx3	1	0.044	0.044	0.076,6	0.782,199,7
lnx4	1	0.015	0.015	0.025,8	0.872,525,6
lnx5	1	4.558	4.558	8.009,6	0.004,978,1 **
z2	1	2.199	2.199	3.864,2	0.050,281,2
a1	1	2.537	2.537	4.458,9	0.035,574,5 *
a2	1	6.586	6.586	11.573,1	0.000,763,2 ***
a3	1	0.880	0.880	1.546,7	0.214,627,0
Residuals	290	165.027	0.569		

吳大羽的畫作（共14組交易數據）：

Residuals：

1	2	3	4	5	6
2.529e−01	3.603e−04	−3.215e−01	3.678e−03	3.117e−17	−1.304e−01
7	8	9	10	11	12
1.949e−01	2.816e−01	2.892e−01	1.194e−01	−4.084e−01	−6.090e−03
13					
−2.759e−01					

Coefficients：（2 not defined because of singularities）

	Estimate	Std. Error	t value	Pr（>|t|）
(Intercept)	−3.480,067	4.330,453	−0.804	0.466,7
lnx1	2.131,741	0.640,393	3.329	0.029,1 *
lnx2	1.309,171	0.897,623	1.458	0.218,5
lnx3	−0.002,119	0.218,824	−0.010	0.992,7
lnx4	0.247,851	1.069,809	0.232	0.828,2
lnx5	−1.092,781	0.467,130	−2.339	0.079,4
z1	NA	NA	NA	NA
z2	−0.188,586	0.426,717	−0.442	0.681,4
a1	−1.113,885	0.728,166	−1.530	0.200,8

表6.8(續)

	a2	−1.293,781	0.681,100	−1.900	0.130,3
	a3	NA	NA	NA	NA

Residual standard error: 0.400,8 on 4 degrees of freedom

Multiple R-squared: 0.967,3, Adjusted R-squared: 0.902

F-statistic: 14.8 on 8 and 4 DF, p-value: 0.009,996

Analysis of Variance Table

Response: lnP

	Df	Sum Sq	Mean Sq	F value	Pr (>F)
lnx1	1	0.906,5	0.906,5	5.644,1	0.076,343,8
lnx2	1	15.419,3	15.419,3	96.000,4	0.000,608,2***
lnx3	1	0.022,2	0.022,2	0.137,9	0.729,178,3
lnx4	1	1.027,3	1.027,3	6.396,1	0.064,730,1
lnx5	1	0.984,8	0.984,8	6.131,3	0.068,493,6
z2	1	0.060,6	0.060,6	0.377,2	0.572,336,2
a1	1	0.019,5	0.019,5	0.121,6	0.744,891,8
a2	1	0.579,6	0.579,6	3.608,3	0.130,307,2
Residuals	4	0.642,5	0.160,6		

陳大羽的畫作（共137組交易數據）：

Residuals：

Min	1Q	Median	3Q	Max
−1.869,25	−0.351,93	0.036,09	0.478,67	1.318,86

Coefficients：(2 not defined because of singularities)

	Estimate	Std. Error	t value	Pr (>|t|)
(Intercept)	2.844,42	1.938,47	1.467	0.144,73
lnx1	0.973,18	0.109,76	8.866	5.54e−15***
lnx2	0.962,26	0.146,13	6.585	1.07e−09***
lnx3	−0.039,70	0.092,27	−0.430	0.667,77
lnx4	−0.266,49	0.246,23	−1.082	0.281,16

表6.8(續)

lnx5	0.553,94	0.193,25	2.866	0.004,85**
z1	NA	NA	NA	NA
z2	0.086,10	0.114,57	0.751	0.453,76
a1	−0.429,88	0.304,56	−1.411	0.160,53
a2	NA	NA	NA	NA
a3	−0.187,89	0.328,32	−0.572	0.568,12

Residual standard error：0.655,2 on 128 degrees of freedom

Multiple R-squared： 0.671,5，Adjusted R-squared： 0.651

F-statistic：32.7 on 8 and 128 DF，p-value：< 2.2e-16

Analysis of Variance Table

Response：lnP

	Df	Sum Sq	Mean Sq	F value	Pr（>F）
lnx1	1	26.949	26.949	62.786,2	9.743e-13***
lnx2	1	79.709	79.709	185.705,3	< 2.2e-16***
lnx3	1	0.698	0.698	1.625,3	0.204,662
lnx4	1	0.019	0.019	0.044,5	0.833,173
lnx5	1	3.042	3.042	7.086,8	0.008,761**
z2	1	0.180	0.180	0.419,6	0.518,279
a1	1	1.561	1.561	3.636,5	0.058,766
a3	1	0.141	0.141	0.327,5	0.568,125
Residuals	128	54.941	0.429		

崔如琢的畫作（共109組交易數據）：

Residuals：

Min	1Q	Median	3Q	Max
−1.787,37	−0.464,44	0.037,96	0.429,22	2.059,46

Coefficients：（3 not defined because of singularities）

	Estimate	Std. Error	t value	Pr（>｜t｜）
(Intercept)	−6.247,13	5.027,70	−1.243	0.218,43

表6.8(續)

lnx1	0.982,51	0.110,96	8.855	7.87e−13 ***
lnx2	0.575,10	0.215,49	2.669	0.009,57 **
lnx3	0.147,68	0.167,38	0.882	0.380,82
lnx4	0.733,33	0.572,52	1.281	0.204,72
lnx5	−0.749,16	0.078,04	−9.600	3.78e−14 ***
z1	NA	NA	NA	NA
z2	0.218,13	0.208,73	1.045	0.299,82
a1	0.099,83	0.266,45	0.375	0.709,10
a2	NA	NA	NA	NA
a3	NA	NA	NA	NA

Residual standard error: 0.700,7 on 66 degrees of freedom

Multiple R-squared: 0.871,3, Adjusted R-squared: 0.857,6

F-statistic: 63.83 on 7 and 66 DF, p-value: < 2.2e−16

Analysis of Variance Table

Response: lnP

	Df	Sum Sq	Mean Sq	F value	Pr (>F)
lnx1	1	101.827	101.827	207.397,4	< 2.2e−16 ***
lnx2	1	59.400	59.400	120.983,4	< 2.2e−16 ***
lnx3	1	1.261	1.261	2.568,4	0.113,8
lnx4	1	0.729	0.729	1.485,3	0.227,3
lnx5	1	55.602	55.602	113.247,1	5.856e−16 ***
z2	1	0.487	0.487	0.992,0	0.322,9
a1	1	0.069	0.069	0.140,4	0.709,1
Residuals	66	32.404	0.491		

劉大為的畫作（共123組交易數據）：

Residuals：

Min	1Q	Median	3Q	Max
−1.644,45	−0.228,66	0.033,67	0.303,43	1.438,64

表6.8(續)

Coefficients: (2 not defined because of singularities)				
	Estimate	Std. Error	t value	Pr (>|t|)
(Intercept)	-0.068,15	2.385,66	-0.029	0.977,3
lnx1	0.987,12	0.080,75	12.224	< 2e-16 ***
lnx2	0.820,57	0.146,01	5.620	1.83e-07 ***
lnx3	-0.050,21	0.061,24	-0.820	0.414,3
lnx4	0.213,89	0.281,72	0.759	0.449,6
lnx5	-0.266,99	0.059,63	-4.478	2.06e-05 ***
z1	NA	NA	NA	NA
z2	0.113,39	0.106,33	1.066	0.288,9
a1	-0.023,84	0.209,45	-0.114	0.909,6
a2	NA	NA	NA	NA
a3	-0.682,21	0.407,88	-1.673	0.097,6

Residual standard error: 0.497,7 on 97 degrees of freedom

Multiple R-squared: 0.838, Adjusted R-squared: 0.824,7

F-statistic: 62.73 on 8 and 97 DF, p-value: < 2.2e-16

Analysis of Variance Table

Response: lnP

	Df	Sum Sq	Mean Sq	F value	Pr (>F)
lnx1	1	36.138	36.138	145.906,1	< 2.2e-16 ***
lnx2	1	80.833	80.833	326.360,4	< 2.2e-16 ***
lnx3	1	0.002	0.002	0.007,3	0.932,06
lnx4	1	0.001	0.001	0.002,8	0.957,67
lnx5	1	6.207	6.207	25.062,3	2.482e-06 ***
z2	1	0.275	0.275	1.111,9	0.294,30
a1	1	0.148	0.148	0.597,0	0.441,59
a3	1	0.693	0.693	2.797,5	0.097,64
Residuals	97	24.025	0.248		

表6.8(續)

婁師白的畫作（共100組交易數據）：

Residuals：

Min	1Q	Median	3Q	Max
−2.093,22	0.356,72	0.004,43	0.449,44	1.413,69

Coefficients：(2 not defined because of singularities)

	Estimate	Std. Error	t value	Pr (>|t|) NA
(Intercept)	7.074,22	1.834,41	3.856	0.000,214 ***
lnx1	0.937,02	0.128,25	7.306	1.02e−10 ***
lnx2	0.488,50	0.222,14	2.199	0.030,410 *
lnx3	−0.042,47	0.210,47	−0.202	0.840,532
lnx4	−0.160,45	0.263,97	−0.608	0.544,819
lnx5	0.194,78	0.101,56	1.918	0.058,273
z1	NA	NA	NA	NA
z2	0.346,36	0.143,00	2.422	0.017,417 *
a1	−0.644,30	0.374,48	−1.721	0.088,733
a2	NA	NA	NA	NA
a3	−0.377,44	0.611,08	−0.618	0.538,346

Residual standard error：0.689,9 on 91 degrees of freedom

Multiple R−squared：0.443，Adjusted R−squared：0.394

F−statistic：9.046 on 8 and 91 DF, p−value：4.615e−09

Analysis of Variance Table

Response：lnP

	Df	Sum Sq	Mean Sq	F value	Pr (>F)
lnx1	1	25.103	25.103,4	52.734,9	1.255e−10 ***
lnx2	1	2.453	2.452,6	5.152,3	0.025,58 *
lnx3	1	0.182	0.181,6	0.381,5	0.538,32
lnx4	1	0.027	0.026,6	0.055,9	0.813,56
lnx5	1	2.691	2.691,0	5.652,9	0.019,52 *

表6.8(續)

z2	1	2.506	2.505,7	5.263,8	0.024,07*
a1	1	1.305	1.305,0	2.741,5	0.101,22
a3	1	0.182	0.181,6	0.381,5	0.538,35
Residuals	91	43.319	0.476,0		

王沂東的畫作（共55組交易數據）：

Residuals：

Min	1Q	Median	3Q	Max
−1.134,40	−0.291,24	−0.037,77	0.310,91	1.566,96

Coefficients：（1 not defined because of singularities）

	Estimate	Std. Error	t value	Pr（>｜t｜）
(Intercept)	1.421,160	4.691,215	0.303	0.763,6
lnx1	0.789,675	0.153,261	5.152	8.8e−06***
lnx2	0.690,887	0.321,182	2.151	0.038,1*
lnx3	−3.526,030	3.962,044	−0.890	0.379,2
lnx4	2.921,439	3.289,163	0.888	0.380,2
lnx5	−0.007,361	0.105,874	−0.070	0.944,9
z1	NA	NA	NA	NA
z2	0.034,708	0.304,630	0.114	0.909,9
a1	−0.155,547	0.665,323	−0.234	0.816,4
a2	−0.270,545	0.675,877	−0.400	0.691,2
a3	−1.396,104	0.718,636	−1.943	0.059,7

Residual standard error：0.594 on 37 degrees of freedom

Multiple R-squared：0.713,6，Adjusted R-squared：0.643,9

F-statistic：10.24 on 9 and 37 DF，p-value：1.034e−07

Analysis of Variance Table

Response：lnP

	Df	Sum Sq	Mean Sq	F value	Pr（>F）
lnx1	1	22.277,8	22.277,8	63.137,3	1.62e−09***

表6.8(續)

lnx2	1	4.471,3	4.471,3	12.672,0	0.001,040**
lnx3	1	0.109,1	0.109,1	0.309,3	0.581,455
lnx4	1	0.079,8	0.079,8	0.226,0	0.637,268
lnx5	1	0.114,7	0.114,7	0.325,0	0.572,061
z2	1	0.000,8	0.000,8	0.002,3	0.961,920
a1	1	1.454,7	1.454,7	4.122,8	0.049,544*
a2	1	2.690,9	2.690,9	7.626,4	0.008,902**
a3	1	1.331,7	1.331,7	3.774,1	0.059,690
Residuals	37	13.055,3	0.352,8		

陳丹青的畫作（共58組交易數據）：

Residuals：

Min	1Q	Median	3Q	Max
−1.805,90	−0.408,76	−0.006,85	0.320,18	2.655,04

Coefficients：（1 not defined because of singularities）

	Estimate	Std. Error	t value	Pr（>｜t｜）
(Intercept)	9.700,5	3.831,0	2.532	0.014,82*
lnx1	0.771,2	0.148,2	5.203	4.44e−06***
lnx2	−0.455,8	0.303,8	−1.501	0.140,31
lnx3	−0.141,2	0.128,6	−1.098	0.277,96
lnx4	0.687,5	0.271,0	2.537	0.014,65*
lnx5	0.524,0	0.159,0	3.296	0.001,89**
z1	NA	NA	NA	NA
z2	−0.251,8	0.241,5	−1.043	0.302,60
a1	0.265,8	0.813,9	0.327	0.745,46
a2	−0.400,6	0.870,4	−0.460	0.647,51
a3	−0.314,0	0.864,1	−0.363	0.717,96

Residual standard error：0.780,6 on 46 degreesof freedom

Multiple R-squared：0.594,1，Adjusted R-squared：0.514,7

表6.8(續)

F-statistic: 7.482 on 9 and 46 DF, p-value: 1.22e-06				
Analysis of Variance Table				
Response: lnP				
	Df	Sum Sq	Mean Sq	F value	Pr (>F)
lnx1	1	25.212,8	25.212,8	41.373,0	6.497e-08 ***
lnx2	1	0.873,0	0.873,0	1.432,6	0.237,478
lnx3	1	0.052,2	0.052,2	0.085,7	0.770,988
lnx4	1	4.601,5	4.601,5	7.550,9	0.008,538 **
lnx5	1	5.166,5	5.166,5	8.477,9	0.005,528 **
z2	1	1.457,6	1.457,6	2.391,9	0.128,821
a1	1	3.537,8	3.537,8	5.805,4	0.020,036 *
a2	1	0.054,4	0.054,4	0.089,2	0.766,540
a3	1	0.080,5	0.080,5	0.132,1	0.717,956
Residuals	46	28.032,6	0.609,4		

羅中立的畫作（共111組交易數據）：

Residuals:				
Min	1Q	Median	3Q	Max
−1.324,73	−0.284,64	−0.005,92	0.229,56	0.953,42

Coefficients: (1 not defined because of singularities)				
	Estimate	Std. Error	t value	Pr (>|t|)
(Intercept)	8.257,037	1.457,693	5.664	1.42e-07 ***
lnx1	0.977,205	0.048,694	20.068	< 2e-16 ***
lnx2	−0.137,976	0.157,500	−0.876	0.383,109
lnx3	−0.005,785	0.045,824	−0.126	0.899,787
lnx4	0.409,759	0.120,371	3.404	0.000,956 ***
lnx5	0.221,808	0.067,385	3.292	0.001,377 **
z1	NA	NA	NA	NA
z2	−0.102,492	0.078,583	−1.304	0.195,142

表6.8(續)

a1	−0.102,931	0.202,968	−0.507	0.613,181
a2	−0.352,245	0.217,510	−1.619	0.108,501
a3	−0.122,742	0.218,556	−0.562	0.575,641

Residual standard error: 0.397,5 on 100 degrees of freedom

Multiple R-squared: 0.832,5, Adjusted R-squared: 0.817,4

F-statistic: 55.23 on 9 and 100 DF, p-value: < 2.2e-16

Analysis of Variance Table

Response: lnP

	Df	Sum Sq	Mean Sq	F value	Pr (>F)
lnx1	1	70.329	70.329	445.191,4	< 2.2e-16 ***
lnx2	1	1.934	1.934	12.241,1	0.000,699,4 ***
lnx3	1	0.006	0.006	0.038,8	0.844,203,4
lnx4	1	3.398	3.398	21.507,9	1.068e−05 ***
lnx5	1	1.510	1.510	9.556,1	0.002,582,2 **
z2	1	0.249	0.249	1.576,4	0.212,212,5
a1	1	0.347	0.347	2.196,0	0.141,515,5
a2	1	0.700	0.700	4.430,1	0.037,817,4 *
a3	1	0.050	0.050	0.315,4	0.575,641,4
Residuals	100	15.797	0.158		

　　根據以上迴歸結果可看出，每個樣本畫家的畫作交易數據擬合方程系數的大小和顯著性均有所不同，通過檢驗的變量數、顯著性大小受到樣本數據數量、畫種和具體畫家的不同之影響。具體情況如下：

　　對於繪畫藝術品的面積變量 x_1，以上結果中，除了畫家吳大羽因樣本數僅14個而t檢驗結果顯示為不通過、F檢驗結果為在0.01到0.05顯著性上通過，以及常玉的F檢驗是在0.05到0.001的顯著性上通過檢驗以外，其餘畫家的交易數據擬合結果均全部在最顯著的水平即0到0.001的水平上通過t檢驗和F檢驗。

　　對於畫家的名氣變量替代指標上期平均成交價格 x_2，在t檢驗中，吳湖帆、楊飛雲、任伯年、靳尚誼、何多苓、吳大羽、陳丹青和羅中立沒有通過t

檢驗，吳湖帆在顯著性 0.01 到 0.05 上通過檢驗，常玉、婁師白和王沂東在顯著性 0.005 到 0.01 上通過檢驗，吳冠中、潘天壽和崔如琢在顯著性 0.001 到 0.005 上通過檢驗，其餘 16 位畫家均在最高級別顯著性 0 到 0.001 上通過檢驗；在 F 檢驗中，僅陳丹青未通過檢驗，婁師白在顯著性 0.005 到 0.01 上通過檢驗，楊飛雲和王沂東在顯著性 0.001 到 0.005 上通過檢驗，其餘 26 位畫家均在最高級別顯著性 0 到 0.001 上通過檢驗。

對於社會經濟發展水平指標滯后一期的人均 GDP 變量 x_3，在 t 檢驗中，僅林風眠在顯著性 0.01 到 0.05 上通過檢驗，吳昌碩、齊白石、黃冑和魏紫熙在顯著性 0.005 到 0.01 上通過檢驗，張大千在顯著性 0.001 到 0.005 上通過檢驗，沒有畫家在最高顯著性水平上通過檢驗，其餘畫家均未通過檢驗；在 F 檢驗中，僅吳湖帆、吳昌碩在顯著性 0.005 到 0.01 上通過檢驗，黃冑在顯著性 0.001 到 0.005 上通過檢驗，沒有畫家在最高顯著性水平上通過檢驗，其餘畫家均未通過檢驗。

對於貨幣供應量指標 M2 的變量 x_4，在 t 檢驗中，潘天壽和魏紫熙在顯著性 0.01 到 0.05 水平上通過檢驗，傅抱石、楊飛雲、林風眠、何多苓和陳丹青在顯著性 0.005 到 0.01 上通過檢驗，吳冠中和黃冑在顯著性 0.001 到 0.005 上通過檢驗，張大千、吳湖帆、徐悲鴻、李可染、齊白石、任伯年、靳尚誼和羅中立均在最高級別顯著性 0 到 0.001 上通過檢驗，其餘 13 位畫家未通過檢驗；在 F 檢驗中，吳大羽在顯著性 0.01 到 0.05 水平上通過檢驗，楊飛雲和黃冑在顯著性 0.005 到 0.01 上通過檢驗，傅抱石、何多苓、魏紫熙和陳丹青在顯著性 0.001 到 0.005 上通過檢驗，張大千、吳湖帆、吳冠中、徐悲鴻、李可染、齊白石、任伯年、靳尚誼和羅中立均在最高級別顯著性 0 到 0.001 上通過檢驗，其餘 14 位畫家未通過檢驗。

對於繪畫藝術品的畫齡變量 x_5，在 t 檢驗中，陳逸飛、靳尚誼和婁師白在顯著性 0.01 到 0.05 水平上通過檢驗，範曾在顯著性 0.005 到 0.01 上通過檢驗，吳湖帆、吳冠中、傅抱石、李可染、黃永玉、陳大羽、陳丹青和羅中立在顯著性 0.001 到 0.005 上通過檢驗，張大千、徐悲鴻、黃賓虹、潘天壽、林風眠、黃冑、魏紫熙、崔如琢和劉大為在最高級別顯著性 0 到 0.001 上通過檢驗，其餘 9 位畫家未通過檢驗；在 F 檢驗中，何多苓和吳大羽在顯著性 0.01 到 0.05 水平上通過檢驗，範曾、靳尚誼和婁師白在顯著性 0.005 到 0.01 上通過檢驗，吳湖帆、傅抱石、李可染、黃永玉、陳大羽、陳丹青和羅中立在顯著性 0.001 到 0.005 上通過檢驗，吳昌碩、關山月、常玉、楊飛雲、齊白石、任伯年和王沂東未通過檢驗，其餘 11 位畫家均在最高級別顯著性 0 到 0.001 上

通過檢驗。

對於畫種變量 z_1，其在各個畫家及三類畫作的迴歸結果中，因其奇異性應被排除出模型變量；而在所有畫家繪畫藝術品拍賣成交價擬合的方程中，其 P 值在 0 到 0.001 的最顯著水平上通過 t 檢驗。

對於拍賣會季節變量 z_2，在 t 檢驗中，除了張大千在最顯著的 0 到 0.001 水平上、黃賓虹和婁師白在 0.005 到 0.01 顯著性水平上、陳逸飛和黃永玉在 0.01 到 0.05 顯著性水平上通過檢驗，其餘 25 位畫家均未通過檢驗；在 F 檢驗中，張大千、黃賓虹和陳丹青分別在 0 到 0.001、0.001 到 0.005、0.005 到 0.01 的顯著性水平上通過檢驗，陳逸飛和黃永玉在 0.01 到 0.05 的水平上通過檢驗，其餘 25 位畫家均未通過檢驗。

對於拍賣地變量 a_1，除了關山月、林風眠等少數幾位畫家，絕大多數的畫家的多因素模型中拍賣地變量的檢驗均未通過。

再來看按照油畫、近現代國畫和當代國畫進行分類的迴歸結果如表 6.9 所示：

表 6.9　　　　　　　　三類繪畫藝術品的迴歸結果

油畫類繪畫藝術品（共 743 組交易數據）：				
Residuals：				
Min	1Q	Median	3Q	Max
−4.327,9	−0.411,6	0.011,7	0.428,5	3.762,4
Coefficients：（1 not defined because of singularities）				
	Estimate	Std. Error	t value	Pr（>｜t｜）
（Intercept）	2.837,94	0.677,15	4.191	3.13e−05***
lnx1	0.881,80	0.034,42	25.621	< 2e−16***
lnx2	0.732,35	0.030,62	23.919	< 2e−16***
lnx3	−0.093,93	0.036,19	−2.595	0.009,65**
lnx4	0.096,49	0.062,18	1.552	0.121,57
lnx5	0.189,32	0.037,31	5.075	4.96e−07***
z1	NA	NA	NA	NA
z2	0.029,32	0.057,18	0.513	0.608,28
a1	−0.067,84	0.126,34	−0.537	0.591,46

表6.9(續)

| | a2 | 0.101,37 | 0.135,04 | 0.751 | 0.453,09 |
| | a3 | -0.311,59 | 0.143,99 | -2.164 | 0.030,80* |

Residual standard error: 0.759,5 on 714 degrees of freedom

Multiple R-squared: 0.672,5, Adjusted R-squared: 0.668,4

F-statistic: 162.9 on 9 and 714 DF, p-value: < 2.2e-16

Analysis of Variance Table

Response: lnP

	Df	Sum Sq	Mean Sq	F value	Pr (>F)
lnx1	1	126.51	126.51	219.312,3	< 2.2e-16***
lnx2	1	686.38	686.38	1,189.917,9	< 2.2e-16***
lnx3	1	2.23	2.23	3.865,6	0.049,673,2*
lnx4	1	1.43	1.43	2.471,3	0.116,384,2
lnx5	1	18.94	18.94	32.840,7	1.475e-08***
z2	1	0.44	0.44	0.758,5	0.384,083,2
a1	1	0.12	0.12	0.203,8	0.651,820,9
a2	1	7.16	7.16	12.420,8	0.000,451,7***
a3	1	2.70	2.70	4.682,7	0.030,798,4*
Residuals	714	411.86	0.58		

近現代國畫類繪畫藝術品（共6,829組交易數據）：

Residuals：

Min	1Q	Median	3Q	Max
-6.891,0	-0.584,3	0.027,5	0.630,9	3.995,6

Coefficients: (1 not defined becauseof singularities)

	Estimate	Std. Error	t value	Pr (>|t|)
(Intercept)	2.082,97	0.315,47	6.603	4.34e-11***
lnx1	0.935,26	0.016,42	56.944	< 2e-16***
lnx2	0.758,56	0.018,74	40.475	< 2e-16***
lnx3	-0.059,44	0.017,49	-3.398	0.000,682***

表6.9(續)

lnx4	0.205,87	0.035,13	5.860	4.85e−09 ***
lnx5	−0.326,71	0.043,20	−7.562	4.49e−14 ***
z1	NA	NA	NA	NA
z2	0.118,15	0.024,93	4.740	2.18e−06 ***
a1	−0.119,02	0.100,43	−1.185	0.236,019
a2	0.198,02	0.104,49	1.895	0.058,111
a3	−0.042,61	0.104,69	−0.407	0.684,036

Residual standard error: 1.018 on 6,816 degrees of freedom

Multiple R-squared: 0.553,2, Adjusted R-squared: 0.552,6

F-statistic: 937.6 on 9 and 6,816 DF, p-value: < 2.2e−16

Analysis of Variance Table

Response: lnP

	Df	Sum Sq	Mean Sq	F value	Pr (>F)
lnx1	1	2,771.3	2,771.3	2,673.818,8	< 2.2e−16 ***
lnx2	1	5,769.7	5,769.7	5,566.799,3	< 2.2e−16 ***
lnx3	1	2.4	2.4	2.288,2	0.130,411
lnx4	1	10.1	10.1	9.764,7	0.001,786 **
lnx5	1	85.9	85.9	82.892,7	< 2.2e−16 ***
z2	1	23.8	23.8	22.932,0	1.714e−06 ***
a1	1	55.1	55.1	53.159,4	3.423e−13 ***
a2	1	27.1	27.1	26.187,9	3.182e−07 ***
a3	1	0.2	0.2	0.165,6	0.684,036
Residuals	6,816	7,064.5	1.0		

當代國畫類繪畫藝術品（共3,654組交易數據）：

Residuals：

Min	1Q	Median	3Q	Max
−5.697,6	−0.425,2	0.024,5	0.487,0	4.255,9

Coefficients：(1 not defined because of singularities)

表6.9(續)

	Estimate	Std. Error	t value	Pr（>｜t｜）
(Intercept)	3.220,27	0.309,95	10.390	< 2e-16 ***
lnx1	1.081,94	0.019,43	55.678	< 2e-16 ***
lnx2	0.875,44	0.014,04	62.375	< 2e-16 ***
lnx3	-0.039,52	0.019,55	-2.022	0.043,292 *
lnx4	-0.132,88	0.031,40	-4.232	2.38e-05 ***
lnx5	0.081,80	0.021,34	3.833	0.000,129 ***
z1	NA	NA	NA	NA
z2	0.049,73	0.026,79	1.856	0.063,514
a1	-0.183,47	0.083,47	-2.198	0.028,015 *
a2	-0.146,49	0.100,78	-1.454	0.146,139
a3	-0.309,21	0.097,30	-3.178	0.001,496 **

Residual standard error：0.795 on 3,588 degrees of freedom

Multiple R-squared：0.708,2，Adjusted R-squared：0.707,4

F-statistic：967.4 on 9 and 3,588 DF，p-value：< 2.2e-16

Analysis of Variance Table

Response：lnP

	Df	Sum Sq	Mean Sq	F value	Pr（>F）
lnx1	1	1,391.0	1,391.0	2,200.992,5	< 2.2e-16 ***
lnx2	1	4,073.1	4,073.1	6,445.058,6	< 2.2e-16 ***
lnx3	1	10.6	10.6	16.790,5	4.266e-05 ***
lnx4	1	9.4	9.4	14.849,3	0.000,118,5 ***
lnx5	1	8.8	8.8	13.945,9	0.000,191,1 ***
z2	1	2.3	2.3	3.615,4	0.057,325,5
a1	1	0.0	0.0	0.037,7	0.845,994,6
a2	1	0.7	0.7	1.043,0	0.307,201,8
a3	1	6.4	6.4	10.098,7	0.001,496,4 **
Residuals	3,588	2,267.5	0.6		

表6.10　所有繪畫類藝術品的迴歸結果（共11,226組交易數據）：

Residuals：				
Min	1Q	Median	3Q	Max
−6.861,0	−0.522,9	0.024,9	0.568,3	4.080,3
Coefficients：				
	Estimate	Std. Error	t value	Pr（>｜t｜）
(Intercept)	2.328,977	0.210,685	11.054	< 2e−16 ***
lnx1	0.966,079	0.012,066	80.067	< 2e−16 ***
lnx2	0.844,606	0.009,996	84.496	< 2e−16 ***
lnx3	−0.053,628	0.012,722	−4.215	2.51e−05 ***
lnx4	0.018,634	0.021,111	0.883	0.377,4
lnx5	0.010,185	0.014,053	0.725	0.468,6
z1	−0.321,768	0.041,667	−7.722	1.24e−14 ***
z2	0.087,890	0.018,060	4.867	1.15e−06 ***
a1	−0.126,878	0.061,935	−2.049	0.040,5 *
a2	0.168,726	0.066,273	2.546	0.010,9 *
a3	−0.118,776	0.066,657	−1.782	0.074,8
Residual standard error：0.943,3 on 11,137 degrees of freedom				
Multiple R-squared：0.641,1，Adjusted R-squared：0.640,8				
F-statistic：1,989 on 10 and 11,137 DF，p-value：< 2.2e−16				
Analysis of Variance Table				
Response：lnP				
	Df	Sum Sq	Mean Sq	F value	Pr（>F）
lnx1	1	4,169.9	4,169.9	4,685.810,5	< 2.2e−16 ***
lnx2	1	13,311.8	13,311.8	14,958.806,5	< 2.2e−16 ***
lnx3	1	18.1	18.1	20.360,4	6.480e−06 ***
lnx4	1	1.1	1.1	1.280,2	0.257,890

表6.10(續)

lnx5	1	8.8	8.8	9.887,8	0.001,668**
z1	1	67.6	67.6	75.982,2	< 2.2e-16***
z2	1	23.1	23.1	25.910,3	3.635e-07***
a1	1	50.8	50.8	57.061,9	4.554e-14***
a2	1	50.2	50.2	56.402,3	6.358e-14***
a3	1	2.8	2.8	3.175,2	0.074,792
Residuals	11,137	9,910.8	0.9		

從三類繪畫藝術品的迴歸結果可以看出，通過近現代國畫類繪畫藝術品6,829組交易數據對模型變量的擬合，x_1、x_2、x_3、x_4、x_5、z_2、a_1、a_2這些變量均在最高或較高顯著性水平上通過 t 或 F 檢驗。當代國畫類繪畫藝術品的擬合模型與近現代國畫類繪畫藝術品相比，迴歸結果基本相同，只是其 x_3、z_2、a_1、a_2 的顯著性更低，而 a_3 在較高顯著性水平上通過了 t 和 F 檢驗。

三類繪畫藝術品中，油畫類繪畫藝術品743組交易數據對模型的擬合效果最差，僅變量 x_1、x_2、x_5、a_2 在較高顯著性水平上通過 t 或 F 檢驗。油畫類的 a_3 在 0.01 到 0.05 的顯著性水平上通過檢驗，系數估計值為 -0.311,59；近現代國畫類的 a_2 在 0.05 到 0.01 的顯著性水平上通過檢驗，系數估計值為 0.198,02；當代國畫類的 a_1 和 a_3 分別在 0.01 到 0.05、0.005 到 0.01 的顯著性水平上通過檢驗，系數估計值分別為 -0.183,47 和 -0.309,21。所有畫家畫作交易數據擬合的迴歸方程中，a_1、a_2 和 a_3 分別在 0.005 到 0.01、0.005 到 0.01 以及 0.01 到 0.05 的顯著性水平上通過 t 檢驗，系數估計值分別為 -0.126,878、0.168,726 和 -0.118,776。

所有畫作交易數據擬合的迴歸結果表明，十分顯著的因素有：x_1、x_2、x_3、z_1 以及 z_2，這些因素自變量的 p 值均遠遠小於 0.05 十分接近 0，此外，a_1、a_2 變量也在 0.01 到 0.05 的顯著性水平上通過檢驗，a_3 在 0.05 到 0.1 的最低顯著性水平上通過檢驗，系數估計值分別為 -0.126,878、0.168,726 和 -0.118,776。

最後來看迴歸方程的顯著性，除了常玉和吳大羽的迴歸方程 F 統計的 p 值較高以外，其餘畫家、三類畫家及所有畫家交易數據擬合的迴歸方程的該值均十分接近 0，因此，除常玉和吳大羽的迴歸方程外，其他迴歸方程均是有意義的。而從調整后的 R 方值來看，30 位畫家的迴歸結果中有 16 位畫家的該值在

0.6 以上，有 4 位在 0.5 以下。油畫、近現代國畫、當代國畫三類畫家以及所有畫家調整后的 R 方值分別是 0.668,4、0.552,6、0.707,4 及 0.640,8。

七、結果分析

從迴歸結果來看，不管是針對單個畫家還是三類不同的分類而言，繪畫藝術品的面積變量 x_1 的擬合效果在所有變量中為最佳，且系數估計值全部為接近 1 甚至超過 1 的正數，在所有系數估計值中絕對值最大。因而基本可以通過定量方式驗證藝術家在創作繪畫藝術品時所耗費的勞動量的多少直接影響繪畫藝術的價格，且與價格成正相關關係。這一計量結果不僅符合畫家往往將畫作尺寸作為潤筆的計量單位的現實情況，也可以驗證本書所堅持的繪畫藝術品的價值決定其價格的重要論點。

畫家的名氣變量替代指標上期平均成交價格 x_2 的迴歸方程擬合效果比 x_1 差一些：各個畫家中，沒有通過 t 檢驗的畫家有 8 人，其中 1 人未通過 F 檢驗；而近現代國畫、當代國畫和油畫三類繪畫類藝術品的迴歸結果中 $\ln x_2$ 均在最高顯著水平上通過 t 檢驗和 F 檢驗，而通過檢驗的估計系數均為正數。可見，繪畫藝術品的當期價格與上期的單位面積均價存在顯著的正相關關係。這說明對於絕大部分的繪畫藝術品而言，均存在「價格黏性」現象，即當期的價格變動是以上一期的價格為基礎而上下變動的。這個結論的得出也是有現實意義的，在前文講到的專家估值以及拍賣行對某個畫家創作的拍品進行參考價範圍的預估時，常常也是通過對該畫家上一季的畫作的成交價格範圍進行估計。本書引入該變量的目的是為了將對畫家知名度的主觀判斷轉化為可以獲得的量化指標，其中隱含的假設是人們通過提高對畫家作品的出價來表示對其知名度的認可。即若該假設成立的話，$\ln x_2$ 迴歸結果就表明了當畫家的複雜的創作性勞動被轉化為簡單勞動時，社會大眾對畫家知名度和藝術成就的習慣性認定可直接決定轉化系數的高低，在一定的社會經濟生產水平下，也就直接決定了畫作價值的高低，故該因素應為繪畫藝術品價格的決定性因素。

對於社會經濟發展水平指標滯后一期的人均 GDP 變量 x_3，單個畫家作品的迴歸模型中，絕大多數畫家未通過 t 檢驗和 F 檢驗，而在三類繪畫藝術品的分類迴歸中，不管是用近現代、當代國畫畫家的交易數據建模，還是用油畫畫家的交易數據進行擬合，均通過了檢驗，只是國畫畫家是在最高顯著性水平上通過，而油畫畫家是在較低顯著性水平上通過。這個看似矛盾的現象說明，對於具體某個畫家的市場交易價格而言，其受經濟因素的影響較小，其在市場中的流行程度以及該期交易中是否出現該畫家的精品畫作等偶然因素可能對其當

期市場交易價格波動影響更大。但當縱觀整個繪畫藝術品市場的交易規模和價格水平時，宏觀經濟因素的影響才顯現出來。此外，在中國，相對於油畫，國畫的購藏者、投資者和投機者數量更大，所涉及的社會階層更多、成交地域更廣，故宏觀經濟指標對國畫價格的影響更為明顯。

對於貨幣供應量指標 M2 變量 x_4，採用單個畫家的作品交易數據擬合的迴歸模型中，不管是 t 檢驗還是 F 檢驗，都有近一半的畫家未通過檢驗，而有近三分之一的畫家在最高顯著水平上通過檢驗且系數估計值均為小於 1 的正數，這些畫家主要是全國性近現代名家。在繪畫藝術品進行的分類迴歸中，油畫類繪畫藝術品中變量 x_4 的自然對數並未通過 t 和 F 檢驗，國畫類繪畫藝術品不管是近現代還是當代均在最高顯著性水平上通過 t 和 F 檢驗，只是前者系數估計值為小於 1 的正數而后者系數估值為負數。由此可以初步推斷，當貨幣供應量增加時，進入繪畫藝術品市場的投資資金增加額並非廣泛地投向所有畫家、所有畫種從而導致價格隨之上漲，甚至當代畫家的作品成交價格會因貨幣流入量的增加而有所降低，流入的投資資金更偏愛於追逐稀缺性更強的近現代國畫中部分畫家的作品，或者說在近現代國畫拍賣市場上資金推動效應更為明顯。

對於繪畫藝術品的畫齡變量 x_5，單個畫家的作品交易數據擬合的迴歸結果中，有近三分之一的畫家未通過檢驗。在以高顯著性通過檢驗的多位近現代國畫大師的迴歸結果中，變量系數擬合值為絕對值超過 1 的負數。在繪畫藝術品的三個分類迴歸中，油畫類繪畫藝術品中變量 x_5 的自然對數並未通過 t 和 F 檢驗，國畫類繪畫藝術品不管是近現代還是當代均在最高顯著性水平上通過 t 和 F 檢驗，只是前者系數估計值為 −0.326,71 而后者系數估值為 0.081,80。可見，迴歸結果和我們的通常理解並不一致。因為按常理來說，我們認為的應該是畫的年齡越長，畫就越古老因此畫應該更值錢。而事實上，迴歸結果表明，並不是所有繪畫藝術品的價格會隨著畫齡的增加而增加，甚至對於大部分近現代畫家的繪畫藝術品來說，其價格會隨著畫齡增加而明顯降低。這可能是由以下幾個原因造成：一是由於本次迴歸分析的近現代畫家畫作交易數據的畫齡中 93% 為 12~99，並沒有十分古老；二是多數畫家成名之作或創新之作出現得比較晚；三是畫家成名前的畫作往往個人特色並不鮮明，故贗品更多；四是畫家年紀越大越增加了大家對其去世的預期，且其創作精力下降、創作數量降低，客觀上增大了購藏者對其畫作稀缺性的判斷。

對於畫種變量 z_1，由於在各畫家和三類畫種的迴歸中該變量都是 1 或 0（即都為同一個畫種），故最終產生共線性並導致上述迴歸結果為 NA，從而應被排除出模型。而在利用所有的油畫、國畫畫家的作品成交記錄數據進行迴歸

的結果中，該變量則在最高顯著水平上通過了檢驗，其系數估計值為 -0.321,768。這說明油畫類繪畫藝術品的價格普遍高於國畫，實際情況也是如此，油畫類作品創作需要打稿、上色和反覆修改，往往耗費畫家更多精力和時間，而不同於國畫大師們的一氣呵成。這從側面也印證了繪畫藝術品的價值量由畫家勞動兌換的單位抽象勞動所決定，而價值決定其價格的論點。

對於拍賣會季節變量 z_2，絕大部分的畫家畫作迴歸結果均不顯著，而近現代畫家的總體迴歸結果顯示變量自然對數系數估計值為 0.118,15 的正相關且非常顯著。這說明對於絕大多數畫家個體來說，拍賣季是春季還是秋季、是上半年還是下半年對其成交價格的影響並不明顯，而對於近現代畫家群體來說還是有一定的相關性，且春季拍賣會上的價格更高，這和我們的一般性理解也是有差異的。而綜合所有畫種和各樣本畫家的迴歸結果中，變量在最高顯著水平上通過 t 檢驗，其系數估計值為 0.087,890，說明總體來看，在春季拍賣會上成交的價格可能微弱優於秋季拍賣會上的價格。

對於拍賣地變量 a_i，除了關山月、林風眠、吳冠中等少數幾位畫家，絕大多數的畫家的多因素模型中拍賣地變量的顯著性檢驗均未通過。而對於三類繪畫藝術品來說，油畫類繪畫藝術品因在江浙進行拍賣而成交價格更低；近現代國畫類繪畫藝術品因在港澳臺地區的拍賣機構進行拍賣而成交價格更高；當代國畫類繪畫藝術品在北京和江浙地區拍賣成交價格顯著更低。所有畫家畫作交易數據擬合的迴歸結果顯示，繪畫藝術品的拍賣成交價格與在北京和江浙地區拍賣呈負相關，與在港澳臺及國際地區拍賣呈正相關。可見，對於絕大多數畫家個體來說，拍賣地對畫家作品拍賣成交價的影響並不明顯；而總的來說，港澳臺及國際地區組織的繪畫藝術品拍賣成交價格更高，這可能是由於這些地區組織的拍賣會上畫家的精品和真跡更多，以及國際化的拍賣機構能吸引全球範圍的買家從而促成對每件拍品的競買更加充分和激烈。

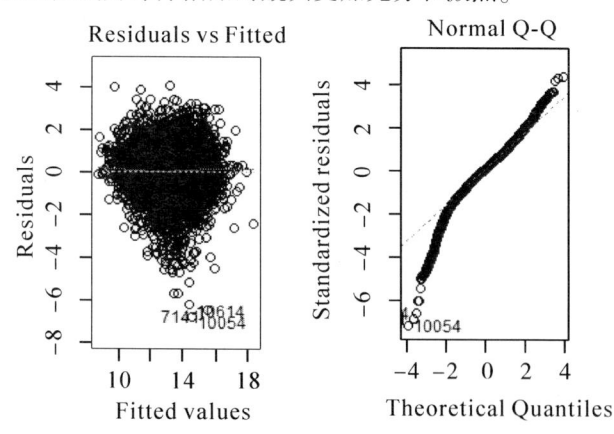

圖 6.9　所有繪畫類藝術品樣本數據擬合方程的殘差圖和 QQ 正態圖

　　從所有繪畫類藝術品樣本數據擬合的迴歸方程殘差圖我們可以看到，殘差的方差並沒有隨著 x 軸變大而變大，這說明殘差同方差的假設是合適的。同時，我們也看到明顯的曲線特徵，故線性關係也是合理的，且殘差點都是隨機分佈在 0 均線上下兩側。從 QQ 正態圖，我們發現，殘差點近似形成了一條直線，只是在直線開頭的時候有些點的偏離，這表明殘差雖然不服從嚴格正態分佈（略為左偏），但是還是比較好地近似了正態分佈。綜上，迴歸模型的假設基本是滿足的，模型是合適的。

第七章 研究結論及建議

第一節 主要結論

　　本書以繪畫藝術品的價格為研究對象，首先對現有的有關藝術品價格的國內外研究進行歸納整理。其次，對繪畫藝術品的內涵外延進行了定義，並對其作為特殊的人類精神文化商品的特徵進行了多維度和層次的描述；接著，對於繪畫藝術品價格的決定、市場形成及價格發現、市場價格的形成以及估價方法及模型這幾個核心問題展開了理論研究和分析闡述；之后，通過對現有常用定價方法的歸納整理，以及根據此前章節的研究成果，歸納出一套適用於中國繪畫藝術品評估定價的指標體系。最后，利用特徵價格模型對文章分析的各種影響因素進行了定量驗證，並通過獲取、整合國內繪畫作品的拍賣價格數據，分別確定中國畫作品和油畫作品的特徵價格模型。針對上述研究，本書主要得到了以下幾點結論：

　　從所屬的從大到小的範疇和類別來看，繪畫藝術品在文化產品類、藝術品類，及其本身的繪畫類藝術品三個層次上分別具有不同的本體特徵。首先，繪畫藝術品作為畫家精神勞動的產物，屬於物質類文化產品，以其物質外觀、內容和表現手法來承載藝術家的思想、精神和藝術表達技巧，故藝術品也具有一般意義上的文化產品的特徵，主要包括精神產品性、輕材料而重內涵性、精神消費性、自我擴張性和社會性。其次，繪畫藝術品屬於藝術品範疇，藝術品區別於其他文化產品的特徵表現主要有私人產品性、不可複製性、獨一限量性和創造性。最后，從繪畫類藝術品這一藝術品子分類本身來看，繪畫藝術品還具有易移動、易毀損、用圖案表達思想傳承文化、注重氣韻和意境等特點。特別是中國的傳統繪畫，其創作過程中的偶然性和不可控性更為顯著，其私人產品性、不可複製性和獨一限量性更加典型，而其書畫同源的本性和毛筆運用技法

的多變性又使其更加注重氣韻、意境以及畫家的個人修養、內涵。

　　中國繪畫藝術品是特殊商品,其生產和商品化歷史符合馬克思唯物史觀。真正意義上的繪畫藝術品生產是隨著人類社會生產力發展和社會化分工而產生的,並且首先服務於貴族的審美性精神需求。人類生產的產品從一開始就是物質勞動和精神勞動、功利價值和審美使用價值的融合物。故早期人類生產的產品商品化包含了物質產品商品化和藝術產品商品化兩部分內容,而且符合當時人們審美趣味的產品往往更容易進行交換,因此藝術商品化是和物質產品商品化幾乎同時開始的。繪畫藝術品作為藝術品的一個重要類別,其生產、交換方式及商品化的發展也符合藝術品生產之歷史範疇。但從概念界定上,中國繪畫藝術品的商品化並不等同於許多人想到的「商品畫」。因為后者就是大家俗稱的「行畫」,主要指一般的畫匠、畫師製作的工匠畫,其藝術含量遠低於前者,即本書所指的真正的藝術家級別的知名畫家創作的繪畫作品。當然畫匠和畫家的界定並非涇渭分明,也並非一成不變,有些畫家始於畫匠,而成就於對藝術的不倦追求,有些畫家卻因墨守成規、追求功利而最終淪為畫匠。畫家的藝術創造性的高低,是否被社會、國家乃至世界所認可,都是需要在漫漫歷史中靠時間來檢驗的。

　　針對中國繪畫藝術品市場形成和發展的特點,我們可以從交易目的、交易方式或場所、是否初次流通等不同角度對中國繪畫藝術品市場進行多維度的劃分。中國有著悠久的「雅賄」文化、文人政治、詩書傳家的歷史淵源,並在近現代興起了通過藝術品進行理財投資的熱潮,故可依據需求方交易目的將中國繪畫藝術品市場劃分為禮品市場、收藏市場和投資市場。從參與繪畫藝術品市場交易的仲介機構以及成交方式、交易場所角度劃分來分,中國繪畫藝術品市場可以分為畫商市場、畫廊市場、拍賣市場和展覽市場四種類型。而從畫家創作的繪畫藝術品是否是第一次進行流通交易,又可將中國的繪畫藝術品市場分為一級市場和二級市場。這些不同的分類方法構建起考察中國繪畫藝術品市場的多層次、多維度的指標。

　　中國繪畫藝術品最核心的使用價值是審美使用價值,從中衍生出裝飾使用價值與教化使用價值,而對於繪畫藝術品中的文物類藝術品,其又具有文物研究使用價值與紀念使用價值的使用價值,此外,對繪畫藝術品的消費往往也構成某類人群對自身所處社會階層、價值觀等構成的外在符號化表達,故又具有一種附隨的符號使用價值。對於人們一談到藝術品就會想到的收藏價值和投資價值,本書也進行解析和界定,認為這兩種價值並非指繪畫藝術品的使用價值。收藏價值是基於對使用價值的綜合評判,而投資價值和使用價值本身並沒

有直接聯繫，而是屬於對藝術品價格發現中對可能被市場低估的藝術品進行價格再發現可能性的一種評估。

消費繪畫藝術品的過程具有特殊性。第一，繪畫藝術品作為精神文化類商品，必須在人們滿足了自己衣食住行等基本生存需要之後，才會有意識、有能力、有時間進行消費，即人類社會的精神文化消費是在社會經濟發展的基礎上進行的，社會的生產率越高，人們的閒暇時間越多，收入越高，越有時間和能力來消費文化產品。這是消費繪畫類藝術品與消費一般生活類商品最大的區別。第二，繪畫類藝術品的消費屬於人的精神文化活動，在對文化產品的消費過程中，要體會到文化藝術產品中包含的文化、精神以及藝術家的情感，並從中感受愉悅、產生共鳴，文化消費者必須要先具備文化背景知識和理解能力。所以，消費者是否能夠真正進行精神和文化的消費，還同其自身的文化素養水平緊密相連。從整個社會來看，消費者對文化產品的需求旺盛與否與其成員的總體文化素質是否較高也是緊密相連的。第三，繪畫藝術品的消費過程總需要經過從低級別向高級別進行發展的過程。

馬克思勞動價值理論適用於繪畫藝術品的價值價格研究。首先，繪畫藝術品包含勞動的純粹性和典型性，決定了使用勞動價值論進行研究更有利於找到核心問題的答案。繪畫藝術品是典型的藝術家精神勞動的產物，重內涵而輕材質。雖然繪畫藝術品是藝術家、畫家通過使用畫筆工具、水墨、顏料等在紙、絹、布等材料上形成的視覺表現產物，具有物質外觀，但實際上其物質外觀反映的是畫家構圖能力、表現技法、思想主張、審美觀和世界觀，是其創造性的精神勞動的成果。其次，馬克思、恩格斯對藝術生產方式有更深刻的理解和研究。在對藝術生產方式發展歷史的研究中發現，馬克思、恩格斯發現藝術創造的個體獨立性與藝術生產的社會化之間的矛盾貫穿始終。他們認為，原始社會的藝術創造個體被藝術生產集體所吸收，前述矛盾在物質生產層面中實現了同一性；奴隸和封建社會的藝術生產主要還是通過個體的藝術創造來實現，但已出現了商品經濟的萌芽，故而開始在一定程度上出現了上述矛盾的對立發展；而在資本主義商品經濟和市場經濟高度發達的今天，藝術家進行藝術創造的個體獨立性與藝術生產的社會化之間出現了直接對立與分離，從而導致藝術生產與消費的分離，並導致藝術生產過程理論上也被分割成相對獨立的兩個階段。最后，馬克思勞動價值論對供求一致的假設有利於我們分析影響繪畫藝術品價格本體的內部因素，從而為進一步的研究奠定良好基礎。馬歇爾將供求兩方面的因素綜合起來說明均衡價格和價值形成，改變了勞動價值論將需求因素外生化的做法。馬克思繼承了李嘉圖的勞動價值學說的傳統，通過供求一致的假定

將價值決定中的需求因素進行了外生化。這樣做的好處在於將難以制定標準進行衡量的使用價值或效用進行了隔離，有利於對繪畫藝術品的內生因素進行更深入的研究。

繪畫藝術品的價值是該幅繪畫作品中的畫家藝術創作勞動的抽象凝結。按照馬克思的論證，作為畫家勞動成果的繪畫藝術品，一旦進入流通領域後就成為了商品，就具有了使用價值和價值這兩個商品的屬性。馬克思勞動價值論中對具體的有用的勞動的抽象，把畫家在藝術創作中對題材選擇、藝術構圖的精神活動、腦力勞動，以及揮筆作畫、縱筆點染的體力勞動都進行了剝離，使之僅留下了畫家作為人類的一員而具有的抽象的人類勞動。這種抽象的人類勞動是一個與一切社會形式無關的永恆的客觀的概念，存在於簡單勞動之中。

將「簡單平均勞動」作為衡量繪畫藝術品商品價值量的計量單位，比使用「社會必要勞動」更為適當，這是由繪畫藝術品區別於一般工業商品的特性決定的。主要原因有三：第一，繪畫藝術品中的很多高價精品，往往都具有文物性質，其價值都是已故藝術家繪畫中精神勞動和體力勞動的凝結，而我們對其價值的評估又發生在當今社會，即繪畫藝術品往往具有藝術家創作時期與價值評估時期不一致的情況，所以應把不同時代和不同社會作為一種獨立因素以分析其對價值的影響，而不能像馬克思研究資本主義社會條件下生產和消費的商品價值那樣進行模糊，也不能把時代和社會的外生影響因素內生化。第二，和工業生產性的勞動相比，繪畫藝術品所凝結的畫家的藝術勞動還有個性化、非標準化、不可通過分工進行簡化等特點，而且本書研究的是繪畫類藝術品這一種商品的價值，不是整個社會商品總量的情況，不具備直接按照馬克思研究工業生產性勞動的思路將複雜勞動折算成簡單勞動的過程進行省略的條件，所以不能使用「社會必要勞動」這個概念作為價值量的衡量標準。第三，「簡單平均勞動」概念是推演「社會必要勞動」概念的基礎，以「簡單平均勞動」作為推理繪畫藝術品價值量的基礎更接近問題探討的本質。

中國繪畫藝術品的價值量是通過將畫家進行藝術創作這一複雜勞動折算成簡單勞動來進行計算的。其中，一旦交易所處的時代和社會確定，該時代該社會的「簡單平均勞動」的量就被客觀地確定下來，而在不同時代和社會，作為勞動計量基礎單元的「簡單平均勞動」的量是一個相對可變的概念。另外，表示複雜程度的倍加係數是在生產者背後由社會過程決定的。對於同一位畫家，其繪畫藝術品與一般的工業商品價值量的決定規律有著共性的一面。繪畫藝術品本身所包含的畫家的直接精神勞動和體力勞動的耗費影響社會對複雜程度係數的認定，特別是其傾注心血創作的代表作或靈感湧現時的神來之作，和

一般的應酬之作包含的勞動量肯定差異巨大，前者的複雜系數肯定高於后者。對於不同畫家，其繪畫藝術品價值量的決定規律與一般的工業產品的有著巨大不同，筆者認為不同的關鍵就在於研究「社會過程」和「習慣」對不同畫家繪畫作品複雜度的確定，集中體現為社會對畫作本身以及對畫家名氣和歷史地位的習慣性認定。繪畫藝術品的創作者要成為著名畫家，要在美術史上佔有重要位置，除了畫家個人的天賦、持續的勤奮和努力外，往往還需具備一定偶然的、可遇不可求的外界促成條件，而這些條件也影響著人們對畫家的習慣性認識。

繪畫藝術品在初級市場和二級市場上表現出的價值轉化形式有所區別。本書所研究的有一定名氣的畫家區別於受雇於資本家的技術工人或受雇於封建貴族階層的畫師、畫匠，他們作為繪畫藝術品的創作者和生產者，往往既是自己創造性勞動的擁有人，又是自己勞動成果即繪畫藝術商品的擁有人。首先，在初級市場中，繪畫藝術品的價值轉化形式即畫家的賣畫價格，包括創作成本不變資本 c、可變資本 v 和利潤。利潤部分價格反映出畫家根據自己藝術水平和地位的標價，是剩餘價值 m 的全部或部分。其次，在二級市場上，加入商業資本後，繪畫藝術品價值轉化為商業資本家的買入價格+商業利潤+純粹流通費用的形式。對於專門從事書畫買賣的畫商來說，他們更看重繪畫藝術品的交換價值，他們購買繪畫藝術品的目的是為了實現商業資本的增值，所以說他們就是馬克思所說的商業資本家。

繪畫藝術品的理論價格仍然是由其價值決定的。原因有三：一是不同地位和名氣的藝術家作品始終保持相應的差異，如在信息對稱、真跡且給定所處社會階段的情況下，三流的區域性名家的作品價格永遠無法超過已載入史冊的一流的世界級藝術家的作品價格；二是不同藝術家創作藝術品的複雜勞動，因社會大眾對其地位、名氣及藝術水平的習慣認識的不同，而被賦予了不同的折算系數，故用簡單勞動作為計量單位的最終價值量可以差異巨大；三是從社會發展的歷史唯物的角度考察社會大眾對藝術家及其作品進行評價的時空變化，可以解釋藝術品價值隨著時間的推移、隨地域文化的變遷而變化的現象。

在研究繪畫藝術品的市場供求對其價格的影響時，需要做出特殊的假設前提：①忽略繪畫藝術品之間作者、題材內容、表現手法等具體差異，而只根據其市場供求特徵的不同而進行分類分析；②假設繪畫藝術品均為真跡；③先假設繪畫藝術品市場參與者為經濟學意義上的「理性人」，再針對繪畫藝術品市場常見、典型的心理現象對繪畫藝術品價格的影響進行分析。為了分析的簡便和有效性，筆者按照繪畫藝術品的創作者是否是全國甚至全世界知名的頂級名

家、作者是否已故以及作品是否是業內公認的精品或者代表作三項最重要標準，將繪畫藝術品市場分為頂級、收藏級、商品級三類市場進行研究。商品級繪畫藝術品市場與普通商品市場的情況相當，還體現不出繪畫藝術品市場的特殊性。頂級繪畫藝術品市場，其交易標的物為代表各時代最高藝術水準的頂級名家創作的藝術品精品或代表作品，它們兼具審美使用價值、學術價值、文物價值，是經過了時間的檢驗而隨著時代變遷逐步綻放異彩的人類文化的瑰寶。這類繪畫藝術品的供給量稀少，完全無彈性，成交價的形成主要取決於需求，隨著經濟的發展和購藏者經濟實力的提升，這形成了天價藝術品產生且價格屢創歷史新高的主要原因。如果考慮頂級繪畫藝術品的炫耀性以及作為稀缺資源的保值增值性，常會出現購藏者「買漲不買跌」的投資性及「買高不買低」炫耀性需求。這種情況下，需求量與價格成正相關關係。介於商品級和頂級繪畫藝術品市場之間，收藏級繪畫藝術品市場的價格形成情況也介於這兩種市場情況之間，即供給、需求比商品級市場更缺乏彈性，但又比頂級市場富有彈性。

通過建立 Hedonic 多因素迴歸模型對樣本畫家的繪畫藝術品拍賣成交價格數據進行分析，我們可以總結出以下幾點：第一，所有畫家創作的繪畫藝術品的面積大小對其價格高低均影響巨大且正相關，故在面積越大畫家耗費的勞動越多的通常假設下，表示可以通過計量方式驗證本書在第四章所做出的繪畫藝術品的價值決定其價格的重要論點。第二，對於絕大部分的繪畫藝術品而言，均存在「價格黏性」現象，即當期的價格變動是以上一期的價格為基礎而上下變動的，故若人們通過提高對畫家作品的出價來表示對其知名度的認可的假設成立的話，則說明當畫家的複雜的創造性勞動被轉化為簡單勞動時，社會大眾對畫家知名度和藝術成就的習慣性認定可直接決定轉化系數的高低，從而影響畫作價值的高低。第三，對於具體某個畫家的市場交易價格而言，其受經濟因素的影響較小，其在市場中的流行程度以及該期交易中是否出現該畫家的精品畫作等偶然因素可能對其當期市場交易價格波動影響更大，所以只有縱觀整個繪畫藝術品市場的交易規模和價格水平時，宏觀經濟因素的影響才顯現出來，特別是對於影響時間更久、範圍更大、購藏者更多的國畫而言。第四，當貨幣供應量增加時，進入繪畫藝術品市場的投資資金增加額並非廣泛地投向所有畫家、所有畫種從而引起價格普漲，而是更偏愛於追逐稀缺性更強的近現代國畫中部分畫家的作品，或者說在近現代國畫拍賣市場上資金推動效應更為明顯。第五，和我們預先估計的不一樣，並不是所有繪畫藝術品的價格都會隨著畫齡的增加而增加，甚至對於大部分近現代畫家的繪畫藝術品來說，其價格會

隨著畫齡增加而明顯降低。這可能是由以下幾個原因造成的：一是由於本次迴歸分析的近現代畫家畫作交易數據的畫齡中 93% 為 12~99，並沒有十分古老；二是多數畫家成名之作或創新之作出現得比較晚；三是畫家成名前的畫作往往個人特色並不鮮明，故贗品更多；四是畫家年紀越大越增加了大家對其去世的預期，且其創作精力下降、創作數量降低，客觀上增大了購藏者對其畫作稀缺性的判斷。第六，油畫類繪畫藝術品的價格普遍高於國畫，實際情況也是如此，油畫類作品創作需要打稿、上色和反覆修改，往往耗費畫家更多精力和時間，而不同於國畫大師們的一氣呵成。這從側面也印證了繪畫藝術品的價值量由畫家勞動兌換的單位抽象勞動所決定，而價值決定其價格的論點。第七，對於絕大多數畫家個體來說，拍賣季是春季還是秋季、是上半年還是下半年對其成交價格的影響並不明顯；對於近現代畫家群體來說，春季拍賣會上的價格更高；而總體來說，在春季拍賣會上成交的價格可能微弱優於秋季拍賣會上的價格。第八，絕大多數的畫家成交價格的形成與拍賣地點沒有顯著關係，而每一類繪畫藝術品的情況又有些區別：油畫類繪畫藝術品因在江浙進行拍賣而成交價格更低；近現代國畫類繪畫藝術品因在港澳臺地區的拍賣機構進行拍賣而成交價更高；當代國畫類繪畫藝術品在北京和江浙地區拍賣成交價格顯著地更低。

第二節　進一步完善中國繪畫藝術品市場制度

本書主要通過理論定性分析和並採用拍賣市場公開交易數據建模的定量分析方式，對中國繪畫藝術品理論價格的決定、市場形成及拍賣的價格發現功能、市場價格的形成及影響因素等進行的多角度、多層次的研究。筆者發現，繪畫藝術品市場並非各種市場要素的簡單疊加，除了繪畫藝術品其本身價值的特殊性而外，市場中的畫家、購藏者、拍賣公司、畫廊、鑒定專家等各主體之間是彼此關聯的錯綜關係，而一切的焦點和信息匯總點就是繪畫藝術品的價格。根據這些研究結果，並結合筆者對中國不同畫種的繪畫藝術品交易市場的分類分析及對其發展歷史的梳理，本書認為只有建立、健全和創新中國繪畫藝術品市場交易機制和配套制度，才能保障繪畫藝術品價格的發現、形成，能夠在合理的軌跡上運行，才能真正發揮價格對資源配置的積極作用。

一、將藝術品交易情況納入全國信用系統

缺乏誠信是中國藝術品市場面臨的一個重大問題。繪畫藝術品市場中，畫

家找人包裝作假、人為炒作，畫商知假販假甚至制假販假，拍賣公司拍假或假拍的，甚至鑒定專家在利益驅使下做出虛假鑒定。這些現象之普遍足以成為制約中國藝術品市場發展的重要關卡，也使得中國市場價格數據的真實性差，可參考性大為降低。誠然，誠信危機已經成為一個社會範圍的重大問題，但我們在制度設計上的努力還是可以進行一些有效的防範。

所以，一方面，我們需要大力提高人們的信用意識、普及信用文化、營造誠信氛圍；另一方面，我們要著手建立藝術品市場的徵信體系，並將其接入個人、企業的社會信用信息系統，甚至銀行的徵信系統。在此過程中需要面對的困難主要有交易信息的非透明、交易主體的主動性差、監管成本高、信息可靠性不高以及權威性和糾紛解決等問題，這都需要全社會共同努力。

二、建立繪畫藝術品鑒定專家及評估公司專業庫

除了主觀上不誠信的問題，由於繪畫藝術品客觀上存在的複雜性和特殊性所造成的藝術品真偽問題，也一直是影響藝術品市場的價格能否真實反映該幅作品價值的關鍵問題之一，也是阻礙更多人參與市場的一個絆腳石，所以，有必要在各地或藝術品交易量最大的中心城市建立政府組織的繪畫藝術品鑒定專家及專業評估公司庫，庫中專家和機構的產生，嚴格按照程序選取，並只能在被認定為擅長的專業方向開展鑒定和評估業務。該專家和公司庫應保持一定的動態更新，並記錄每一次鑒定或評估活動以及評估結果。該專家和公司庫應設有相應的聘請者評價和投訴機制，並有專門的監督委員會來接受投訴、調查投訴，如投訴屬實應對專家的權威性、專業性考評進行扣分，扣分達到一定程度，則鑒定專家及評估公司庫就相應地接受處罰或退出該庫。

其實在現實中中國曾經出現過政府部門組織的評估機構，如文化部文化市場發展中心藝術品評估委員會。文化部成立該委員會的初衷也是為了利用政府的權威性來規範市場、減少藝術品真偽騙局的發生，但其在體制上的政府屬性和其市場化運作之間的矛盾和衝突使得文化部於2011年發布公告撤銷了該委員會，文化部文化市場發展中心整體轉企改制。但轉為企業後，企業追求盈利的合理需求使得鑒定、評估結果的公正性又缺乏了一些保障。這一矛盾還需要具體政策指定人進行權衡。

三、創新繪畫藝術品網路交易機制

近年來，隨著以移動互聯網技術為代表的網路技術的快速發展與迅速普及，網路和移動終端成為了現代人不可或缺的信息獲取、信息交流的重要工

具。另一方面，拍賣作為一種古老的交易方式，和傳統的最為重要的藝術品交易方式，已經被藝術品收藏界、購藏者所認可。網路的無地域性和宣傳廣泛性無疑能夠為古老的拍賣方式加入了新的發展動力。目前也不乏拍賣公司、專業網路公司開發出各種藝術品網路拍賣平臺，但由於這些平臺魚龍混雜，水平參差不齊，權威性欠缺，以及規則、信息不透明，特別是在缺乏有效監管的情況下，很多人都望而卻步，不敢交保證金競拍。

不過創新的腳步沒有停歇，繼國家《網路拍賣規則》於 2015 年出抬后，淘寶網的司法拍賣頻道開始正式營運，繪畫藝術品網路拍賣系統和機制建立可借鑑的經驗教訓越來越多。只是繪畫藝術品拍賣和房產司法拍賣之間最大的差異還來自：和房產可以通過地段、樓盤信息以及室內照片就可以被判定真偽並被較為準確地估價外，繪畫藝術品的特異性更為突出，通過照片只能篩去粗劣的仿製品，而高仿、做舊甚至高檔印刷品都只有到現場用放大鏡和專業強光電筒等工具檢驗后才能判斷。所以，互聯網藝術品拍賣平臺還有賴於權威、高信用度組織主體的出現，目前，可以從金額不高的藝術品網路拍賣開始起步，逐步將網路從傳統的宣傳角色轉向交易平臺角色。

第三節 對繪畫藝術品市場交易主體的建議

一、對購藏者的建議

對於購藏者來說，有七點建議：

第一，要想購買繪畫藝術品，除了做好財務預算外，還應重點培養自己對繪畫藝術品的基礎知識，及對目標畫家的風格特徵的把握，開始的時候要多看少買，不能人雲亦雲或盲目聽信所謂專家的推薦而進行衝動消費或投資。

第二，如果購買繪畫藝術品是為了資產的保值增值，那麼應重點投資近現代國畫名家的畫作，這些畫家歷史名氣和地位已經較為明確且日漸稀缺，畫作只要是真跡的話，其投資風險更小，抵禦通貨膨脹的效果更佳。

第三，如果投資國畫，除了關注目標畫家畫作購藏群體小市場環境的變化，還應關注宏觀經濟的運行情況；如果投資油畫則不用太關注宏觀經濟的情況。

第四，對具體某一件繪畫藝術品進行定價時，可重點參考該畫作的作者同類型畫作的往期交易價格，因為往期交易價格包含了社會大眾對該類繪畫類藝術品的習慣性認定。同時，需特別注意的是，既然要反映大眾習慣，則對往期

交易價格的考察應盡量建立在較大數據基礎水平之上，小概率成交價格的出現往往源於畫作本身的特殊性或人為造假因素，故應排除在參考範圍之外。

第五，在選購投資市場上數量最為龐大的近現代、當代國畫以及現當代油畫時，應更多考慮畫作的精品程度以及是否是畫家成名期間的代表畫作。因為從本書的實證研究結果來看，和一般人的畫作越老越值錢的觀點不一樣，對於多數上述類別的繪畫藝術品，其古老程度對價格的正面影響往往並不明顯，有些甚至還是負相關，故畫齡對繪畫藝術品價格的影響受制於具體畫家成名時間、去世時間等偶然的、個體的因素。而對於古代的繪畫藝術品而言，這條建議並不適用，因為往往是由於其越古老越稀缺的原因造成了價格的逐步增長。

第六，購藏者可以選擇目標畫家的畫作成交價格更低的地區參加拍賣，但也應注意成交價格更高的地區組織的拍賣會上畫家精品和真跡可能更多，同時選擇不同地域參加拍賣會的交通、運輸成本也應作考慮。而對於繪畫藝術品的賣方而言，應盡量委託那些畫家更受認可、競爭更為充分、更為著名的拍賣機構進行拍賣。

第七，對繪畫藝術品估值時還需注意贗品問題。特別是針對如張大千、齊白石、徐悲鴻等近現代已故的高知名度畫家，市場越繁榮，贗品越是大行其道。這對我們的建模研究還是會有較大影響的，容易出現贗品的畫家，其創作的繪畫藝術品的市場均價往往低於其真跡的實際價格。

二、對畫家的建議

對於畫家來說，在追求市場價格的同時，也需注意專心於藝術創作。本書通過定性及定量分析得出的結論均是繪畫藝術品的價值決定其價格，而價值量的大小始終受其創作者的勞動量大小、藝術地位及藝術水準的高低所決定。所以從根本上說，一幅繪畫藝術品的價格高低應該是大眾當時對其藝術價值，及對畫家創作能力、創作技巧、創作理念和人品的綜合認識。畫家可以根據市場的反應多創作一些受人歡迎的作品，但只有持續挑戰自己、保持創新才能成為一代大師。此外，如果畫家為了追求畫作價格的高漲而人為地炒作和過度地包裝，這不僅有損畫家的人品，還壞了畫家創作的心態，必然后患無窮。當代畫家應該盡量將自己的畫作交給運作成熟、品牌優良的畫廊加以營銷，而將精力更多地投入在藝術創作勞動中，因為這才是其畫作的價值和價格之源。

三、對仲介機構的建議

對於作為市場仲介機構的拍賣公司來說，建議對拍品的品質嚴格把關以做

好品牌吸引更多購藏者和供畫者參與競拍。本書通過實證分析發現，油畫類繪畫藝術品因在江浙進行拍賣而成交價格更低；近現代國畫類繪畫藝術品因在港澳臺地區的拍賣機構進行拍賣而成交價更高；當代國畫類繪畫藝術品在北京和江浙地區拍賣成交價格顯著地更低。而在信息、資訊、媒體高度發達的今天，對於真正的稀世名作，不管是哪裡的拍賣機構均會大力宣傳，更何況其的出現本身就具有巨大的廣告效應，此外，相對於其極高的價格來講，參加拍賣會的交通、運輸、時間成本幾乎可以忽略，真正的買家不會在乎。總之，在信息高度發達的今天，至少是對大量的在雅昌網上公布拍賣信息的拍賣機構，其地域、品牌對繪畫藝術品成交價的影響並沒有我們想像中的巨大，這說明拍賣機構之間的競爭越來越激烈，也從側面說明全國性名家的作品價格並不太受拍賣地的限制。在此情況下，拍賣機構首先要嚴把質量關，以誠信、專業的形象示人；其次，應找準自身定位，結合地方特色，發揮地方特長，爭取成為地方名家的主要交易場所；最後，在爭取全國名家繪畫的委託時，可通過統計數據打消委託人認為非本地全國名家的畫作難以在本地賣出好價錢的顧慮。

參考文獻

[1] 馬克思. 資本論：第1卷［M］. 中共中央馬克思恩格斯列寧斯大林著作編譯局, 編譯. 北京：人民出版社, 2004.

[2] 馬克思. 1844年經濟學哲學手稿［M］. 中共中央馬克思恩格斯列寧斯大林著作編譯局, 編譯. 北京：人民出版社, 2000.

[3] 馬克思, 恩格斯. 德意志意識形態. 馬克思恩格斯選集：第1卷［M］. 中共中央馬克思恩格斯列寧斯大林著作編譯局, 編譯. 北京：人民出版社, 1995：43-51.

[4] 馬克思. 政治經濟學批判 序言、導言［M］. 中共中央馬克思恩格斯列寧斯大林著作編譯局, 編譯. 北京：人民出版社, 1971：15-32.

[5] 哈拉普. 藝術的社會根源［M］. 中共中央馬克思恩格斯列寧斯大林著作編譯局, 編譯. 上海：新文藝出版社, 1951.

[6] 克羅齊. 美學原理［M］. 中共中央馬克思恩格斯列寧斯大林著作編譯局, 編譯. 上海：上海人民出版社, 2007.

[7] 柏拉威. 馬克思和世界文學［M］. 中共中央馬克思恩格斯列寧斯大林著作編譯局, 編譯. 北京：生活・讀書・新知三聯書店, 1980.

[8] 伊格爾頓. 馬克思主義與文學批評［M］. 中共中央馬克思恩格斯列寧斯大林著作編譯局, 編譯. 北京：人民出版社, 1980.

[9] 瓦爾特・本雅明. 機械複製時代的藝術［M］. 中共中央馬克思恩格斯列寧斯大林著作編譯局, 編譯. 重慶：重慶出版社, 2006.

[10] F. 大衛・馬丁, 李・A. 雅各布斯. 藝術和人文［M］. 包慧怡, 黃少婷, 譯. 6版. 上海：上海社會科學院出版社, 2007：22.

[11] 馬歇爾. 經濟學原理（上）［M］. 朱志泰, 陳良璧, 譯. 北京：商務印書館, 1964.

[12] 色諾芬. 經濟論：雅典的收入［M］. 北京：商務印書館, 1961：37.

[13] 麥迪森. 世界經濟二百年回顧 [M]. 李德偉, 蓋建玲, 譯. 北京: 改革出版社, 1997.

[14] 昂利·施托爾希. 政治經濟學教程 [M]. 北京: 人民出版社, 2005: 100.

[15] 本雅明. 機械複製時代的藝術品作品 [M]. 王才勇, 譯. 杭州: 浙江攝影出版社, 1993: 42-43.

[16] 張維迎. 博弈論與信息經濟學（當代經濟學系列叢書）[M]. 上海: 格致出版社, 2012.

[17] 劉曉丹. 藝術品價格原理: 破解藝術品市場的價格之謎 [M]. 北京: 中國金融出版社, 2013.

[18] 李心峰. 中國藝術學大系: 藝術類型學 [M]. 北京: 生活讀書新知三聯書店, 2013.

[19] 梁江. 中國美術鑒藏史綱 [M]. 北京: 文物出版社, 2009.

[20] 李向民. 中國藝術經濟史 [M]. 南京: 江蘇教育出版社, 1995.

[21] 李萬康. 藝術市場學概論 [M]. 上海: 復旦大學出版社, 2005.

[22] 孫安民. 文化產業理論與實踐 [M]. 北京: 北京出版社, 2005.

[23] 顧江. 文化遺產經濟學 [M]. 南京: 南京大學出版社, 2009.

[24] 相曉冬. 智本論: 精神生產方式批判 [M]. 北京: 團結出版社, 2010.

[25] 馬健. 藝術品市場的經濟學 [M]. 北京: 中國時代經濟出版社, 2008: 21-28.

[26] 陳峻, 等. 中國價格鑒證通論 [M]. 北京: 中國物價出版社, 1999.

[27] 洪遠朋. 經濟理論的過去、現在和未來 [M]. 上海: 復旦大學出版社, 2004.

[28] 西沐. 中國藝術品市場概論 [M]. 北京: 中國書店, 2010.

[29] 梁漱溟. 中國文化要義 [M]. 上海: 上海人民出版社, 2011.

[30] 蔡繼明. 從狹義價值論到廣義價值論 [M]. 上海: 格致出版社, 2010.

[31] 溫桂芳. 新市場價格學 [M]. 北京: 經濟科學出版社, 1999.

[32] 範棣. 少數派的財富報告: 崛起時代為何我們致富難 [M]. 北京: 東方出版社, 2015: 219-221.

[33] 夏葉子. 藝術品投資學 [M]. 北京: 中國水利水電出版社, 2005:

108-113.

[34] 祝君波. 藝術品拍賣與投資實戰教程 [M]. 上海：上海人民美術出版社，2006：59-75.

[35] 趙翼. 二十二史札記（卷三十五）[M]. 北京：中華書局，1984.

[36] 陳晨. 海派繪畫作品鑒定與市場價格研究 [D]. 天津：南開大學，2014.

[37] 王藝. 繪畫藝術品定價機制研究 [D]. 北京：中國藝術研究院，2010.

[38] 姜通. 馬克思理論視域下的藝術品價值研究 [D]. 吉林：吉林大學，2010.

[39] 趙春豔. 價值源泉與價值量問題研究 [D]. 西安：西北大學，2003.

[40] 童國明. 傳統文化下中國油畫形式語言之探析 [D]. 蘇州：蘇州大學，2009.

[41] 朱剛. 中國拍賣行業發展中相關問題探討 [D]. 成都：西南財經大學，2009.

[42] 程曉敏. 宏觀經濟週期對藝術品市場價格的影響 [D]. 昆明：雲南財經大學，2014.

[43] 李花. 中國藝術品一級市場與二級市場研究 [D]. 南京：東南大學，2013.

[44] 吳海英. 中國繪畫藝術品的價格形成機制實證研究及風險分析 [D]. 北京：北京大學，2014.

[45] 李向民. 現代藝術市場的幾個理論問題 [J]. 復旦學報（社會科學版），1993（3）：29-34.

[46] 王庚蘭，張瑋. 中國繪畫藝術品價格的影響因素分析 [J]. 價格理論與實踐，2011（7）：81-82.

[47] 廖彬. 基於未確知理論的藝術品定價模型構建與測度 [J]. 統計與決策，2015（2）：77-79.

[48] 洪遠朋. 價格理論與價格改革 [J]. 中國經濟問題，1985（3）：3-8.

[49] 朱姝婷. 基於 Hedonic 模型的繪畫藝術品定價研究：以徐悲鴻國畫作品為例的分析 [J]. 時代經貿，2012（26）：32.

[50] 熊永蘭，袁君. 馬克思主義關於精神產品的理論與當代發展 [J]. 湘潮，2010（3）：2-3.

［51］衛欣. 藝術、收藏與文化——解析藝術市場化的歷史維度［J］. 商場現代化, 2008 (24): 380-381.

［52］程俊華. 繪畫與雕塑異同辨析及其體現［J］. 藝術: 生活, 2010 (5): 26-27.

［53］芮順淦. 論中國藝術品市場的價格均衡［J］. 價格月刊, 2008 (7): 6-8.

［54］西沐. 中國藝術品市場金融化進程分析［J］. 藝術市場, 2009 (6): 77.

［55］王昭言. 基於灰色系統理論的中國藝術品定價［J］. 系統工程, 2014 (12): 145-149.

［56］董振華. 勞動價值理論新視野——兼評「創新勞動價值論」［J］. 理論觀察, 2002 (3): 23-26.

［57］JAMES E PESANDO. Art as an Investment: The Market for Modern Prints［J］. The American Economic Review, 1993 (83): 1,075-1,089.

［58］WILLIAM N GOETZMANN. Accounting for Taste: Art and the Financial Markets Over Three Centuries［J］. The American Economic Review, 1993 (83): 1,370-1,376.

［59］BUELENS N, GINSBURGV, BAUMOL. Art as Floating Crap［J］. European Economic Review, 1993, 37 (7): 1,351-2,371.

［60］CHANEL O, GERARD VARET. A. L, GINSBURG V. The Relevance of Hedonic Price Indexes［J］. Journal of Cultural Economics, 1996 (20): 1-24.

［61］JIANPING MEI, MICHAEL MOSES. Art as an Investment and the Underperformance of Masterpieces［J］. The American Economic Review, 2002 (92): 1,656-1,668.

［62］JOHN P STEIN. Monetary Apparition of Paitings［J］. Journal of Political Economy, 1977 (5): 1,021-1,036.

［63］G CANDELA, A E SEOREU. A Price Index for Art Market Auctions: An Application to The Italian Market of Modern and Contemporary Paintings［J］. Joumal of Cultural Economics, 1997 (21): 175-196.

［64］M LOEATELLI BIEY, ROBERTO. ZANOLA. Investment in Paintings: A Short-Run Price Index［J］. Journal of Cultural Economics, 1999 (23): 211-222.

［65］CORINGNA CZUJACK. Picasso Paintings at Auction, 1963-1994［J］.

Journal of Cultural Economics, 1997 (21): 229-247.

[66] WITKOWSKA, DOROTA. An Application of Hedonic Regression to Evaluate Prices of Polish Paintings [J]. International Advances in Economic Research, 2014 (8): 281-293.

[67] BAUMOL W J. Unnatural Value: Art as Investment as a Floating Crop Game [J]. American Economic Review, 1986 (76): 10-14.

[68] COURT A T. Hedonic Price Indexes with Automobile Examples [J]. The Dynamics Automobile Demand, 1939: 99-117.

[69] ANDERSON R C. Paintings as an Investment [J]. Economic lnquiry, 1974 (12): 13-26.

[70] FREY B S, POMMEREHNE W W. Art investment: An empirical inquiry [J]. Southern Economic Journal, 1989, (56): 396-409.

[71] D WITKOWSKA, K KOMPA. Prices of Paintings on Polish Art Market in Years 2007-2010 -Hedonic Price Index Application [J]. Acta Scientiarum Polonorum-Oeconomia, 2014 (13): 127-141.

[72] NICOLETTA MARINELLIA, GIULIO PALOMBA. A Model for Pricing Italian Contemporary Art Paintings at Auction [J]. The Quarterly Review of Economics and Finance Volume 51, 2011 (3): 212-224.

[73] ANDERSON, SETH C, EKELUND ROBERT B JR, JACKSON JOHN D, TOLLISON ROBERT D. Investment in Early American Art: the Impact of Transaction Costs and No-sales on Returns [J]. Journal of Cultural Economics, 2016 (8): 335-357.

[74] BEGGS ALAN, GRADDY, KATHRYN. Anchoring Effects: Evidence from Art Auctions [J]. The American Economic Review, 2009 (6): 1,027-1,039.

[75] SCORCU ANTONELLO E, ZANOLA ROBERTO. The「Right」Price for Art Collectibles: A Quantile Hedonic Regression Investigation of Picasso Paintings [J]. The Journal of Alternative Investments, 2011 (fall): 89-99.

[76] WITKOWSKA, DOROTA, KOMPA, KRZYSZTOF, AESTIMATIO. Constructing Hedonic Art Price Indexes for the Polish Painting Market - Using Direct and Indirect Approaches [J]. Madrid 2015 (10): 110-132.

[77] ZHAOYAN WANG, JUNWEN FENG. A Calculation Method of the Artwork Portfolio Investment Risk Based on the Hedonic Model [J]. International Jour-

nal of Trade, Economics and Finance, Singapore, 2015 (4): 102-105.

[78] LUCISKA ANNA. The Art Market in the European Union [J]. International Advances in Economic Research, 2015 (3): 67-79.

[79] AGNELLO, RICHARD J. Investment Returns and Risk for Art: Evidence from Auctions of American Paintings [J]. Eastern Economic Journal, 2002, (fall): 443-463.

[80] HIGGS HELEN, WORTHINGTON ANDREW. Financial Returns and Price Determinants in the Australian Art Market, 1973-2003 [J]. Economic Record, 2005 (6): 113-123.

[81] CAMPBELL, R A J. Art as a Financial Investment [J]. The Journal of Alternative Investments, 2008 (Spring): 64-81.

國家圖書館出版品預行編目(CIP)資料

多視角下的中國繪畫藝術品價格問題研究 / 楊蓉 著. -- 第一版.
-- 臺北市：崧燁文化，2018.09

面；　公分

ISBN 978-957-681-601-7(平裝)

1.藝術市場 2.藝術品 3.中國

489.7　　　　　107014580

書　名：多視角下的中國繪畫藝術品價格問題研究
作　者：楊蓉 著
發行人：黃振庭
出版者：崧博出版事業有限公司
發行者：崧燁文化事業有限公司
E-mail：sonbookservice@gmail.com
粉絲頁　　　　　　　網　址：
地　址：台北市中正區重慶南路一段六十一號八樓815室
8F.-815, No.61, Sec. 1, Chongqing S. Rd., Zhongzheng Dist., Taipei City 100, Taiwan (R.O.C.)
電　話：(02)2370-3310　傳　真：(02) 2370-3210

總經銷：紅螞蟻圖書有限公司
地　址：台北市內湖區舊宗路二段121巷19號
電　話：02-2795-3656　傳真：02-2795-4100　網址：
印　刷：京峯彩色印刷有限公司（京峰數位）

本書版權為西南財經大學出版社所有授權崧博出版事業有限公司獨家發行電子書繁體字版。若有其他相關權利及授權需求請與本公司聯繫。

定價：400 元
發行日期：2018 年 9 月第一版

◎ 本書以POD印製發行